I

OPVSCVLA AGRIMENSORVM VETERVM

Fig. 34. A 162. p. 37,13.

CORPVS
AGRIMENSORVM ROMANORVM

RECENSVIT
CAROLVS THVLIN

OPVSCVLA AGRIMENSORVM VETERVM

ADIECTAE SVNT 48 TABVLAE PHOTOTYPICAE

EDITIO STEREOTYPA EDITIONIS
ANNI MCMXIII

CVM ADDENDIS

STVTGARDIAE IN AEDIBVS B. G. TEVBNERI MCMLXXI

ISBN 3-519-01245-6 Verl.-Nr. 1245

Printed in Germany
Druck: Gutmann & Co., Heilbronn

ADDENDA

De censuris editionis anni MCMXIII factis

The Classical Review. 28, 1914, 108 W. Fowler — Historisches Jahrbuch. 35, 1914, 455 C. Weyman — Literarisches Zentralblatt. 65, 1914, 263 M. — Revue critique. 48, 1914, 203 E. Thomas — Revue de philologie, d'histoire et de littérature anciennes. 38, 1914, 297 P. Lejay — Berliner Philologische Wochenschrift. 35, 1915, 812 A. Klotz — Nordisk Tidsskrift for Filologi. 4, 1915/16, 84 S. Thomas — Zeitschrift für das Gymnasialwesen (Sokrates). 3, 1915, 537 Philipp — Museum. 25, 1918, 6—9 C. Brakman — Berliner Philologische Wochenschrift. 39, 1919, 526—528 Th. Birt.

De editionibus

Casae litterarum. Opuscula ex corpore agrimensorum Romanorum selecta rec. et Germanice vertit A. Josephson. Uppsala 1951. (Collectio scriptorum veterum Upsaliensis.)
Rec.: Gnomon. 23, 1951, 228 Knecht — Classical Weekly. 45, 1951, 73 Hoenigswald — Latomus. 10, 1951, 351 Leroy — The Classical Review. N. S. 2, 1952, 232 Treloar — L'Antiquité classique. 21, 1952, 182 Préaux — Museum. 59, 1954, 9—11 Enk.

De commentariis ac disputationibus

C. H. Beeson, The archetype of the Roman agrimensores, in: Classical Philology. 23, 1928, 1—14 (de codicibus)

A. Josephson, Casae litterarum. Studien zum Corpus agrimensorum Romanorum. Uppsala 1950. Diss.
Rec.: Gnomon. 23, 1951, 228 Knecht — Les études classiques. 19, 1951, 278—279 Charlier — Museum Helveticum. 8, 1951, 328 Meyer — Classical Weekly. 45, 1951, 73 Hoenigswald — Emerita. 19, 1951, 344sq. Bejarano — Latomus. 10, 1951, 351 Leroy — Revue de philologie, d'histoire et de littérature anciennes. 26, 1952, 136 Ernout — The Classical Review. N. S. 2, 1952, 231 Treloar — Anzeiger für die Altertumswissenschaft. 5, 1952, 169 Wolf — Mnemosyne. Ser. 4, 5, 1952, 343 Waszink.

F. Castagnoli, Note al Liber Coloniarum, in: Bullettino della Commissione archeologica comunale in Roma. 72, 1946—1948, Append. 15, 49—58

W. Koopmans, Kadasters in de oudheid, in: Orgaan der Verenig. van techn. abtenaren van het kadaster. 8, 1950, 42—54

J. Sautel, Nouvelles découvertes à Oranges en 1950—1951. Le cadastre agraire et les frises sculptées, in: Comptes rendus de l'Académie des inscriptions et belles-lettres. 1951, 236—244

A. Piganiol, Sur le cadastre d'Orange, in: Bulletin de la Société des antiquaires de France. 1950—51, 66sq.

E. Ripoll, Nuevas investigaciones sobre el catastro de Orange, in: Ampurias. 15—16, 1953—54, 363—364

A. Piganiol, Les documents annexes du cadastre d'Orange, in: Comptes rendus de l'Académie des inscriptions et belles-lettres. 1954, 302—310

—, Problèmes juridiques soulevés par le cadastre de Orange; cf. Revue historique de droit français et étranger. 32, 1954, 458

—, L'État actuel de l 'étude des nouvelles inscriptions d'Orange, in: Carnuntina. Graz & Köln 1956. (Römische Forschungen in Niederösterreich. 3.) p. 152—160

—, Structure agraire de colonies romaines d'après les cadastres d'Orange; cf. Revue historique de droit français et étranger. 34, 1956, 472

R. Chevallier, Cadastres antiques et photographie aérienne. Essai de méthode, in: Revue archéologique de l'Est et du Centre-Est. 8, 1957, 264—285

S. Ribaille-Rogier, The land-register of a Roman town, in: Archeology. 11, 1958, 172—174

J. Heurgon, The date of Vegoia's prophecy, in: Journal of Roman Studies. 49, 1959, 41—45 (I 350); cf. REL 37, 1959, 46sq.

P. Veyne, Contributio: Bénévent, Capoue, Cirta, in: Latomus. 18, 1959, 568—592

O. A. W. Dilke, Maps in the treatises of Roman land surveyors, in: The Geographical Journal. 127, 1961, 417—426

A. J. Pfiffig, Eine etruskische Prophezeiung, in: Gymnasium. 68, 1961, 55—64 (ed. Blume-Lachmann-Rudorff, Berlin 1948, I 360sq.)

E. Roos, Silvanus orientalis, in: Eranos. 59, 1961, 170—173 (ad p. 303, 13—19 Lachm.)

O. A. W. Dilke, The Roman Surveyors, in: Greece and Rome. 9, 1962, 170—180

F. Grelle, Adsignatio e publica persona nella terminologia dei gromatici, in: Synteleia Vincenzo Arangio Ruiz. 1.2. Napoli 1964. (Bibl. di Labeo. 2.) p. 1136—1141

R. Chevallier, Sur les traces des arpenteurs romains: Caesarodunum, in: Bulletin de l'Institut d'études latines de la Faculté des lettres d'Orléans-Tours. Suppl. 2, 1967

W. Schaub

CONSPECTVS NOTARVM

O codicum consensus.

PRIMA CLASSIS.

A cod. Arcerianus (Guelferb. 2403, Aug. f. 36, 23), saec. VI. f. 1—83^v (**A** p. 1—194).

B cod. Arcerianus (Guelferb. 2403, Aug. f. 36, 23), saec. VI. f. 84—156 (**B** p. 1—288).

A^1 corr. **A** ipse (siue manus aequalis) in **A** et **B**.

A^2 manus paulo posterior. A^3 man. VII—VIII saec.

A^4 man. recens.

B^1 corr. **B** ipse. $B^2 B^3 B^4 = A^2 A^3 A^4$.

J apographon Jenense in. saec. XVI.

V „ Vaticanum in. saec. XVI (Zanchi cum notis Angeli Colotii)

Arcerius apographon Ioh. Arcerii (1566-1604. cod. Weimar. G 98).

C Fragm. Berolinense lat. f. 641 f. 1^v—13^v (prius possedit Carlo Morbio Mediolanensis): saec. X, sed ex codice saec. V—VI transscriptum.

SECVNDA CLASSIS.

P cod. Palatinus Vatic. lat. 1564, med. saec. IX (prius Fuldensis, Heidelbergensis).

P^1 corr. **P** ipse (siue manus aequalis). P^2 man. paulo posterior.

G Gudianus 105 Guelferb. ex. saec. IX. Apographon apographi codicis **P**; citatur ubi nunc desunt folia in **P**. G^1 corr. **G** ipse.

p Bruxellensis Burgund. 207 saec. XII. Apographon codicis **P** sine figuris.

Si. Ioh. Sichardus, Cod. Theodosiani l. XVI. Basil. 1528 (in f. 170—177 Frontinum et Commentum secundum **P** et b^n impressit).

X et **Y** (u. infra).

CODD. MIXTI.

F cod. Laurentianus Plut. XXIX cod. 32. saec. IX (**F** = **EF**).

E cod. Erfurtensis Amplon. 362, 4 f. 73—96 (= p. 1—48). saec. XI.

Bo. et **Z** (u. infra).

EXCERPTA ET ARTES.

X Codd. qui 'Boetii' quae dicitur Artis geometriae et arithmeticae l. V et Excerpta gromatica (pleraque ex cod. **G** sumpta) continent:

X^I : **N** Neapol. Borbon. V A. 13 f. 1—15. med. saec. X (prius Bobiensis?). N^2 corr. doctus quidam (Gerbertus?) ante ann. MIV.

T Cantabrig. Trinit. 939 f. 1—41^r saec. X.

b^n Bern. Bong. 87 f. 1—8^r ann. MIV (Luxoviensis).

XII: p^1 Paris. 13020 f. 59—83. in. saec. X.
p^2 „ 13955 f. 107—123. saec. XI.
p^r Prag. 1717 f. 47—63. med. saec. X.
B^n Bern. Bong. 299 p. 1—27. saec. XI.
b Bamberg. 55 H. J. IV 22 f. 1—16. saec. XI.
e .Einsidl. 298 p. 1—22 et ε Einsidl. 358 p. 1—37 saec. XI.
g Sangallensis 830 p. 283—310. saec. XI.
W Vindobon. 55 f. 1—22. saec. XI—XII.
m Monach. 560 f. 122—149. saec. XI.
c Carnutensis 498 f. 141—153. saec. XII.
R Rostoch. IV 111, 4 p. 1—17. saec. XIII.
a Monach. 4024ª f. 3—9. saec. XIII.
f Laurent. XXIX 19 f. 1—27. saec. XIV.

Y Geometrica ars (Excerpta ex Cassiodoro et 'Boetii' arte et codice gromatico classis secundae); uide Appendicem.
y Monach. 13084 f. 48—69. saec. X.
s „ 6406 f. 61—68. saec. XI.
μ „ 14836 f. 83—107. saec. XI.
w Vindobon. 51 f. 136—145. saec. XII.

Z Geometria Gisemundi: cod. Ripollensis 106 (nunc Barcelon.) f. 76—89. saec. X (ex 'Boetii' arte et codice gromatico classis mixtae); uide Appendicem.
z Paris. 8812 f. 67—76. saec. IX—X.

* * *

Bo. 'Boetii' ars geometriae et arithmeticae (citantur paginae editionis Lachmanni 393—412): uide Appendicem.

La. Lachmannus in editione a. 1848. *Goes.* Goesius in editione a. 1674. *Rig.* Rigaltius in editione a. 1614. *Scriver* in editione a. 1607. *Turneb.* editio princeps Paris. a. 1554 (secundum G). *Mo.* Mommsen *Blu.* Blume. *Bu.* N. Bubnov, Gerberti Opera math., Berl. 1899.

'*Die Hss.*' C. Thulin Die Handschriften des Corpus argrimensorum Romanorum, Anh. zu d. Abh. d. Königl. Preuß. Akad. d. Wiss. Berlin 1911. '*Exzerpt.*' C. Thulin Zur Überlieferungsgeschichte des Corpus agrim. Rom. Exzerptenhandschriften und Kompendien. Göteborg 1911. *Schmalz* Latein. Syntax. Handb. der klass. Altertumswiss. II 2, 4. Aufl. *E. Löfstedt Peregr.* = Philolog. Kommentar zur Peregrinatio Aetheriae Uppsala 1911; *Beitr.* = Beiträge zur Kenntnis der späteren Latinität, Diss. ac. Uppsala 1907.

Cursiuis litteris in codicum scriptura indicanda expressimus quae ipsi librarii deleuerunt.

Uncis quadratis [ ] delenda, angulatis ⟨ ⟩ supplenda comprehendimus.

om. omisit. *del.* deleuit. *exp.* expunxit. *pr.* prima manu. ⌐⌙ transposuit. ∗ littera erasa.

* * *

Ubi nihil aliud indicaui, Lachmannus correxit.

IVLI FRONTINI. A 60 P 11r

DE AGRORVM QVALITATE. La. 1,1–4,4

Agrorum qualitates sunt tres: una agri diuisi et ad- A 61 P 11r
signati, altera mensura per extremitatem conprehensi,
tertia arcifini, qui nulla mensura continetur.

Ager ergo diuisus adsignatus est coloniarum. Hic
habet condiciones duas: unam qua plerumque limitibus
continetur, alteram qua per proximos possessionum
rigores adsignatum est, sicut in Campania Suessae
A⟨u⟩runcae. quidquid autem secundum hanc condi-
cionem in longitudinem est delimitatum, per strigas ap-
pellatur; | quidquid per *la*titudinem, per scamna (fig. 1). P 11v
ager ergo limitatus hac similitudine decimanis et car-
dinibus continetur (fig. 2). ager per strigas et per
scamna diuisus et adsignatus est more antiquo in hanc
similitudinem, | qua in prouinciis arua publica coluntur A 62
(fig. 3).

Ager est mensura conprehensus, cuius modus uni-
uersus ciuitati est adsignatus, sicut in Lusitania

3–16 Commentum [Aggeni Urbici] 52—54 (*cursiuis litteris impressa; desunt uerba* 9 sicut in . . Aruncae) 6–8 *cf.* Hygin. 80. Sic. Flacc. 118 18—p. 2, 15 Comm. 55—56, 7

1–2 INC. | IVLI FRONTINI | DE AGRORVM QVALITATE̅ | FILICITER A, IVLI FRONTINI DE AGRORVM QVALITATE P. *Titulus excerptoris est; cf. 2, 8* F 4 perea A | extremitates P 7 duas *sscr.* A | que A 8 que A 9 assignata est P 10 arrunce A, aruncae P 12 latitudinem *Goes.*] alltitudinem A, alt-m P 15 in hac similitudine P 16 arba p$\overset{u}{l}$blica A

Salma⟨n⟩ticensibus aut Hispania citeriore Pala⟨n⟩tinis et in conpluribus prouinciis tributarium solum per uniuersitatem populis est definitum. eadem ratione et priuatorum agrorum mensurae aguntur (fig. 4). hunc agrum multis locis mensores, quamuis extremum mensura conprehenderint, in formam in modum limit*ati* condiderunt (fig. 5).

A 63 F 18v Ager est arcifinius, qui nulla mensura continetur. finitur secundum antiquam obseruationem fluminibus, fossis, montibus, uiis, arboribus ante missis, aquarum diuergiis et si qua loca ante a possessore potuerunt optineri. nam ager arcifinius, sicut ait Varro, ab arcendis hostibus est appellatus: qui postea interuentu litium per ea loca quibus finit terminos accipere coepit. (F 18v) in his agris nullum ius subsiciuorum interuenit (fig. 6).

Subsiciuum est, quod a subsecante linea nomen accepit [subsiciuum]. subsiciuorum genera sunt duo: unum quod in extremis adsignatorum agrorum finibus centuria expleri non potuit (fig. 7); aliud genus subsiciuorum, quod in mediis adsignationibus et integris P 12r centuriis | interuenit. quidquid enim inter IIII limi- A 64 tes | minus quam intra clusum est fuerit adsignatum,

---

12 Sic. Flacc. 102, 7 **16**—p. **3, 5** Comm. 56, 10—12. 57, 8—11. 20—23 **16**—p. **3, 2** *cf.* Agenn. Urb. 41, 1—7. Sic. Flacc. 120, 1—9 **19**—p. **3, 1** *cf.* Hygin. 96, 12—15

---

1 Salma⟨n⟩t. *Schulten* | Spaniam **A**, in Hispania **P** | Pala⟨n⟩t. *Rigaltius* **6** in formam *cf. La. 98, 14* **JV**; *saepius* in forma, in formis; *sed hoc solo loco cum* condere *iunctum* | limitati *La.*, limitatorum *Goes.*, limitum **O** **8** *Hic incipit Frontinus in* **F** *cum titulo* INCIPIT MENSVRA RATIONABILIVM AGRORVM **9** finitur] **F** *add.* autem **11** si qua loca] **P** *add. glossam* hoc est quae; **F** *add.* coluerunt | ante a **P**, *Mo. Hermes 27, 115 = Ges. Schr. V 120,* antea **F**, ante **A**; *cf. 56, 3* antiquitus a; *La. coni.* a uetere **14** concepit **F** **15** *Post figuram reliqua pagina F 18v vacua est. F 19r incipit* 8, 7 **17** *secl. Goes.* **18** adsignatur agrorum finibus **A**, assignatorum finium **P**; *recte 41, 2* **AB** **22** quam intra clusum est *secl. Mo. l. l., qui* minus = non in hac remanet appellatione, ideo quod is modus, qui adsignationi superest, linea cludatur et subsecetur (fig. 8). nam et reliquarum mensurarum actu quidquid inter normalem lineam et extremitatem interest subsiciuum appellamus (fig. 9).

Est et ager similis subsiciuorum condicioni extra clusus et non adsignatus; qui si rei publicae populi Romani aut ipsius coloniae, cuius fine circumdatur, siue peregrinae urbis aut locis sacris aut religiosis *aut* quae ad populum Romanum pertinent datus non est, iure subsiciuorum in eius qui adsignare potuerit remanet potestate (fig. 10).

| ager extra clusus est ⟨et⟩ qui int*er* finitimam lineam A 65 et centurias interiacet; ideoque extra clusus, quia ultra limites finitima linea cludatur (fig. 11).

6—7 *cf.* Hygin. Grom. La. 198, 12—14 6—12 Comm. 57, 26—31. Bo. 400, 16—20. Z 79^{v} 8 coloniae cuius fine circumdatur, *cf.* Agenn. Urb. 47, 11 extra clusa non sunt nisi in finibus coloniarum 13—15 *(desunt in Comm.)* Bo. 398, 13—15; *cf.* Agenn. Urb. 47, 18 14—15 Hygin. Grom. La. 198, 17

---

esse putat. Malim sic interpretari: quidquid minus quam quod inter IIII limites intraclusum est fuerit assignatum; *ad* minus quam *cf. verba* modus qui superest *et Sic. Flacc. 120, 6. Cf. etiam 8, 7—8 et Agenn. 41, 5. La. falso:* ⟨si⟩ fuerit.

1 quod is **P**, quae his **A** 2 assignationis **P** 3 reliquarum *cf. 1, 14* per strigas et per scamna | actus **P** 5 appellatur **P** 6 et *om.* **P** 7—8 $\overline{\text{RP}}$ $\overline{\text{PR}}$ **A**, R. P. populi romani **P**, rei publicae populo romano *Bo.* 9 siue — — religiosis *om. Bo.* | urbi **P** 9—10 aut quae *La.*] aequa$\overset{e}{\text{m}}$ **A**, aeque **P**, aut *Bo.*, que **Z**; *an* ac quae? *cf. 121, 20* delubris sepulchrisue publicisque solis 10 pertinentibus **P** 13—15 *falso secl. Mo. Hermes 27, 84 A. 4 = Ges. Schr. V 90 A. 2; v. Agenn. 47, 18—20. In v. 13* est ⟨et⟩ *scripsi, nam in v. 6—12 ager extraclusus (siue relictus) 'in mediis adsignationibus', hic 'in extremis finibus' significatur. cf. 2, 17—21 et fig. 10—11.* 13 inter *La.*, intra **AP** 14 quia ultra **P**, qui intra **A** 15 clauditur **P**

DE CONTROVERSIIS.

Materiae controuersiarum sunt duae, finis et locus. harum alterutrā continetur quidquid ex agro disconuenit. sed quoniam in his quoque partibus singulae controuersiae diuersas habent condiciones, proprie sunt nominandae. ut potui ergo conprehendere, genera sunt controuersiarum XV: de positione terminorum, de rigore, de fine, de loco, de modo, de proprietate, de possessione, de alluuione, de iure territorii, de subsi-
A 66 P 12v ciuis, | de locis publicis, | de locis sacris et religiosis, de aqua pluuia arcenda, de itineribus.

De positione terminorum controuersia est inter duos pluresue uicinos: inter duos, an rigore sit ceterorum siue ratione[s]; inter plures, trifinium faciat an quadrifinium. de horum *posit*ione cum constitit mensori, si secundum proximi temporis possessionem non conueniunt, diuersas attiguis possessoribus faciunt controuersias, et ab integro alius forte de loco alius de fine litigat (fig. 12).

De rigore controuersia est finitimae condicionis, quotiens inter duos pluresue terminos ordinatos siue quae

---

1—7 Comm. 58, 19—23. Bo. 398, 16—22 **7—11** *(desunt in Comm.)* Bo. 398, 22—399, 3 **12—19** Comm. 58, 28—31. 59, 18—21 (*deest* **15** de horum positione . . . mensori). Bo. 399, 4—10

---

1 *Titulum codicis* **A** *perspicuitatis causa retinui* (*cf.* **1**, **2**); ITEM CONTROVERSIAE **P** **3** harum] condicio *add.* **P** | alterutraque *Bo.* **3—4** disconuenit **A**, de his interuenit **P** **5** diuersas] proprias *add.* **P** **7** XV **A**, numero XV **P** **11** pluuiae **P** **12—13** duos pluresue **P**, duas plures **A** **13** rigore **A**, in rigore **P** **14** ratione *Mo. Hermes 27, 116 = Ges. Schr. V 120*] rationes **A**, rationis **P**; *La. coni.* ratione; s⟨i⟩ *atque v. 13* si⟨n⟩t, *v. 14* facia⟨n⟩t **15** positione *Mo. l. l.*] opinione **AP**; *La. coni.* ordinatione | mensori si **P**, mensuris **A** **18** et **A**, sed **P** | ab **P**, ad **A** **20** finitime condiciones **A**; *secl. La. falso* (*'verwandter Art'*). *Glossa p. 5, 3—4 inde pendet* **21** *scribendum puto* ⟨per⟩ terminos; *cf. p. 5, 6* per flexus. *10, 2* per ordinationem — agitur | quae **P**, q. in **A**

alia signa secundum legem Mamiliam intra quinque pedes agitur (fig. 13).

De fine similis est controuersia [nec dubium est A 67 quin supra de finis condicione dixerim]; nam et eadem lege continetur et de quinque pedum agitur latitudine, sed de fine, quidquid per flexus, quibus arcifinii agri continentur, ut per extrema ⟨a⟩rui aut promuntoria aut summa montium aut fluminum cursus aut locorum natura⟨m⟩ *agitur* quam supercilium appellant (fig. 14).

De loco controuersia est, quidquid excedit supra scriptam latitudinem, cuius modus a[d] petente[m] non proponitur. haec autem controuersia frequenter in arcifiniis agris uariorum signorum demonstrationibus exercetur, | ut fossis, fluminibus, arboribus ante missis, aut P 13r culturae discrimine (fig. 15 J).

De modo controuersia est in agro adsignato: agitur A 68 enim de antiquorum nominum propria defensione; ut si L. Titius dextra decimanum tertium, citra cardinem quartum, acceperit sortis suae partes tres siue quod huic simile, quartam habeat in quacumque proxima centuria: huic enim uniuersitati limes finem non facit, etiam si publico itineri seruiat. — Nam et in ceteris

---

16 *cf.* Hygin. 94, 16 **22** ceteris *cf.* Hygin. 94, 17 item quaestoriis, uectigalibus subiectis

---

3—4 *secl. La.: cf.* Comm. 52, 5—6 **4** eadem **P**, aedem **A** **5** de quinque pedum agitur *cursiuis litteris sscr.* **A** | latitudine⸗ **P**, latitudinis **A** **6** de fine *sc.* controversia est | quidquid **AP** *recte. Falso La.* disconuenit, *Mo. l. l.* liquet *scripserunt. Cf. v. 10* | arcifines **A** **7** per (r *ex* s) **A** | rui aut promuntoria **A**, *corr. La.*, conpromontoria **P** **9** agitur *scripsi* (AGIT'), ali[i] **A**, *om.* **P**; *cf. v. 2 et p. 10, 3* **10** quidquid **AP** *recte,* quom quid *La.* **10—11** supra scriptam **P**, quidquid scriptam **A** | ad patentem **AP**, *corr. La.* **15** *Fig. 15 excisa ex* **A**, *seruata in apographo* **J** **18** L. C. Titius **A** **19** quartam **P** *et in litura* **A** | siue **AP** *Mo. l. l.;* Seius *falso La.* **20** simile **P** *Mo. l. l.,* similem **A** *La.* | hab$\overset{a}{e}$t **A** **22** si publico **P**, s[i] PL[i] | publico **A**; *cf. 1, 16* | iteneris seruit **A** | et *om.* **P**

agris de modo fit controuersia, quotiens [re]promissioni modus non quadrat (fig. 16 J).

De proprietate controuersia est plerumque, ⟨quom⟩ ut in Campania cultorum agrorum siluae absunt in montibus ultra quartum aut quintum forte uicinum. propterea proprietas ad quos fundos pertinere debeat
A 69 dis*p*ut[i]atur (fig. 17 J). | est et pascuorum proprietas pertinens ad fundos, sed in commune; propter quod ea conpascua multis locis in Italia communia appellantur, quibusdam prouinciis pro indiuis*o* (fig. 18). — Nam et per hereditates aut emptiones eius generis controuersiae fiunt, de quibus iure ordinario litigatur.

De possessione controuersia est, de qua ad interdictum, hoc est iure ordinario, litigatur.

De alluuione fit controuersia fluminum infestatione.
(A) haec *autem* multas habet condiciones (fig. excisa).

---

1 *cf.* Hygin. **96, 3** si nihil ad cautionem conueniat etc. **3—14** Comm. **62, 35—37. 63, 7—8. 12—15. 19** (*desunt* de quibus . . . litigatur). **30—31** **3—7** *cf.* Agenn. **39, 8** et sunt plerumque agri, ut in Campania in Suessano, culti, qui habent in monte Massico plagas siluarum determinatas: quarum siluarum proprietas [ad quos pertinere debeat] uindicatur. **8—10** Agenn. **39, 15—18** **11—12** Bo. **399, 11—13** *cf.* Agenn. **39, 23—25** **16** *cf.* **42, 18**

---

1 promissioni *Goes. La.*] repromissioni **A** *def. Rigaltius* = *cautioni (cf. Hygin. 96, 3)*, promissionis **P** **2** *Fig. 16 excisa ex* **A**, *extat in* **J** **3** ⟨quom⟩ *add. J. Schmidt* **6** propterea **P**, *om.* **A** **6—7** -e debeat discutiatur **J P** (*excisum ex* **A**), *corr. La.* **7** fig. 17 **J** (*excisa ex* **A**) **10** pro indiuisa **A P** *(item in Comm. 63, 15 et in Agenn. 39, 17)*, pro indiuiso *Rigalt. Goes. La. (Cato de agr. 137. Plin. 18, 53. Sen. ad Helv. 17)*, uero indivisa *Mo. l. l.* **11** et *om.* **P** **12** de quibus **P**, q. **A** *(in exitu uersus)*, quare *Bo.* | litigatur **P**, litigantur **A**; *cf. Agenn. 39, 25* quae iure magis ordinario quam mensuris explicantur **14** hoc est iure ordinario *secl. La.* **15**—p. **7, 3** *Infima parte folii A 69—70 cum figura recisa, verborum* fluminum *usque ad* eius urbis *hae solae reliquiae sunt:* fl . . . . . infestatione hae| . . . . habet cond| . . . . **16** haec autem *Schulten*] hae| . . . . **A**, hinc fundi **P** *La.* | habent **P** *La.*

De iure territorii controuersia est de *his* quae ad ipsam urbem pertinen*t*, [siue quod intra pomerium eius urbis | erit, quod a priuatis operibus optineri | non A 70 P 13v oportebit. eum dico locum quem nec ordo nullo iure a publico poterit amouere]. habet autem condiciones duas, unam urbani soli, alteram agrestis, quod in tutelam rei fuerit adsignatum urbanae; [urbani quod operibus publicis datum fuerit aut destinatum]. huius soli ius quamuis habita ⟨o⟩ratione diuus Augustus de statu municipiorum tractauerit, in proximas urbes peruenire dicitur, quarum ex uoluntate conditoris maxima pars finium coloniae est adtributa, aliqua portio moenium extremae perticae adsignatione inclusa; sicut in Piceno fertur Inter*am*n*a*tium Prae*t*uttianorum quandam oppidi partem Asculanorum fine circum dari. [quod si ad haec reuertamur, hoc conciliabulum fuisse fertur et

---

1—8 Comm. 64, 31—65, 8 **11—12** maxima pars finium coloniae est adtributa Comm. 65, 11 **13—p. 8, 2** Comm. 65, 17—21 (*Pro* quod si ad haec reuertamur *illic legitur* sed. *In p. 8, 1 omittitur* non)

1—2 de his quae — — pertinent *La.*] denique — — pertinens **P** **2—5** *seclusi praeeunte Schmidt, cum ad controuersiam de locis publicis pertineant* **2** quod **P**, quid *La.* **5** publico **P**; *cf. Hygin. Grom. La. 197, 21;* populo **A** *La.* **6** agrestis] *Editores (etiam La.) falso cum Turnebo* agrestis; ⟨agrestis⟩ *scribunt; nam sententiam v. 7—8* urbani — destinatum *idem qui v. 2—5 addidit interpolator, ea quae cohaerent discernens: verba enim* huius soli *ad* solum agreste *respiciunt* **7** urbanae urbani *Turneb.*] urbani urbani **A**, urbanae **P** **7** *et* **8** fuerit **A**, fuerat **P** **9** ratione **AP**, *corr. Goes.* | diuus Augustus **P**, diui āā g̅g̅ **A** **11** quarum **AP** *Mo. l. l.*, quoniam *La. cum Rudorff.* **12** adtribute **A** | portio **AP**, portio⟨ne⟩ *La. cum Rudorff.* **13** extrima **A** | absignationis **P** **14** Interamnatium *Goesius praeeunte Cluuerio in Italia antiqua* p. 746] intermontium **AP** | Praecuttianorum **A**, precutianorum **P** **15** finem **A** **15—p. 8, 1** quod si — — ius relatum *secl. Goes.;* quod si ad haec reuertamur *secl. La.* **15—p. 8, 6** quod si — — est *recisa sunt ex A 70 (infima pars cum figura) praeter haec:* . . . d haec reuertamur hoc concilia| . . . . . . r et postea in muni| . . . . antiqua mu| . . . . in quoddā | . . . . li postea in municipii ius relatum]. — nam non omnia antiqua municipia habent suum priuilegium. [quidquid G 14 enim ad coloniae municipiiue | priuilegium pertinet, territorii iuris appellant. sed si rationem appellationis huius tractemus, territorium est quidquid hostis terrendi causa constitutum est].

A 71 F 19r De subsicivis controuersia est, quotiens aliqua pars centuriae siue tota non est adsignata et possidetur. aut quidquid de extremitate perticae possessor proximus aliusue detinebit, ad subsiciuorum controuersiam | pertinebit (fig. 19).

F 19v De locis publicis siue populi Romani siue coloniarum municipiorumue controuersia est, quotiens ea loca, quae neque adsignata neque uendita fuerint ⟨um⟩quam, ali- (P) quis possederit; ut alueum | fluminis ueterem populi Romani, quem uis aquae interposita insula *exclusae* proximi possessor*is* finibus reliquerit; aut siluas, quas ad populum Romanum multis locis pertinere ex ueteribus instrumentis cognoscimus, ut ex proximo in A 72 Sabinis in monte Mutela (fig. 20). | Nam et coloniarum aut municipiorum similis est condicio, quotiens loca,

---

1 *cf.* Hygin. 83, 5 **4—6** Comm. 66, 16—17; *cf.* Sic. Flacc. 101, 9—11 **12—15** De locis — — fuerint Comm. 66, 29—31 (v. 13 ea loca)

---

1 non **P** *Mo. l. l. 117. cf. Hygin. 83, 5; La. falso delet. cum Commento 65, 20* **2** quidquid **P**, quoddā **A** **2—4** quidquid — — appellant *secl. Schulten* **4—6** sed si rationem — — constitutum est *secl. La.* **9—11** aut — — pertinebit *falso delet La.; cf. 3, 3—5 (fortasse pro* aut *etiam hic scribendum est* nam et, *cf. 3, 3. 8, 20).* **F** *om.* fig. 19 *sed spatium relinquit* **13** loca **F**, *Comm. 66, 30; om.* **AP** **14** umquam *La.*] quam **A**, quas **F**, quae **P** **15** possidebit **F** | *Desunt 13 folia in* **P** | ueterē in **A**, uetere **G** **16** quem uis aquae **F**, quam vis aqua **G**, quam uim aq. **A** | exclusae *scripsi*] et diuisi **O**, elisa *La.* **17** possessoris **F**, p-es **AG** | reliquerint **G** | aut **AG**, ut **F** | siluae quas **AG**, siluas aequas **F** (*ortum ex* $\text{silu}\overset{as}{\text{ae}}$ quas) **18** P $\overline{\text{RM}}$ **A** **20** mutela **G** *et in fig. 20* **A**, mutila *in textu* **A**, mutelli **F** **21** aut **AG**, et **F**

quae rei publicae data adsignata fuerint, ab aliis obtinebuntur, ut subsiciua concessa (fig. 21).

De locis relictis et extraclusis controuersia est in agris adsignatis. relicta autem loca sunt, quae siue locorum iniquitate siue arbitrio conditoris [relicta] limites non acceperunt. haec sunt iuris subsiciuorum (fig. 22). extraclusa loca sunt aeque iuris subsiciuorum, quae ultra limites et *in*tra finitimam lineam erint; finitima autem linea aut mensuralis est aut aliqua obseruatione aut terminorum ordine seruatur. multis enim locis adsignationi agrorum inmanitas superfuit, sicut in Lusitania finibus Augustinorum. | (A)

De locis sacris et religiosis | controuersiae plurimae G 15
nascuntur, quae iure ordinario finiuntur, nisi si de locorum eorum modo agitur; ut *lu*corum publicorum in montibus aut aedium, quibus secundum instrumentum fines restituuntur; similiter locorum religiosorum, quibus secundum cautiones modus est restituen|dus. habe*nt* F (20^{v} 1 27^{v} 11
enim et moesilea iuris sui hortorum modos circum iacentes aut praescriptum agri finem.

De aquae pluuiae transitu controuersia est, in qua si collectus pluuialis aquae transuersum secans finem

---

1—2 ab aliis — concessa Comm. 66, 31 **2—10** *ibm.* 67, 21—68, 3. Z 80^{r} **3—8** *cf.* 3, 6—15. Hygin. Grom. La. 198, 12—14 **8** finitima linea *cf. ibm.* 198, 18—20 **8—9** mensuralis *cf.* 57, 24. 122, 24. 127, 19 **10—11** Hygin. Grom. La. 201, 13 inmanitas agri uicit assignationem **13—20** *cf.* Comm. 68, 9—30 **21** *sq. ibm.* 69, 1 *sq.*

---

1 adsignataque **F** | fuerant **G** **2** ut **GF**, et **A** **4** adsignatis] non adsignatis **Z** **5** arbitrio **FG**, in arbitrium **A** | *secl. La.* **7** aeque] quae **F**, quae sunt **Z** **8** intra *Goes.*] ultra **O** *(cf. 3, 15)* | erint **A**, erunt **FG** **8—9** linea mensuralis est quae aut **F** **9** aut aliqua (aliquo **E**) terminorum **F** **11** inmunitas **G**, et immunitas **F** | sicut **FG**, et **A** | lusitaniae **F** **12** *Unum folium excisum in* **A** **14** nascuntur quae *om.* **G** | nisi *om.* **F** **15** eorum *om.* **F** | lucorum *Goes.*] locorum **FG** **17** restituuntur **G**, constituendus est **F** **18** habeant **G**, habeat **F** **19** moesilea (*i. e.* mausolea) **G**, misolea **F** | modum **F** **20** aut] iuxta **Z** **22** aquae **G**, quae si **F**

in alterius fundum influit, et disconuenit, ad ius ordinarium pertinebit: quod si per ordinationem finis ipsius agitur, exigit mensoris interuentum [et controuersia tollitur].

De itineribus controuersia est quae in arcifiniis agris iure ordinario finitur, in assignatis mensurarum ratione. omnes enim limites secundum legem colonicam itineri publico seruire debent: sed multi exigent*e* ratione per *cl*iuia et confragosa loca eunt, qua iter fieri non potest, et sunt in usu agrorum eorum locorum, ubi proximus
A 73 possessor [est], cuius forte | silua limitem detinet, transitum inuerecunde denegat, cum itineri limitem aut locum limitis debeat (fig. 23).

E 31 | Est et controuersiae genus quod ad solum non pertinet, de arborum fructibus, earum quae in fine
(E 31) sunt | siue intra, nec ullam ad radicem habent contro-
F 28r uersiam, quotiens | inclinatae in alterutram partem fructum
(A G) iactauerunt, inter adfines mo*u*ent disputationem (fig. 24).

⟨*DE LIMITIBVS.*⟩

F 22v Limitum prima origo, sicut Varro descripsit, a[d] disciplina[m] *Et*rusca[m]; quod aruspices orbem terrarum

---

5—13 Comm. 69, 10—16 **20**—p. **11, 8** Hygin. Grom. 131, 8—132, 5. Z 81v

---

1 in **F**, *om.* **G** | fundum **F**, flumen **G** (fundi *69, 2*) | influ⁝it (s *eras.*) **G** **3—4** et controuersia tollitur **F**, *om.* **G**; *seclusi* **8** exigenti (e-te *69, 12*) ratione **G**, exigent rationem **F** **9** cliuia *La.*, cliua *Goes.*] diuia **FG**, deuia **F¹G¹E** | loca *om.* **G** **10** et **O**, nec *coni. Mo. l. l.* | agrorum — — ubi] *La. frustra coni.* aliquorum: — — qui **11** est **G**, *om.* **F**, si *Mo. l. l.* **12** limetis **A**, limiti **G**, limis **F** **15** earum *om.* **F** (*non* **E** p. 31) **16** infra **F** **17** alter utrum **G**, alterius **F** | partem **A**, *om.* **GF** **18** mouent **G¹**, mollien **A**, molient **GF** | *Sequuntur in codicibus duo fragmenta, quae suis locis posui: 14, 22—15, 4 et 18, 12—19, 7. Prope finem secundi fragmenti desinit textus Frontini in* (**P**) **G**, *qui tractatus* De limitibus *et* De arte mensoria *omiserunt* **19** *Titulum perspicuitatis causa addidi. Ante hunc tractatum dimidia pagina 21*v in duas partes diuiserunt, dextram apellauerunt ⟨quae⟩ septentrioni subiacere⟨t⟩, sinistram quae a meridiano terra⟨e⟩ esse⟨t⟩ ⟨ab oriente ad⟩ occasum, quod eo sol et luna spectaret, sicut quidam †carpiunt architect*i* delubra in occidente⟨m⟩ recte *s*pectare scripserunt. aruspices altera[m] linea[m] a septentrione ad meridianum diuiserunt terram, ⟨et⟩ a me[ri]dia[no] ultra antica, citra postica nominauerunt.

Ab hoc fundamento maiores nostri in agrorum mensura uidentur constituisse rationem. primum duo limites duxerunt; unum ab oriente in occasum, quem uocauerunt deci|manum; alterum a meridiano ad septentrionem, F 23r quem cardinem appellauerunt. decimanus autem | diuidebat agrum dextra et sinistra, cardo citra et ultra. A 75

Quare decimanus a decem potius quam a duobus, cum omnis ager eo fine in duas diuidatur partes? ut duopondium [et duouiginti] quod dicebant antiqui, nunc

---

4—5 Hygin. Grom. **134, 18** antiqui architecti in occidentem templa recte spectare scripserunt **6—14** Z 82r **9—p. 12, 2** Hygin. Grom. 132, 6—17 **15** *cf.* Sic. Flacc. 117, 10 a mensura denum actuum

---

in **F** *uacua relicta est. Nouum igitur incipit excerptum, quod in* **F** *integrum, in* **E** *mutilatum est, dextra parte folii 17—18 recisa. In* **A** *initium deest, uno folio exciso. La. non ipso codice* **F** *sed editione Scriverii usus est, qui* **E** *et apographon codicis* **F** *adhibuerat* p. **10, 21** ad disciplinam rusticam **F**, *corr. La.* (Etruscam *Scriver*)

1 *corr. La.; cf. Hygin. Grom. 131, 14 quae septentrioni subiacebat* **2** a meridiano **F**, ad meridianum *La. cum Hygino Grom.* **3** terrae esset *La. cum Hygino Grom.*] terra esse **F**, terra est **Z** | ⟨ab oriente ad⟩ *hic et in Hygino add. La.* **3—4** sol et luna spectaret *Hygin. Grom.*] solet luna expectari; et **F** **4** carpiunt architectum **F**, antiqui architecti *Hygin.* **7** et a media *Hygin.*] a meridiano **F** **10** primum **FZ** *Hygin.*, primo **E** *La.* **12** ad septentrionem **Z** *Scriv.*, alterum a septemtrione **F** **13** cardinem appellauerunt **FZ**, uocauerunt cardinem **E** **13—14** diuidet **F** **15** decemanus **F** **16** ut **F**, et **A** **17** *Verba* [et duouiginti] *et* p. **12, 1** [et uiginti] *seclusi, ut quae falsam lectionem* duodecimanus: decimanus *explicare velint; v. p. 12, 2* | quod (o *ex* i) **A**

dicitur *di*pondium [et uiginti], sic eti*am* duo[de]cimanus decimanus est factus (fig. 25). Kardo nominatur quod directus a kardine[m] caeli est. [nam sine dubio caelum uertitur in septentrionali orbe].

Postea hoc ignorantes non nulli aliud secuti, ut quidam agri magnitudinem, qui qua longior erat, fecerunt decumanum. quidam non ortum spectant, sed ita aduersi sunt, ut sint contra septentrionem; ut in agro Campano qui est circa Capuam, ubi est kardo in oriente⟨m⟩ et decumanus in meridianum (fig. 26).

A 76 Ab his duobus omnes agri partes nominantur. reliqui limites fiebant angustiores et inter se distabant par[t]ibus interuallis. qui spectabant in oriente⟨m⟩, dicebant prorsos: qui dirigebant in meridianum, dicebant [et] transuersos.

F 23v Haec uocabula in lege, quae est in agro Uritano

2—4 Sic. Flacc. **117**, 19. Hygin. Grom. **131**, 9—10. Z 82r **5—10** Hygin. Grom. **135**, 1. 10—14. *cf.* Frontin. **14**, 14—21. Hygin. Grom. **145** **11—15** Hygin. Grom. **132**, 18—20

---

1 dipondium *La.*, duopondium **AF** | et XX **A**, et duouiginti **F** | etiam *La.*, et in **A** (*i. e.* etī, *irica abbreviatio vocis* etiam), et **F** | duocimanus *Goes.*, *Rudorff 342*, *Mo. l. l. 91, 2 = Ges. Schr. V 96, 2; sic* **P** *in Hygin. Grom. 132, 9. 13. 16*] duodecimanus **AF** *La.* **2** est factus] **A** *add. glossam ex Hygino Grom. 132, 14—17 sumptam:* Sicut dipondium et^{xx}quod dicebant antiqui duouiginti nunc dicimus uiginti, similiter duodecimanus decimanus $\overset{\text{st}}{\text{e}}$ *(sscr.* **A** *ipse)* factus **3** directus a kardinem **A**, directum a cardine **F**; *cf. Hygin. Grom. 131, 9 diriguntur kardines a poli axe* (*axem* **A**). directus ad kardinem *La.* **3—4** *seclusi; cf.* 5, 3—4 **5** non nulli **A**, maiores nostri non nulli **F** | aliud sicuti **A**, ita sequuti **F** **6** qui qua **A**, quia **F** **7** quidam *Hygin. Grom. 135, 12*] itaque **AF**, et quidam *La.* | non ortum **A**, nostrum **F**; *La. falso delet* non **8** aduersi] *fort.* conuersi; *cf. Hygin. Grom. 135, 12. Comm. 54, 10* | septentrionem **AF**, sanam rationem *coni. La.* **12** fiebant *om.* **A** **13** paribus *La.* **13—14** paribus — — dicebant *om.* **F**; istabant paribus interuallis *recisa ex* **E** **14** dirigebant **F**, dieebant **A** **16** Haec **F**, e **A** | le$\overset{\text{ge}}{\text{q}}$ue q. *et* $\overset{\text{u}}{\text{r}}$itano **A**

in Gallia, item in quibusdam locis adhuc permanere dicuntur (fig. 27). limites autem appellati transuers*i* s⟨unt⟩ a limo, [id est] antiquo uerbo [transgressa]; a quo dicunt poetae | 'limis oculis'; item limum cinctum, E 22 F 28v quod purpuram transuersam habeat, *e*t limina ostiorum. alii et prorsos et transuersos dicunt limites a limi*n*ibus, quod per eos in agro intro et foras eatur. hi ab incolis uariis ac dissimilibus uocabulis a caeli regione aut a loci natura sunt cognominati: in alio loco sicut in Umbria circa Fanum Fortunae, qui ad mare spectant maritimos appellant, alibi qui ad monte⟨m⟩ montanos | (fig. 28). (Hic desinit F)

Primum agri modum fecerunt quattuor limitibus A 77 clausum [figuram similem:], plerumque cent⟨en⟩um pedum in utraque parte (quod Gr⟨a⟩eci plethron appellant, Osci et Umbri uorsum), nostri centen*um* et uicen*um* in utraque parte; cuius ex IIII unum latus, sicut diei XII horas, XII menses anni, XII decempedas esse uoluerunt. *IV* actibus con*clus*um locum primum appellatum dic*unt* fun|dum (fig. 29). Hi duo fundi iuncti E 23

2—12 Hygin. Grom. 132, 20—133, 6 **6—7** Sic. Flacc. 117, 5—7 **7—12** Sic. Flacc. 117, 14—16

---

1 Gallia item **A**, Galliis autem **F** **2—3** transuersi sunt *La.*] transuersos **A** (*ex* tr-si s̄), transuersus **F** **3** id est *secl. La.* | transgressa **A**, *om.* **F**, [transuersi] *scr. La. secund. Hygin. Grom. 132, 21* **3—4** a quo dicent **A**, quod dicunt **F** **4** limis oculis **F**, *usitata dictio poetarum;* limes oculos **A**, limos oculos *Scriv. La.* **5** et] ut **AF** (*cf.* 11, 16), item *Hygin. Grom., Scriv. La.* **6** liminibus *Sic. Flacc. 117, 5. Hygin. 133, 3*] limitibus **F**, limitatibus **A** **7** intro *om.* **F** **8—9** aut a **A**, aut **F** **9** cognominati **A**, cognita et nominata **F** **10** Umbria **A**, tuscia umbria **F**, tuscia et Umbria **E** | a mare **F** **11** alii qui a monte **F** **14** figuram similem **AE** *figurae loco; v. Lachm. II 119* **15** in utraque parte *om.* **E** **16** Osci **A**, Tusci **E** | ^{bor}sum **A** **16—17** centenos et uicenos **A**, uicenos et centenos **E** **18—19** menses — — uoluerunt *om.* **E** **19** IV actibus *scripsi*] ex actibus **A**, exactum **E** | conclusum *scripsi*, connicium **A**, conciuium **E** | locum **E**, locorum **A**, acnuam *La.* **20** appellatum

iugerum definiunt. deinde haec duo iugera iuncta in unum quadratum agrum efficiunt, quod sint in omnes partes actus bini in hunc modum (fig. 30). quidam primum appellatum dicunt sortem et centies ductum centuria⟨m⟩. sunt qui centuriam maiorem modum appel-
A 78 lant, ut Cremonae de*nu*m et duce*nu*m. | sunt qui minorem, ut in Italia triumuirale⟨m⟩ iugerum quinquagenum. — Nam et omnes in subsiciuis extremae centuriae, quae non sunt quadratae, in eadem permanent appellatione.

Optima[e] ergo ac rationalis agrorum constitutio est, cuius decimani ab oriente in occidentem diriguntur, kardines a meridiano in septentrionem (v. fig. 30).

Multi mobilem solis ortum et occasum secuti uariarunt hanc rationem. sic uti⟨que⟩ effectum est, ut decimani spectarent ex qua parte sol eo tempore, quo mensura acta est, oriebatur. et multi, ne proximae coloniae limitibus ordinatos limites mitterent, exacta conuersione di⟨s⟩creuerunt. et sic per totum orbem terrarum est unaquaeque limitum constitutio, ubi proxima . . . (fig. 31).

. . . . La. 26, 5—10

AGF Sunt et aliae limitum condiciones, quae ad solum non pertinent [, hoc est ad artem nostram]. solum

---

6 *cf.* Sic. Flacc. 123, 20 ducentena dena **11—13** *cf.* Hygin. Grom. 144, 12 **14—17** Hygin. Grom. 135, 1—3; *cf.* 146 **17—19** Hygin. Grom. 135, 7—10

---

om. **E** | dicunt *scripsi (cf. p. 14, 4),* dictum **AE**. *Lacunam ante hoc verbum falso indicauit La.* | Hi **A**, si **E**

1 diffiniunt **E** | duo *om.* **A** **6** denum et ducenum *La.*, decem et ducentam (ducenta **E**) **AE** **13** kardines **A**, cardines et **E** | in **A**, ad **E** **14** mobiles **E** | secuti **E**, sicut **A** **14—15** uariarum **A**, uariauerunt **E** **15** uti⟨que⟩ *La.* **17** proximarum **E**; *cf. Hygin. Grom. 135, 7 proximarum coloniarum* **19** dicreuerunt **A**, descripserunt **E**, *corr. La.* | sit **A** **22** *Huc recepi fragmentum, quod propter simile initium ultimae controuersiarum parti 10, 14—18* Est et controuersiae genus quod ad solum non pertinet — — disputationem *in codicibus falso adnexum est* **23** *seclus. La.*

autem quodcumque coloniae est adsignatum, id uniuersum pertica appellatur: quidquid huic uniuersitati A 74 adplicitum est ex alterius ciuitatis fine, | [siue solidum G 16 siue *cult*ellatum | fuerit,] praefectura appellatur (fig. 32). (AGF)

⟨*DE ARTE MENSORIA.*⟩

Principium artis mens*o*riae in agendi[s] positum est A 78 | experimento. exprimi enim locorum aut modi ueritas A 79 sine rationa[bi]libus lineis non potest, quoniam omnium agrorum extremitas flexuosa et inaequali[s] cluditur finitione, quae propter angulorum dissimilium multitudinem numeris suis manentibus et cohiberi potest et extendi: nam sol*a* mobile[m] habent spatium et incertam iugerum enuntiationem. sed ut omnibus extremitatibus species sua constet et intra clusi modus enuntietur, agrum quo usque loci positio permittet rectis lineis dimetiemur: ex quibus proximam quamque extremitat*iu*m obliquitatem per omnes angulos facta normatione conplectimur, et coher*cita*m mensuralibus ⟨lineis⟩ statutis certo pr*ae*cent*uria*to spatio simil*i* futurae tradimus formae: modum autem intra lineas clusum rectorum angulorum ratione subducimus. subie-

1—4 Sic. Flacc. 124, 22—24

1 id G, in **AF** 2 quidquid] enim *add.* G 3 est **AG**, fuerit **F** 3—4 *seclus. La. uerba addita, ut hoc fragmentum cum proximo* 18,12 Cultellandi ratio etc., *quod item in codd. falso illic positum est, coniungerent* 4 utilatum, tutilatum G, titulatum **F** 5 *Titulum perspicuitatis causa addidi; cf. Agenn. Urb. 25, 6 et 9* 6 artis *sscr.* A^1 | mens'ur'e **A**, mensurae **E**, *corr. Scriver* 7 aut modi veritas **A**, modum aut ueritate **E** 8 rationabiles **A** 12 sola *Scriver*] sol **A**, soli **E**, soli immobile *corr.* A^2 13 ut **A**, et **E** 14 et *om.* **E** | clusus **E** 15 enunciatur **E** | permittit **E** 17 extremitatem **AE**, *corr. La.* 18 coherentem **AE**, *corr. La.* 19 ⟨lineis⟩ *addidi*] *La.* moetis *pro* statutis *scripsit* | praecenturiato *La.*] procentemato **A**, proextimato **E** | simile **AE**, *corr. La.* 19—20 forturae **A** 21 subdicimus **A**

E 24 ctas | deinde extremitatium partes, are⟨as⟩ tangentium
nostrarum postulationum, podismis suis ad⟨a⟩eramus,
et adscriptis spatio suo finibus ipsam loci reddimus
ueritatem.

Haec ubique una ratione fieri multiplex locorum
natura non patitur, oppositis ex alia parte montibus,
A 80 alia flumine aut ripis aut quadam iacentis | soli vora-
gine, cum pluribus confragosorum locorum iniquita-
tibus, saepe et culturis, propter quae maxime ad artis
copia⟨m⟩ est recurrendum. debet enim *minima* quae-
que pars agri in potestate esse mensoris et habit[ur]a |
E (24) 19 rectorum angulorum ratione sua postulatione constringi.
F 25r 12 itaque maxime prouidere debemus, quo usu ferramenti
quidquid occurrerit transeamus; adhibere deinde me-
tiundi diligentiam, qua[e] potius actus incessus *l*imita-
tionis effectum laterum longitudine[s] aequ[e]et; ferra-
mento primo ut⟨i⟩ et omnia *momen*ta perpenso dirigere,
oculo ex omnibus corniculis ex*t*ensa ponderibus et inter
se conparata fila seu neruias ita perspicere, donec pro-
xima⟨m⟩ consumpto alterius uisu sola*m* *intue*atur; tunc
dictare moetas, et easdem transposito interim extrema
meta ferramento reprehendere eodem momento quo
tenebatur, et coeptum rigorem ad interuersuram aut ad

---

1 deinde] in *add.* **E** | areas tangentium *Scriver*] adrectam(n)gentium **A** *(ipse corr.)*, are tangentibus **E** **2** adheramus **E** **3** spaciis suis **E** **4** ueritatem **A**, rationem **E** **7** fluminibus **E** | iacentis soli **A**, ingentibus loci **E** **8** compluribus **E** **9** culturis *Scriver*, culturas **A**, cultores **E** **10** enim numina **A**, nominatim **E**, *corr. La.* **11** habita *Salmasius, Scriver* **12** sua postulatione *om.* **F** **13** quo usu **A**, quod sub **F** **15** incessae imilitationis **A**, incensiti imitationis **F**, *corr. La.* **16** lateris **F** | longitudines **A**, l-em **F** **16—17** ferramentum primum **F** **17** momenta *La.*] indomita **AF** **18** oculo *La.*] cuius **AF** | expensa **AF**, *corr. La.* | et *om.* **F** **19** filax[s] eu neruia|sita **A**, filaxenuere (fila tenuere **E**) uitas ita **F**, *corr. Scriver* | donec **A**, dum haec **F** **20** solam *La.*] sola si **A**, sola **F** | intueatur *La.*] mentiatur **AF** **21** motetas(te)easdem **A** | intenterim **A**, inter **F** **22** meta] *sic semper* **F**, *hic et 17, 17* **A** **23** aut ad **A**, aut **F**

finem perducere. omnibus autem interuersuris tetrantis locum perpendiculus ostendat.

Cuiuscumque loci mensura agenda fuerit, eum circumire ante omnia oportet, | et ad omnes angulos signa A 81
ponere, quae normaliter ex rigore cogantur; posito deinde et perpenso ferramento rigorem secundum *pro*ximo lateri dictare, | et moet*is* conlocatis respectis in F 25v
alteram partem rigorem mittere, qui, cum ad extremum peruenerit, parallelon primi rigoris excipiat.

Sed si in rigore dictando quaedam deuitanda incurrunt, ualles, loca confragosa, arbores quas propter moram aut fructum succidere non oportet, *item* aedificia, maceriae, petrae aut montes et his similia, haec qu*a*cumque ratione optime poterint mensuram accipere debebunt.

Si fuerit ergo uallis quae conspectum agentis exsuperet, per ipsam moetis ad ferramentum adpositis erit descendendum. cuius rigoris incessum ut *ses*contrario aequemus, adf[l]icta ante linea ad capitulum perticae aequaliter ad perpendiculum cultellare debemus, *tum* E 20
ad per*m*ensum rigorem extendere lineam, quam in cult⟨r⟩um loc*ata*m perpendiculus adsigna[n]t. nam quo-

---

2 ostendat.... **A** 4 agnos **A** 5 cogantur **A**, aguntur **F** 6 secundum **A**, ob secundum **F** 6—7 proximo *La.*, maximo **AF**
maetas
7 et conlocatis respectis **A**, et conlocatis ereptis **F**, et conlocatis metis *Scriver, La.* 9 excipiat **A**, exeat **F** 10 sed si **A**, et seu **F** | deuitanda **A**, dubitando **F** 11—12 mora **F** 12 fructus succidi non possunt **F** | item *La.*, nam **AF** 13 haec **A**, et haec **F** 13—14 quicumque **A**, quaecumque **F**, *corr. Scriver* 14 poterit **F** 16 si fiunt ergo ualles **A** | conspectum **A**, in conspectu **F** 16—17 exsuperet **F**, exoperet **A** 18 descendendum **F**, dicendendum **A** | incensum **A** | sisincontrario **A**, se in contrario **F**, *corr. La.* 19 aeque **A** | adflicta ante **F**, adflectante **A**, *corr. La.* | ad^{c}ap^{i}tulum **A**, capitolum **F** 20 ad **A**, et **F** 20—21 tum ad permensum *La.*] nam et perpensum **AF** | linea in quam **A**, lineam in qua **F**, *transp. La.* 22 cultrum locatam *La.*] cultum locum **AF** 22 perpendiculis **A**, *corr.* **A**^{2} | adsignant **A**, adsignatus **F**

tiens sine linea cultellamus, ⟨cum⟩ conspectum moetarum excedimus, et festinantes ex eo loco iterum rigorem conspicimus, tunc in illa perticarum | quamuis exigua conuersione non minus fit dis*p*endi quam si iacentia ⟨se⟩quam⟨ur⟩.

Conpressiorem autem uallem et ultra quam pr*o*spici poterit euadendae difficultatis causa *lic*⟨et⟩ transire, in ulteriorem partem dictare moetas ne minus tres, quibus reprehensis transposito ferramento respicere priores oporteat, et perpenso coe*pt*um rigorem quo
(AEF) usque res exegerit perducere.

La. 26, 11

A 74. G 16 Cultellandi ratio quae sit, saepe quaeritur, cu*m* pr*o*-
F 28r *p*ensi soli spatium consummamus, ut illam cliuorum inaequalitatem planam esse cogamus, dum mensurae
F 28v lateribus inseruimus | (fig. 33); [cultellamus ergo agrum eminentiorem et ad planitia*e* redigimus aequalitatem]. Hanc nobis ipsa seminum natura monstrauit: *non* enim

---

15—17 Bo. 409, 3—6

---

1 cum *add. La.* **1—2** motetarum **A**, iterum **F** **2** excidimus **A**, sepe excedimus **F** **4** dispendi *La.*] distendi **AF** | quam si **A**, quod si **F** **5** sequamur *La.*] quam **A**, quamuis **F** **6** prospici *La.*, prespici **A**, perspici **F** **7** potuerit **F** | licet *La.*] sic **AF** **8** in **A**, ut **F** | dictare minus metas tres **F** **9** respicere **A**, recipere **F** **10** perpenso **F**, pensis **A** | coeptum *La.*] caelium **A**, celi **F** | rigore **F** **10—11** quo usquae **A**, quatenus **F** **11** perducere debemus **F** IVLI FRONTONIS LIB. EXP. FELICITER **A**, IVLI FRONTINI SICVLI EXPLICIT LIBER PRIMVS **F**. *Huc recepi fragmentum de cultellandi ratione, quod in MS. falso loco (v. supra 10, 18) positum est* **12** cum *Sichard*] curae **A**, cuius **G**, cur ea quae **F**; *cf.* 25, 12 cum *pro* curam **12—13** propensi *Schulten*] premens **A**, premensi **G**, praemensum **F**, per immensum **F**¹ **13** soli **AGF**¹, solis **Fp** | ut **AF**, et **G** **14** plenam **F** | cogimus **G** **14—15** dum — — inseruimus *om.* **F** **15** inseruemus **A** **15—16** *secl. La.* **16** et *om.* **A** | ad planiti*ae* (p-am **O**) r. aequalitatem *scripsi* (*cf. v. 14 planam esse cogamus*); a planitiae recidimus aequalitatem *Bo.*; ad planitiam r. ⟨in⟩aequalitatem *La.* **17** hanc (*sc. cultellandi rationem*) **AG**, haec **F** | non *scripsi*] omnis **O**

illa soli inaequalitas re⟨cte⟩ colligi poterit, nisi quod
e terra quidquid nascitur in aëre rectum ex[t]istit et
illam terrae obliquitatem crescendo adterit, nec ma- F(28v, 6
iorem | numerum occupat quam si ex plano nascaṭur. 22r, 5
| quod si monti ordinat*a* semina nasc*ere*ntur omnia, se- (AG)
cundum loci naturam me*ti*re*mu*r: cum non idem, hoc
est totidem arborum ordines, capiat, quod pares ei[us]
in campo limites, recte cultellabitur.

---

7 Bo. 397, 6. 409, 6

---

1 recte *scripsi*] re **A**, *om.* **GF**, ⟨qua⟩re *La.* | colligi non poterit **F** 2 e **A**, de **GF** | extistit **A**, exit **GF** 3 adterit **F**, adteret **AG** 4 numerum **AF**, spatium **G** | quam si **G**, quam si si **A**, quam nisi **F** 5 *Unum fol. excisum in* **A**. *Hic desinit Frontinus in* (**P**)**G** | ordinato **F**, *corr. La.* | nascantur **F**, *corr La.* 6 metiremur *La.*, mererentur **E**, hererentur **F** | non **F**, mons *La.* 6—7 idem hoc est *secl. La.* 7 quod pares **F**, quod pars *La.* | ei *scripsi* 8 limites **F**, lineis *La.*

Ea, quae Lachmann 34, 15—58, 22 cum titulo FRONTINI LIB. II *edidit, ex libro Agenni Urbici (pp. 20—50) et ex Commento (pp. 51—70) ipse excerpsit.*

A 161

AGENNI VRBICI.

(A) *DE CONTROVERSIIS AGRORVM.*

. . . .

. . . . La. 59

B 83 aduersantur, ne quid in rerum natura finitum esse uideatur. ac si rationis a*c*tum uniuersaliter adprehendere[t] proponimus, ut ab initio quodam ad certa⟨m⟩ finium dispositionem procedit et ex*i*git ornat*u*m, silentio transire neque*o*.

Si enim uo*x*, quam uaria uerborum significatione[m] diuidimus, naturalis est, uerborum significatio naturaliter sui exigit institutionem. ipsa quoque litterarum initia necessariam habent substitutionem. nisi enim constet linearum illam figurationem B 84 capere | nomen et esse aliquid, itemque similiter ce*rt*as uocis distinctiones certa significatione seruari, numquam scripturae ullius ordo ad *no*titiam mentis admitt*e*tur. et si ad numeros respiciamus et non putemus esse unum neque duo pluraue, ⟨et⟩ a primo ad secundum tertiumqu*e* distantias non substituamus, nullius ordinis modo ⟨numero⟩rum rationalium gradus distinguamus. et quid pluribus fatigamur exempl*is*? si ad rationem

---

Minoribus litteris propria Agenni uerba, maioribus ea, quae ex optimo quodam fonte (**Frontino,** *credit La.*) *Agennius sumpsit, impressi.*

Titulum INC. AGENI VRBICI DE CONTROVERSIIS AGRORVM *solus habet* A 161 *(v. p. 37, 13), subscriptionem* AGENI VRBICI LIB. EXP. (EXPLICIT **B**) A 179 *et* B 38 (*v. p. 51, 3*). *Textum paginarum 20—37 solus praebet* B 39—91, *foliis archetypi aliis turbatis, aliis amissis, corruptum. (Ordinem restituit La.) In rasura tituli* B 39 INCIPIT LIB̄ ////////// *manus quaedam VII. saeculi* Sinplici*us scripsit. Etiam in subscriptione* B 91 *rasura est*: EXP̄ LIB̄ ///////. *Nomen Agenni restituit* **J**: LIBER AGENI VRBICI II *et* EXP. LIBER AGENI. *Cf. p. 59, 10 et 32, 18*

6 rationes artum **B** **8** exegit ornatam **B** | neq. eos **B** **9** uos **B** **12** substitutionem **B**, sui institutionem *Huschke La., sed cf. 17 et 25, 14* **13** ceteras uoces **B** **15** ullus *La.* | notitiam *Blu.*] iustitiam **B** | admittitur **B** **16** *add. Blu.* **17** tertium quod **B** **18** *add. La.* **18—19** distinguemus *La.* **19** exempla **B**

homo pertinet, et rationis nexus humana tangitur prouidentia, ad quam *pu*ta[n]tu*r* peruenire ne quidem institutus quisquam mortalium potuisse, | de contrario falsa persuasione decipimur, B 85
et naturaliter in*e*sse nobis etiam sapientiam credimus. *cu*sto*s* est disciplina, nisi fallor, infantia⟨e⟩: quae cum ita naturalia ad notitiam mentis admittit[ur], [a]ut s*i*nt, in qu*ae* dirigi possi[n]t animu*s*, alia procu*l* et semotior⟨e⟩ ratione[m] continet[ur]; ad quae cognoscenda ne uulgaribus a*b*ducamur opinionibus, ratio n*on* de*erit*.

Ac ⟨si⟩ instituamus adposita⟨s⟩ disputationes in trac⟨ta⟩tum aut ordine[m] persequamur, quam multa pr*ae*cedunt, quibus ad hanc disputand*a*m materia⟨m⟩ instrui debeamus! tali enim operatione[m] naturae regimur, ut uniuersa, ad quae pertinemus aut qua*e* ad nos perti|nent, sensibus nostris uelut conf*u*sa B 86
*of*ferantur ipsa[quo]que animi⟨s⟩ didicerimus dinosc*ere*. quid quod id ipsum, qu*o*d quid est a⟨ut⟩ quale, prius qua⟨da⟩m in parte uidemus, nec statim tot*a*m partis proprietatem cernimus, nisi in singulas portiones auocatum undique uisum dereximus, ut relicta magnitudinis occupatione paulatim ad notitiam rei animu*s* inducatur. eadem ratione eti*am* ceterae intellectu*s* qualitates tenentur. per quas ⟨ad⟩ aliud opus festinantibus satis dilucid*a* existit probatio, *ca*pacitatem rerum generi humano esse concessam, quarum multitudine[m] onera*mur*. | a*t* in uniuersa B 87
distringimur, ut ad certa et electa nisi elaborato studiorum iudicio peruenire nequ*e*amus. ut enim *nec* ferrum ⟨in⟩ genere secare potest, nisi ad sec*a*ndum habilem acceperit figuram, sic animu*s* naturalium capax rerum, nisi certo disciplinae ordine[m] a⟨di⟩utus, subtilioribus indiget argumentis. quam ob rem inter praecipua honestarum amore artium conpun⟨g⟩ere animum et bonae mentis instrumentis fundare debemus. si quidem secundum cognitas mihi artes huius partis si[n]t aut experimenti copia, perferendi quoque suff*e*ceri[n]t fac*u*ltas, poterit | labor[ar]i B 88

---

2 putatur] non tantum **B**, non ⟨pu⟩tatur *La.* 4 et **B**, si *Blu.* | inisse **B** | castus **B** 6 sunt **B** | quae] qui **B** 7 animum **B** | procul et] procubet **B** | continet *ego*] continentur *La.* 8 adducamur **B**, *corr. Huschke* 8—9 ratio non deerit *La.*] rationis decreti **B** 10 adposita **B**, ante positas *La.* 11 procedunt **B** 12 disputandum **B** 14 aut quae] aut quam **B** | confessa referantur **B** 15 animo *La.* | dinoscimus **B** 16 quod quid] quidquid **B** 17 totum **B** 20 animum **B** | etiam] etin **B**, *cf. Front. 12,1* | intellectum **B**, in-tu *La.* 21 quas **B**, quae *La.* 22 dilucide **B** | opacitatem **B** 23 onerauit **B** | at] ad **B**, atque *La.* 25 neq. eamus **B** | nec *Blu.*] est **B** 26 secundum **B** 27 animum **B** 28 *corr. Blume.* 31 artis **B** 32 sufficerint facilitas **B**

nostro non inter minim⟨ar⟩um utilitatium profectus locus uindicari.

Quoniam itaque de controuersiis meminimus agrorum, h*ae* quot partibus diuidantur et in quot genera possessionum aut quas habea⟨n⟩t qualitates, tractemus.

Qu*o*m autem qu*ae*rend*u*m uideatur, quid sit ager et ubi sit, ad ordinem mund*i* partesque reuocamur. mundus autem, uti[n] stoici decer⟨n⟩unt, unus esse intelligitur: sed qualis quantus, geometricis spectaminibus aperitur. eo enim elementorum natura terrae aequilibratur. huius terrae pars die[i] fulget, pars B 89 nocte fuscatur. diuiditur, | ut supra diximus, in quattuor partes. quarum una inter Atlanticum *e*t e⟨o⟩um mare meridiano ac septentrionali clauditur Oceano, hab*it*abilis atque cognita: appellatur a Graecis *oe*cum*e*ne. reliqu⟨ae ig⟩itur habitabilis ratione colliguntur. contraria autem pars parti ⟨isti⟩ finitur Oceano Atlantico atque e*o*o et inter meridianum et austra*l*em cohib*e*tur Oceanum: appellatur ant⟨o⟩ecumene. post Oceanum septentrionalem atque australem duae terreni partes meridiano diff*i*nd*un*tur Oceano: quarum Graeci austro prop[r]ior*e*m antictonon (*i. e.* *ἀντι-*B 90 *χθόνων*) appellauerunt; | alteram prop[r]ior*e*m septentrioni antipodon (*i. e.* *ἀντιπόδων*), quoniam emisperio*u* aliud latus optinet et ad rationem habitabilis ⟨t⟩etartem*o*rii contrariis ambulanti*u*m gressibus p*re*mit[tit]ur. ⟨o⟩ecumene autem, hoc est habitabilis et cognita terreni portio, ad notitiam spatiorum incrementis redigitur umbrarum. huius latitudinem definit orientis occidentisque dimensio, *al*titudine⟨m⟩ septentrionalis facit kardo: intra haec spatia termina[n]tur utroque Oceano. tripertita regi*o*n*u*m diuisione[m] distinguitur, Europa Libya atque Asia. B 91 Europam a Libya Gallicum Tyr⟨r⟩enum Egeum, hoc | est intestinum, mare diuidit, Asia⟨m⟩ ab Europa ⟨Ta⟩nais, a Li*b*⟨ya Nilus. ex his argument⟩aliter inclinamentorum condicio cognoscet⟨ur⟩, intra qua*e* ager imperii Romani spatioso fine diffunditur, cuius controuersias generaliter exsequi proposuimus.

---

3 hae] hoc **B** **6** quam autem quorundam **B** **7** mundum **B** **7—8** ut instoici **B**, ut stoici *La.* **8** qualis ⟨et⟩ *Huschke La., sed cf. 43, 9* **12** et eoum] ut eum **B** **13** habeshabiles **B** **14** oecumene] cacumine **B**, *sed cf. u. 17 et 23* ecumene **B** **15** isti *addidi; La.* oecumene *add.* **16** eoo] egeo **B** | austrantem cohibitur **B** **18** diffunditur **B** **19** *et* **20** propriorum **B** **21** emisperion **B** **22** etartemerii **B** **22—23** ambulantiam **23** permittitur **B** | est **B** **26** latitudine **B** **27—28** regionem **B** **28** libia **B** **29** lubia **B** **30—31** asia ab europa nahis aligaliter **B**, *corr. Huschke* **32** quae] quā **B**

Ager est †finiruris | . . . . (B 91)
. . . .
. . . . | non praetermittimus nomina B 39
*con*sent⟨i⟩entia condicionibus possessionum.

Prima enim condicio possidendi haec e*x*ta*t* per Italiam; ubi nullus a[iu]ger *est* tributarius, sed aut colonicus aut municipalis, aut alicuius castelli aut conciliabuli, aut saltus priuati.

A*t* si ad prouincias respiciamus, habent agros colonic*i* quidem iuris, [habent et colonicos stipendiarii] qui sunt in[com]mune*s*, habent[em] et coloni⟨co⟩s stipendiarios. habent autem prouinciae et municipales agros aut ciuitatium peregrinarum. Et stipendia|rios, qui nexum non B 40 habent neque possidend*o* ab alio qua*eri* poss*u*nt. possident*ur* tamen a priuatis, sed alia condicione[m]: et ueneunt, sed nec mancipatio eorum legitima potest esse. possidere enim illis quasi fructus tollendi causa et praestandi tributi condicio⟨ne⟩ concess*um* est. uindicant tamen inter se non minus fines ex aequo ac si priuatorum agrorum. etenim *ciu*ile est debere eos d*iscre*tum finem habere, quo unus quisque aut colere se sciat oportere aut ille qu*i* iure possidet possidere. nam et controuersias | inter B 41 se tales mouent, quales in agris inmunibus et priuatis

---

1—3 *De titulo et subscriptione columnarum* **B** 39—91 *v. p. 20, 1—2* **3—4** nomina consentientia *scripsi; cf. 28, 25*] nominata sententia **B**; nomina conuenientia *Huschke* **5** extat *scripsi*] est ac **B**, est ut *La.*, est *Goes.* **6** ager est *La.*] aiugerum **B** **9** At *Goes.*] ac **B** | colonici *scripsi*] colonicos **B** *La.* **10** quidem **B**, eiusdem *La.* | habent et colonicos stipendiarii *seclusi utpote glossam, quae proxima uerba corrupta* habentem et colonis stipendiarios *explicare uoluit. Rudorff (et La.) tantummodo* stipendiarii *seclusit* **11** in communem **B**, *corr. Rudorff* **13** stipendiarios] quidem dicimus uel tributarios *add. La.* **14** possidendi ab alio quam possident possidente tamen **B** **15—16** et ueneunt **B**, eueniunt **B**[2] **18** condicio concessa est **B**, *corr. Rudorff* **20** ciuile *La.*] simile **B** | discretum *La.*] decertum **B**, desertum **B**[1] **21** quo unus **B**] quatenus *Huschke La., sed cf. 44, 1* quo = quatenus **22** quo **B**

solent euenire. uidebimus tamen an interdicere quis possit, hoc est ad interdictum prouocare, de eius modi possessione[m].

Multa enim et uaria incidunt, quae ad ius ordinarium pertinent, per prouinciarum diuersitatem. nam cum in Italia ad aqua*m* pluuiam arcendam controuersia[m] non minima concitetur, diuerse in Africa ex eadem re tractatur. qu*o*m sit enim regio aridissima, nihil magis in querella habe⟨n⟩t quam siquis inhibuerit aquam pluuiam
B 42 in suum in|fluere: nam et ag⟨g⟩eres faciunt ⟨et⟩ excipiunt et continent eam, ut ibi potius consumatur quam a*b*fluat.

In omnibus his tamen agris superius nominatis quot genera controuersiarum exerceantur, tractare incipiamus. nam et qualia sint et quot status habeant generales, diligenter intueri debemus.

Etenim ad artificium defendendi plurimum prode erit, si persecuti [hu]ius omni[s] diligentia fuerimus. non enim a qualibet parte[m] adgrediendum est in controuersia[m]
B 43 sed d*i*sp*i*ciendum, *cui* postulationi absolutio pro|xima sit, ne inplicatione[m] aliqua et iudicem inpediamus et controuersiam faciamus obscuriorem. nihil puto deformius esse
B 71 quam ⟨cum⟩ de eius modi causis inperiti | idoneas uolunt exhibere aduocationes. qu*ae*cumque autem in artificio generaliter ⟨e⟩ueniunt, colligi utcumque possunt: reliqua omnia sunt infinita. in quantum potero tamen a generalibus specialia argumentis tractabo, cum ab exiguo quid⟨em⟩ exemplo secund⟨um loc⟩orum natura⟨m⟩ colligere possint, qui*d* potissimum sequi debea⟨n⟩t.

---

1 *v.* p. 33, 26 sq. **4—12** *v.* p. 49, 4—8 **23** *cf.* Comm. 70, 18

---

1 i^{n}terdicere **B** **6** ad] ob *Rudorff* | aquae **B**, *corr. Goes.* **8** quam **B**, *corr. Goes.* **12** abfluat *Goes.*] adfluat **B**, effluat *La.* **18** hoc ius omni *Goes.* **20** despliciendum **B**, *corr. Goes.*, inspiciendum *m. rec. in* **B** | cui *Rudorff*] q. **B** **21** inpu*b*licationem (ub *m. antiqua del.*) **B** **22** *La. Frontino etiam proxima* nihil puto — — aduocationes *et* **27** cum ab exiguo — — sequi debeant *tribuit* **24** quocumque **B** **28** quid] quia **B**

Quamquam *non ignorem*, in⟨ter⟩ professores inmodic*e* controuersia*r*um quaestione⟨m⟩ frequenter agitata⟨m⟩, necessariam studii exercitationem huius quoque partis existimaui. un*o* enim libro *in*stituimus artificem, alio de arte disputauimus, cuius tripertitionem ⟨s⟩ex libris, ut puto, satis conmod*e* sumus executi. exigit enim [p]ars scientiam metiun*di*, *cui* datur libr*i* tertia pars, quam quinto et sexto libro con*t*inuabimus. et de adsignationibus et partitionibus agrorum et de finitionibus terminorum ⟨h⟩actenus deputato artis mensoriae ordine meminimus: superest nunc ut de controuersiis dis*putem*. | quae pars, B 73 quamuis quarta sit uniuersitati⟨s⟩, seiungitur, quoniam communis est *cum* aliis artibus et priuatae disputationis exigit cu⟨ra⟩m. qua⟨m⟩ ita capere ac persequi poterimus, si anticipalia quoque, quibus init⟨i⟩a substituuntur, non praetermiserimus.

Omnium igitur honestarum artium, quae si*ue* naturaliter aguntur si*ue* a⟨d⟩ naturae imitationem proferuntur, materiam optinet rationis artificium geometria, principio ardua ac difficilis incessu, delectabilis ordine, plena praestantiae, effectu *insu*p*e*rabilis. manifestis enim rationi[bu]s executionibus declarat ⟨rat⟩ionalium ma|teriam, ita ut geometria⟨m⟩ ine[o]sse artibus aut arte⟨s⟩ B 74 ex geometria esse intelligat⟨ur⟩. si enim rationis incrementa tractamus a*r*te, simplicibus ac planis solidisque adhibita⟨m⟩ etiam ⟨ante⟩ nomen potestate⟨m⟩ cognoscimus: qu*in* *e*t geometrica analogia aut ⟨h⟩armonica aut ar*ithm*etica, [a]ut contraria aut quinta aut sexta et ceteros ordines, exercemus; ut non tantum artificiorum, uerum etiam omnium rerum qualitates probabiliter ostendat. sed quoniam tant[um]a naturalium rerum magnitudo exercitatioris acum*inis* exigit curam, non fa-

---

1 inter professores Hygin. Grom. La. 181, 11

1—14 *In hac dispositione equidem non ausim propria Agenni uerba et aliunde sumpta (Frontini) cum Lachmanno distinguere.*

---

1 non ignorem *La., cf. 48, 23*] omni quoniam **B** **1—2** inmodica controuersia cum quaestione **B** **3** studii⟨s⟩ *La.* | unum **B** **4** instituimus *La.*] substituimus **B** *fortasse recte; cf. 14 et 20, 12* **5** conmodis **B** **6** metiuna cludatur libra **B** **7** tertia **B**, tertii *La.* | conminuabimus **B** **9** arti *La.* **10** disputem *scripsi, cf. 12* disputationis] disponam **B**, dispiciamus *La.* **12** cum] quam **B** **12—13** exigit cu⟨ra⟩m *cf. v. 28* **14** substituuntur **B**, substruuntur *La.* **15—16** siue — siue] sibi — sibi **B** **18** effectum separabilis **B** **22** arte *Rudorff*] aete **B** **23** ⟨ante⟩ *La.; cf. 35, 3* **23—24** quin et] quam ut **B** **24** armoni*a*ca aut aremnetica **B** **28** acuminis *La.*] commune in his **B**, acumen in his **B**[1]

cile geometria uulgari *tan*gitur opinione[m] et ad intellectum
(B 74) sui nisi quo*s* ad naturalem philosophiam proue⟨h⟩at admitti⟨t⟩.

. . . .
. . . .
. . . .

B 59 Prius quam de transcendentia controuersiarum tractare incipi*am*, status earum exponend*os* existimo, quoniam in priore[m] parte[m] libri sequentium rerum ordo absolut*e* de his disputari inhibuit. reddendum itaque hic locum tam necessariis partibus |
B 60 existimo.

Omne genus controuersiarum ex quadam materiali bipertitione generatur. constat autem haec bipertitio aut in fine aut in loco, non sine illa controuersia quae de positione terminorum praescribitur. Quem admodum unum extra positum est, quo separato a cetero numero duo primum numera⟨n⟩tur, in hoc quoque numero controuersiarum de positione terminorum ad unius *omnino* condicionem respicit, et quamuis sit origo quaedam litium, minime tamen adiungi materialibus contro-
B 61 uersiis uidetur posse, quoniam singulariter omnium *l*itium | anticipalis existit, et si querella eius ad solum descendit, desin⟨i⟩t controuersia e⟨sse⟩ de positione terminorum: finis enim incipit esse aut loc*i*. ergo legitimi materiales status controuersiarum hi duo uidentur ex[i]stare, de fine aut de loco: reliquae controuersiae, quaecumque sunt, ex hac materia oriuntur et aut ordine[m] mensurarum aut partibus iuris ad status generales priua*tos* reuoca⟨n⟩tur. namque in ordine controuersiarum haec quoque materia li⟨ti⟩s locum suum optinet.

11—13 *cf.* Frontin. 4, 2 **16—22** *cf.* 31, 7—10

---

1 tangitur opinione *Rudorff*] tegitur opinionem **B** | et] nec *credo* **2** quod **B** | probeat admitti **B** **3** sqq. *Ex uerbis 24, 13* quot genera controuersiarum exerceantur tractare incipiamus *concludere licet, genera controuersiarum enumerata hinc periisse. Quare huc transponendus est is contextus, qui in codicibus* AB *falso epilogi locum occupat* (49, 26—51, 3 Satis, ut puto, dilucide genera controuersiarum exposui — — mentiri artifices coguntur), *in quo indicatur, a breui enarratione controuersiarum ad singulas tractandas orationem transire* **6—7** incipiam] incipit alii **B** (alii *glossam indicat 32, 12. 45, 13. La. 167, 17*) **7** exponendus **B** **8** absoluti **B** **17** omnino] nomine **B** **19** uitium **B** **21** controuersiae De **B** **22** locus **B** **24** et aut] et *pr.* **B**, aut **B**[2] **25—26** generalis priuatus **B** **27** materia litis] materialis **B**

De fine subtilior exigitur disputatio, quae a rigore nullo modo d*i*stat nisi specie. De quibus est diligentius | disputandum: B 62 quotiens enim de fine aut de rigore dicimus, non p[l]usilla quaestio oritur, una⟨m⟩ pluresue lineas sentiamus; ne praeterea lex Ma*m*ilia fini latitudinem praescribat. de qua lege iuris periti adhuc habent quaestionem, neque antiqui sermonis sensus proprie explicare possunt, quini pedes latitud*inis* dati sint, an in tantum quinque. uide[n]tur tamen his, quinque pedum esse latitudinem, ita ut dupondium et semisse⟨m⟩ una quaeque pars agri finem pertinere patiatur.

Ergo si corpus habet finis, aliter sentire debemus *ac* ⟨si⟩ singularem tantum linea⟨m⟩ intueamur. | in omni enim genere B 63 disterminationis, *c*ui uel singularis linea interueniat et ex uno dua*s* diuidat partes, ipsius mediae lineae sec[u]t*ura* singular*em* habet contemplationem, sed efficit duas partes horum locorum diu*i*sorum, et si proprius sentire uelimus, triplex incipit esse contemplatio rei diu*i*sae, ⟨non duplex⟩. uidebimus tamen an tota si[n]t corporalis. nam quidquid terreni est divisum, sequitur ut et *omnino* corporale esse constet. inter uersuras autem duas illud genus lineamenti quod mensura distrinxit, qu*o*m ex inferiore parte terreno finiatur, etiam si graciliter, in modum tamen | sulci, per suppl*e*mentum *a*ër*is* conspicitur. secundum rationem B 64 quorundam philosophorum aut geometrarum [non duplex] illud quoque quod *a*ëre[s] distinguit⟨ur⟩ corporale esse decernitur. nunc quem admodum . . . .

. . . .

⟨Falsa pro⟩positio est, cum controuersia alium habeat statum generalem et alio ad litem deducatur. uera propositio est

---

1 *cf.* Frontin. 5, 3 sq. 28 *In sequenti tractatu 27, 28—30, 10 non audeo propria Agenni uerba et aliunde sumpta (Frontini) cum Lachmanno distinguere*

---

2 destat **B** 3—4 pusilla *Huschke*] plus illa **B** 4 ne **B**, num *La.* 5 manilia **B** 8 latitudo **B** 10 una q.[q.] pars **B** (q. *sscr.* **B**[1]) | ⟨ad⟩ agri *Goes.* 12 ac si *La.*] ut **B** 14 cui] qui **B** 15 duas *Goes.*] duab. **B** | sectura *scripsi*] secutus **B**, '*fortasse* strictus' *La.*; *an* sectus? | singularum **B** 17 diuisorum *Goes.*] diuersorum **B** 18 diuisae *Goes.*] diuersae **B** | non duplex *ex v. 24 add. La.* 20 omnino *Huschke*] animo **B** 21 uersura distinxit *Huschke; an* uersuras? | quom *Goes.*] quam **B** 23 suplimentum heres **B** 24 *cf. v. 18* 25 aëre] heres **B** 27 *Lacunam statuit La.* 28 *add. La.*

cum p*er* stat⟨um⟩ generalem controuersia[m] ad litem deducitur. ex falso ergo in uerum transcendentia est, cum a quolibet alio statu ad generalem statum controuersia reuocatur. ex uero in falsum transcend*ent*⟨ia⟩ fit, *cum* relicto generali[s] statu[s] quolibet alio statu controuersia instruitur.

Ex non stante propositione in [te]stante⟨m⟩ transc*en*dunt B 65 controuersiae, quotiens | loci de quo agitur specialia argumenta nulla existunt, neque ullum finitimae similitudinis mo⟨nu⟩mentum, sed tantum aboliti finis querella exponitur, et excipien*s* extantium argumentorum qu*a*dam e*x*positione defenditur. nam nec uno genere, sed et si proximi[ae]tas aliqua naturalis fuit, quae similitudine⟨m⟩ finis adferre possi[n]t, in illam quoque uelut extantium argumentorum opportunitas aptatur. *ex* re *s*tant⟨e⟩ i⟨n⟩ non stante⟨m⟩ fit transcendentia, cum certus agro⟨rum⟩ finis, qui aut loci natura aut terminorum distinctione B 66 firmatus est, relinquitur et per uanas demonstrationes con|trouersia*e* includitur. hoc modo controuersiae plerumque ab ambitio⟨sis⟩ possessoribus pro*xim*is mouentur. euenit autem, ut eius modi demonstrationes, ⟨ni⟩si ratione defenda⟨n⟩tur, interibiles fiant; si *con*tra pro ueris habeantur, ut interibilis inprudentia iudicantium fia[n]t uidelicet fin*itio*.

A quocumque autem controuersia⟨e⟩ de agris mouentur, effectus habent aut coniunctiu*o*s aut disiunctiu*o*s aut spectiu*o*s aut expos[c]it⟨iuos⟩ aut reciperat⟨iuos⟩. coniunctiuus est effectus, quotiens consentientibus angulis exploratus agrorum finis B 67 ad modum rationis acc*i*pit deter|minationem inlaeso utr*ius*que agri[s] solo: ⟨hoc⟩ genus finitionis plerique inter ⟨se⟩ conuenientes potius quam iudices s*o*rti*en*t⟨es⟩ factum consignare malunt; disiunctiuus est effectus, cum determinatio alterius partis solum desecat *et i*ta [ae]qualitate⟨m⟩ agri diu*ersam* ⟨dis⟩si-

---

1 per statum] praestat **B** **3—5** reuocatur — — controuersia *post* controuersia *in textu om. sed minoribus litteris subter add.* **B** **4** transcendentia fit cum *scripsi*] transcendit fit ut **B**, transcendit cum *La.* **6** transcidunt **B** **8** *add. Rudorff* **9—10** excipient **B** **10** quodam ea positione **B** **13—14** ex re stante in] res extanti **B** **16—17** controuersia est **B** **17—18** *add. Huschke* **18** proximis *Huschke*] pro suis **B** **19** demonstrationes nisi *scripsi*] d-tionis si **B**, d-tiones si *Huschke La.* | defendatur **B**, deficiantur *Huschke La.* | interribilis **B** *semper* **20** contra *Huschke*] natura **B** **21** finitio *La.*] fine ut **B** **23** coniunctiuus aut deiunctibus aut spectibus **B** **26** rationes accepit **B** | utroque **B** **27** ⟨hoc⟩ *addidi*, ⟨quod⟩ *add. La.* **28** sortientes *scripsi*] sentiret **B**, sortiti *Rudorff; cf. 33,19* **30** desecat et ita *La.*] desecatá ést a **B** (*expunx.* **B**[2]) | diuersam dissimili *La.*] diuisis ac simili **B**

mili solo applicat, ut plerumque euenit ⟨ut⟩ ex prato siluae
aliquid adiungatur aut ex silua fine distincto adplicetur ad
pratum, et similiter per alias agrorum qualitates. spectiuus est
effectus, cu*m* est demonstratio finitimis argumentis ex maxima
parte fundata, ita ut et dubi⟨i⟩s quoque locis aspectum prae-
beat finitionis. namque ani|mum non tantum ratione orationis B 68
intrauit, sed etiam contemplandi potestate confirmat. | exposi- P 20ᵃ
tiuus est effectus controuersiae, quotiens finitimorum argumen-
torum caret demonstratione et partium magis exigit narrationes,
per quas exponendum sit quo[d in] *rigo*re termin*i* desi⟨n⟩t, aut
persuadendum iudici, etiam si loci natura finitimam exhibeat
similitudinem, quomodo sint reponendi. subiectiuus est effectus
controuersiae, cum relinquitur status generalis et alio quolibet
statu controuersia defenditur. reciperatiuus est effectus | contro- B 69
uersiae, quotiens a trifinia aut quadrifinia ⟨aut⟩ ex quolibet
alio finis loco in excipientem terminum rectura dirigit et per
incessum definitionis loca quaedam alteri fundo adquirit; aut
quotiens solum aufer[e]t et eius loco reddit[us] | utrique fundo, (P)
effectus qu*asi* reciperatiuus existit.

Per hos effectus omnium controuersiarum status inuicem ha-
bent transcendentia⟨s⟩ aut necessarias aut que[e]untes aut ne-
que[e]untes, saepe interibiles. cum enim status generalis | ad- P 20ʳ
sumptiuus primae controuersiae, qu*ae* est de positione termi-
norum, in rigorem | aut in finem transcendit, | e⟨s⟩t quidem B 70 (P)
necessarius causa argumentorum, sed in illo genere controuersiae
nequ*iens* habetur: at si uer*e* de fine agatur et omnino termi-
n⟨at⟩us distinctio ei desit, manifeste transcendentia eius non
tantum nequ*iens* sed interibilis apparet. eadem ratione in ceteris

7—18 Comm. 69, 30—70, 9 **22—24** Comm. 70, 9—11

1 euenit ⟨ut⟩ *scripsi*] aut *La.* **3** simili **B**, *corr.* **B**^{2} **4** cum] cuius **B** **7** confirmat⟨ur⟩ *La.* **8** effectus **B**, status **P** *in Comm.; item in v. 12. 14. 19* **9** demonstrationem **P** | partium **P**] partes **B** **9—10** exiget narrationem per quam **P** **10** quo rigore termini desint *Rudorff*] quod in genere terminandae sit **B**, quo sint genere terminandae **P** **11** finitimum **B** **12** quomodo sint reponendi *om.* **P** **13** controuersiae *om.* **P** **15** quotiens] non *add.* **P** | aut] sed **P**, *om.* **B** **16** loco incipientis termini recturam **P** | dirigit⟨ur⟩ *La.; sed cf. Front. 12, 14* **17** incessum **P**] incensum **B** **18** quotiens *om.* **P** | redditus **B**, redditur **P** **19** quasi *Huschke*] quosse **B** **21—22** aut quae euntes aut neq. euntes saepe interrebilis **B** **23** quae] qui **B**, status est qui **P** **26** nequiens] nequeenim **B** | uero **B** **28** nequiens] neq. his **B**

controuersiis ha*ec* transcendentia adficitur, ut aut non neces- P 20r saria aut nequ*iens* ⟨aut⟩ interibilis appareat. secunda | controuersia de rigore, initialis status pertinentis ad materiam, ⟨cum⟩ transcendit in controuersiam quae est loco tertio de fine, status B 71 materialis, speciem, non con|dicionem, mutat neque materia⟨lis⟩ (P) efficit⟨ur⟩. | secunda controuersia de rigore, status initialis, qu*o*m transcendit in controuersia⟨m⟩ qu*a*e est loco ⟨quarto de loco⟩ materialis, transcendentia eius non necess*aria* efficitur. secunda ⟨tertia quarta quom in⟩ controuersiam quae est loco quinto de (B 71) modo, status effectiui, transcendunt . . . .
. . . .

⟨De positione terminorum⟩

. . . .
B 43 secundum locorum natura⟨m⟩ mouet causas.

Si uero in alio loco terminus translatus est usurpandi finis causa[m], numquam non utique locum desicauit: non enim cito quisquam propter exiguam partem terminum mouet. erit in prouidentia[m] mensoris secundum angulorum finitimorum pos*it*ion*e*m arbitrari, in quantum B 44 sit terminus | translatus et qua ratione s*it* in locum suum restituendus.

Facillimum est inperitia⟨m⟩ artificis ali*us*ue retu*ndere* non putant⟨is⟩ ration*em* inesse ordin*i*: nam et frequenter

---

2—6 Comm. 70, 11—14 **12** Frontin. 4, 12 **22—24** *cf.* 50, 13

---

1 haec] habet **B** | adficitur *scripsi*] adfigitur **B**, efficitur *La.* **2** nequiens aut] neque **B** **2—3** Initialis controuersiae status de rigore pertinens ad materiam **P** **3** cum *hic addidi, La. in v. 2 ante* secunda *add.* **4** transcendit **P**] descendit **B** **5** speciem *om.* **P** **5—6** *corr. Rudorff ex p. 26, 18* **6** quom] quam **B** **7** quae] qui **B** | loco ⟨quarto de loco⟩ *scripsi*] ⟨de⟩ loco *La.* **8** necessaria] necesse est **B** **9** *add. La.* **12** *add. La.* **13** *Ex Commento La. add. uerba* 58, 31—59, 18 cum ergo possessor — — — appellauit antiquitas *et* 59, 21—26 uidendum hoc — — ratio proferatur. **16** desiccauit *pr.* **B** **17** cito *om. pr.* **B** **19** positionem *Goes.*] possessionum **B** **20** sit *Arcerius*] sed **B** **22** aliusue retundere *La.*] alia uerentur **B** **23** rationi **B** | ordini (*sc.* terminorum)] ordinem **B**, ordinationi *La.*

euenit, ut inperitia mensorum [an]audacia⟨m⟩ possessoribus praebeat. numquam non concurrentium inter se finium anguli, non tantum recti uerum etiam hebetes aut acuti, habe[a]nt aliquam rationem; in qua⟨m⟩, si non dissimulemus, facile quod inperiti turbauerunt artificio restituemus.

Haec controuersia moti termini null⟨i⟩us in se aliae contro-
uersiae statum reci|pit: est enim anticipalis et quasi commi- B 45
natio quaedam litium, declarans aut loci aut modi futura⟨m⟩
controuersia⟨m⟩.

De rigore controuersia est status initialis pertinentis ad
materia⟨m⟩ operis; nec sine prioris controuersiae comparatione.
nam cum de rigore agatur, potest fieri ut ante motus sit ter-
minus: ideoque haec secunda controuersia[m] prioris quoque
controuersiae capax apparet; quamquam et sine prioris contro-
uersiae interuentu[m] priuatim de rigore controuersia suscitari
possit: nec enim om|nibus locis agrorum, aut capientibus aut B 46
non capientibus, termini ponuntur.

Refer[en]t in quo agro agatur. si limitatus est, aut ordo limitis ordina*ti* desideratur aut subrunciui aut linearis aut interiectiui rigoris incessus. a*t* si in agro arcifinio si[n]t, qui nulla mensura continetur sed finitur aut montibus aut uiis aut aquarum diuergiis aut notabilibus locorum naturis aut arboribus, quas finiu*m* causa agricolae relinquunt et ante missas appellant, aut fossis aut quodam culturae discrimine . . . .
. . . .

⟨De fine⟩ . . . .
. . . .

---

8 *cf.* 26,18 origo quaedam litium; 26,19 omnium litium anticipalis **11** Frontin. 4, 20 **22—27** *cf.* Frontin. 2, 9—12. Hygin. 89. Sic. Fl. La. 138. Comm. 53, 8—12 **28** Frontin. 5, 3. Hygin. 89—92

1—2 possessionib. **B** **8—9** comminatio *uel* commotio *La.*] commune **B**, communio *Arcerius* **20** limites ordinari **B**, *corr. Goes.* **21** ac si **B**, *corr. Arcerius; cf. 23, 9* **24** finiunt **B** **26—29** *Lacunam statuit La.* **28** *add. La., qui ex Commento hic inserit uerba* 56,22—57,8 Extremitas finitima linea — — soluta loca uocata sunt *et* 69,16—20 Nam plerumque uia — — eam finiet.

B 47 agetur. cum enim loci sit tanta iniquitas, | *et* aut praerupta aut abrupta, quae aut ruere aut minui possent, uetus consuetudo est termin*o*s relatis pedibus in solido agro ponere. quamquam non era[n]t necessarium, cum ipsa loci natura talis esset, ut neque inferiorem uicinum admittere⟨t⟩ in partem superiorem neque superiori descensu⟨m⟩ ullo modo praeberet. sed ⟨di⟩li*g*ent*es* agricolae propter inpudenti*u*m uicinorum consuetudinem *parum* se *t*ut*o*s credunt, nisi ita f*un*dauerint agros, ut etiam aliqu*i*d extra mensurarum ordinem faciant.

In superciliis autem maioribus non defuer*un*t qui ita B 48 finem seruari | uellent, ut quatenus attingere unus quisque possessor poss*et*, eat*e*nus[u] possidere⟨t⟩. uidebimus an aliquam rationem sint secuti, cum sit t*o*tum supercilium superioris agri fundamentum nec, si subruatur, possit sine iniuria superioris fieri. ideoque magis certior ratio illa uidetur, ut fundamento tenus in agro arcifinio P 50r possessio seruari debeat, | si termini desint.

Frequenter inter se possessores propter loci difficulttatem totum supercilium, quod a*n*ge⟨re⟩ntur ips*o* sub- B 49 iac*ente*, inferioribus cesserunt, et contenti fuerunt ter|minos per summum iugum disponere, nullam secuti rationem. haec tamen si occurrunt, non quasi noua intueri debebimus.

11—18 *cf.* Hygin. 91, 19—92, 2. Sic. Flacc. La. 143, 3—13

---

1 et] sed **B** **3** terminus **B** **4** nouerant **B**, non erant **B**[1] **7** diligentes *Huschke*] licentia **B** **8** inpudentiam **B** **8—9** parum se tutos *Rudorff*] persecutus **B** **9** fidauerint **B**, *corr. Goes.* **10** aliquod **B** **11** defuerit **B** **12** finem [alii seruari] praes|tari uellent **B** (*sscr.* **B**) **13** posset eatenus possideret *La.* (possit id usque possideret *Goes.*)] possideat in usu possidere **B** | uidebimus **B**[2], uideremus **B** **14** tutum **B**, *corr. Arc.* **18** sed *(in* si *corr.* **B** *ipse)* termini **B**] EX LIBRO FRONTINI SECVNDO. Si termini **P** 50r, *qui proxima uerba usque ad 33, 11 inter excerpta ad terminos pertinentia habet; cf. 59, 10* **19** possessoris **B** **19—20** difficultate **B** **20—21** augentur (augenter **P**) ipsa subiacet **BP** **23—24** debemus **P**

Plurimis deinde locis terminos sacrificales non in fine ponunt, sed ubi illud sacrificii potius opportunitas suadet, hoc est loci conmoditas, in quo sacrificium abuti conmode possint. hos terminos non statim finitimos obseruare debebimus, etiam si non longe a fine positi fuerint: frequenter enim uiae finiunt, iuxta quas arbores solent esse laetiores, sub quas defigere terminos sacrificii causa possessores consue|runt. uerum tamen B 50 multi non tantum sacrificii sequuntur consuetudinem sed etiam rationem, et ipso fine defigunt: propter quod adimi fides sacrificalibus palis in totum non debet. (P)

. . . .

⟨De loco⟩ . . . .

†haberi ordinem legis Mamiliae excessum plurimum, praecipue *in* ag⟨r⟩is arcifiniis sed nec minus id adsignatis. cu*m* enim modum loci nulla forma praescribit et controuersia oritur, null*o* alio statu[m] ad litem deduci debet, qu*am* ut de loco agatur; solent quid*am* per inprudentiam mensores arbitros conscribere aut sortiri iudices finium | re- B 51 gundorum causa, quando in re praesenti plus quidem quam de fini[um] regundo agatur. si⟨c⟩ fit ut pos⟨t⟩ sent⟨ent⟩iam inritum sit et rescindi possit, quod aut iudex aut arbiter pronuntiauerint, neque ullum commissum faciat qui sententia⟨m⟩ non sit secutus, quando de alia re iudic*e*m aut arbitrum sumpserint.

De [hoc] loco, si possessio petenti firma est, etiam

---

13 Frontin. 5, 10. Hygin. 92—94

---

2 illud **B**, illos **P** 3 suadet] poni *add.* **P** 10 et ipso fine defigunt **B**, in ipsis finitionis defigere maluerunt **P** 11 *Lachmannum ea quae sequuntur in* **P**: La. 74, 10—14 = 43, 13—17 (fig. 34). Nam et locorum — — trifinium ostendunt (fig. 35). *hic falso inseruisse, docuit Mo. Ges. Schr. VII 469, 1* 12 *Lacunam statuit La.* 13 *add. La.* 15 in agris] magis **B** 16 cum] cuius **B** 17 nulla **B**, *corr. Goes.* | quam *Goes.*] quod **B** 18 quidem **B** 21—22 pos⟨t⟩ sent⟨ent⟩iam inritum sit *scripsi,* post sententia inrita sit *La.* 25 iudicum **B**, *corr. Arcerius*

interdicere licet, dum cetera ex interdicto diligenter peraguntur: magna enim alea est litem ad interdictum deducere, cuius est executio perplexissima. si uero pos- B 52 sessio minus firma est, mutata formula | iure Quiritium peti debet proprietas loci; iudicari praeterea, si locus de quo agitur aut terminis aut arboribus aut aliquo argumento finem aliquem agri declaret et a continuatione soli quasi quibusdam argumentis eximatur.

Ne praeterea⟨t⟩ nos, illud etiam tractare debemus, si arbores finitimas habet et locus est fere siluester, quo in genere est possessio minus firma, *ne* cer*te*tur i⟨nter⟩d*icto*. quod si silua caedua sit, post quintum annum par*ci*ssume repetatur. qui autem appell*e*nt arbores notatas, B 53 scire debemus i*di*oma regionis. qui⟨dam⟩ *p*la|*g*atas uocant quas finis declarandi causa denotant, u*t* in Brittiis, alii in Piceno sti*gma*ta*s*, in aliis regionibus insignes aut notas.

Si uero pascua sit et dum*i* *a*c loca paene solitudine derelicta, multo minor*e*m possessionis habent fidem. propter quod ⟨m⟩inime de his locis ad interdictum iri debet.

De quibus autem locis ad interdictum ire possunt, ⟨sunt⟩ fere culta, quae possessionem breuioris temporis testimonio adipiscuntur, *u*t aru*a* aut uineae aut prat*a* aut aliud aliquod genus cultu*rae*. haec tamen cum in demonstratione a*ll*egabuntur, etiam si partes qua⟨e⟩dam B 54 proximae | et in⟨ter⟩iacentes culturae fuerint propria⟨e⟩, non eri[n]t satis illa⟨s⟩ su*i* generis agro adsignare, sed

1—2 peragantur *La.* 2 alea **B**, alia **B**^{2} 3 perp^{l}exissima*s* **B** (*corr.* **B**^{2}) 11—12 ne certetur interdicto *Huschke*] decernatur ideo **B** 12—13 parcissume repetatur *Rudorff*] partes sumere petatur **B** 13 appellant **B** 14 idioma] iningoma **B** | quidam plagatas *La.*] qui clauicatas **B** 15 denotantur. in **B** 16 stigmatas *scripsi*, signatas *La.*] sitiagitat **B** | insignis **B** 18 dumi ac] dum haec **B** 19 minorum **B**, *corr. Arc.* 22 ire possunt **B**, iri potest *La.* 24 ut arua *Huschke*] aut arbor **B** | pratu **B** 25 cultum **B** 26 abligabuntur **B**, *corr. Goes.* 28 erint satis ^{illa} sua **B**, *corr. Goes.*

circuire oportebit totum fundum et ita fi*d*em obligare, ne demonstratione neglegenter soluta appareat.

De modo controuersia ⟨est⟩ status effectiui: ante enim locus est ibi quam modus nominetur: aeque recipiens ante dictarum controuersiarum omnes status, sed ut superius significaui irrit*o*s et non necessari*o*s. Haec controuersia frequenter in agris adsignatis exercetur: agitur enim, ut secundum acceptam eius *u*eter⟨a⟩ni, qui in illud solum deductus est, modus restituatur; | aut si quando praescribtus est lege B 55 aliqua agri modus.

Qu*om* autem in adsignato agro secundum formam modus spectetur, solet tempus inspici et agri cultura[e]. si iam excessit memoria[m] abalienationis, solet iuris formula [non silenter] interuenire et inhibere mensores, ⟨n⟩e tal*es* controuersia*s* concipia⟨n⟩t, neque quietem tam longae possessionis inrepere ⟨si⟩ni⟨t⟩. si et memoria sit recens et iam modus secundum centuriam conueniat et loci natura in*dic*etur et cultura, nihil inpediet secundum formas *a*esti*ma*tum *p*et*e*re: lex enim mod*um* petiti[s] definit*e* praescribit, cum ante quam | mensura agri agatur B 56 modus ex forma pronuntiatus cum loco conueniat. Hoc in agris adsignatis euenit. nam si aliqua lege uenditionis exceptus sit modus neque adhuc in mensuram redactus, non ideo fide carere debebit, si no*stra* demonstratio eius in agro non ante finiri potuerit quam de sententia loc[ut]us sit designatus.

. . . .

in hac controuersia, quod i⟨n⟩ter priuatos tractatur.

---

3 Frontin. 5, 16. Hygin. 94

---

1 fundum finem et ita obligare **B**; *transp. et corr. La.* **3** *add. Goes.* **4** aeque **B**; eaque *mauult La.* **6** irritus et non necessarius **B** **8** ueterani *Huschke*] aeterni **B** **11** Quom *Goes.*] quae **B** **15** ne tales controuersias] et alii controuersiae **B** **16** sinit. si et] nisi et **B** **18** indicetur] inretetur **B** **19** aestimatum petere *La.*] nec est initum deterre **B**, nec est inritum decernere **B**[2] **19—20** modo petitis definita **B** **20** prescribit *sscr.* **B**[1] **24** nostra] non **B** **25—26** locus *Goes.* **26** *Post* de-

Nam inter res pub*li*cas non mediocriter eius modi
controuersia solet exerceri, quam frequenter coloniae
habent cum coloni⟨i⟩s aut municipiis aut saltibus Cae-
B 57 saris aut priuatis. | *nam* et supra dictae controuersiae omnes
euenire et rebus publicis possunt. nec enim refer*t*, cuius
si[n]t solum aut cuius iuris, ad mouendam contro-
uersiam: tunc autem habe[n]t differentia⟨m⟩, pro*ut* a*b*
i*u*dice tractatur.

Obseruari in hac controuersia ⟨a⟩ mensore debebit
⟨l⟩ineis, dum in similitudinem dissimile *inter*ueniat; quoniam
nulla potest ueritas adprobari, si illi qui⟨d⟩ uel exiguum falsi
interueniat. ueritas *enim* habere debet suam similitudinem per
omnia momenta: falsum siquid est, multa uarietate confunditur.
et habe[n]t *aes*, cuius formam res*pi*cit, cu*m* modus in
B 58 ⟨dis⟩crimine | *est*. [p]ars triplici adtestatione firmatur:
habere enim debet *aes* primu⟨m⟩ locum, deinde modum,
deinde speciem. *a*t si inter ⟨res publicas⟩ agatur au⟨t⟩
r*e*m pub*li*cam et Caesar*e*m, instrumentis fo*rte* ueteribus
continebi*t*ur, ut solet, ad*ae*ratio; ne falsa ueris dissimilia
sint, sed persuasione similia fiant, hoc est falsa pro *u*eris ad-

---

9—17 *cf.* 44, 1. Hygin. 94, 21. Hygin. Grom. La. 202, 15 libros aeris et typum perticae totius lineis descriptum — — tabulario Caesaris inferemus.

---

signa|tus *uacuum est reliquum huius uersus spatium, in quo scripsit* B[1] dragma, *i. e.* diagramma, *ut vidit Goes.*

1 publicas *Goes.*] precas **B**, *abbreviatione* p̄cas *male intellecta* **4** nam *Goes.*] non **B** **5** refert] referri **B** **6** sit *Arcerius* **7** habet *La.* **7—8** prout a iudice *La.*] *p*(*ex* m)rius aliadice **B**; adice *in* adigent *corr.* **B**[1], *in* adlegent **B**[2] **10** lineis *Goes., cf. La. 202, 15*] in eis **B** | dum **B**, num *La.* | interueniat] illorum ueniat **B** **12** enim] non **B** **14** aes *La.*] in se **B** | quoius formam respicit *La.*] quibus formam redigit **B** | cum] cuius **B** **14—15** in discrimine est *La.*] in crimine deside **B** **15** ars *Blu.* **16** aes] in se **B**, *def. Schulten Hermes 41, 41* | primo *La.* **17** at] ut **B** **17—18** aut rem publicam et Caesarem *La.*] aurum praeca *(cf. v. 1)* et caesarum **B** **18** forte] fouet **B** **19** continebatur **B** | adaeratio *(cf. Frontin. 16, 2)*] adiuratio **B** **20** pro ueris *Goes.*] prouaberis **B**

probentur. in conparatione tamen hoc interest, quod falsa persuadendo adprobentur ueris, qua⟨e⟩ adprobatio in promptu[m] est et quod*am* modo in prima acie fertur, falsis latentius hoc uer*a* adprobentur. ita ut si conparare quis uelit hominis probationem et statua*e*; | cum autem homin*em* omnibus *bib*ere et B 59 ambulare constet, siquis inquirere uelit ann⟨e⟩ u*iu*at, non potest illi non ab ipsis probationibus persuaderi, ideo quo⟨d⟩ *b*ibat, quod ambulet, quod loquatur; at ⟨in⟩ stat*ua* ⟨*diu*⟩ multumque mens infri⟨n⟩genda est, ut similitudo ueritatis anim*am* habere uideat⟨ur⟩, de cuius simulatione est p*ro*fecta.

. . . .

⟨ad lu⟩cum *F*eroni*ae* Augustinorum iuger*a* M. haec in A 163 B 1 discrim*en* *si* uenerunt, omnia supra dicta conuenienter habere debent, u*t* illa si⟨n⟩t, quae secundum forma⟨m⟩ proponuntur. *g*emin*us* in prouinciis modus ab alio poss*i*detur, ab alio ne quidem simplex. quem admodum autem fieri sole*at*, tractare non alienum iudic[i]o. potest enim fieri, ut illa mille iugera secundum ordinationem mensoris a luco quidem incipiant, *a*t in diuersa[m] regione[m]. quod fals*um* manifest*o* apparet: sed in de|monstratione inperitis obscuris- B 2 simum est dinoscere, an secundum formam regio con-

13 *cf.* Lib. reg. II La. 256,19. Liv. 26,11,8. CIL. XI 3938. VI 2584

3 quod ad modo **B**, *corr. Goes.* | hoc *secl. La.* 4 uero **B** | ut **B**, fit *La.* 5 statuae] statuam et **B** | autem **B**, uiuentem *La.* | hominum **B** | bibere] uiuere **B**, *qui saepissime* b *et* u *confundit* 6 ambulare uelit **B**, alii constet siquis inquirere *sscr.* **B**[1] | anne uiuat] annuebat **B** 7 ideo **B**, id est *La.* | quo uibat **B** 8 at in statua diu *Huschke*] adsta^{n}tium **B** (*sscr.* **B**[2]), ad statuam . . . *La.* 9 animum **B** 10 perfecta **B** 13 ad lucum Feroniae *La.*] Cum per omnium **AB**; *cf. 38, 13. Sic incipit* **B** *sine titulo. In* **A** *praecedit titulus* INC. AGENI VRBICI DE CONTROVERSIIS AGRORVM *in fine p.* A 161 *et imago Euclidis* (? *Marx Jahrb. f. klass. Phil. 27 Suppl. 195; fig. 34*) A 162 | iugera M] iugerum **AB** 14 discrimine se **AB** 15 debent ut *Goes.*] debentur **AB** 16 proponuntur] *Deinde lacunam falso statuit La.; proxima enim uerba Agennius ipse addit* (geminus — — iudico) | geminus *Huschke*] memini **AB** | possedetur **AB**, possederetur **B**[1] 17 soleat *Rig.*] solet ac **AB** 20 at] et **AB** 20—21 falsam manifestum **AB**, *corr. Rig.*

ueniat praesens, si ⟨u⟩t aquae diffusae regiones pareant et argumentis aut arborum aut aliarum rerum careant; sicut in Africa, ubi spatiositas et inundatio camporum eius modi controuersias facillime in errorem deducit. quod si eadem mille iugera, in eodem sane loco ⟨quo⟩ forma *in*dic[t]at, cohibitis angulis [nihil deest] in re praesenti minoribus lineamentis deformentur, ut modum non B 3 expleant, se|quitur falsum futurum, quando nihil amplius demonstrationi quam locus conueniat, et specie disconueniente, uelut AD pro *CA* [ad]scripta, modus *i*tem disconueniat. *a*t si in eodem loco ueli*m* eadem mille iugera aliis lineamentis describere, conuenient quidem mille A 164 iugera, et ad lucum Feroniae | esse conueniet, sed specie disconueniente inter peritos manifeste falsum apparebit.

Memineram et superius, ut aliquid uerum adprobari possit, minime ei quicquam fals*i* posse interuenire. nam et haec ex- B 4 positio declarat, ⟨ut⟩, quamuis duae consentiant | partes, ab una dissentiente uincantur, neque uerum esse possit, nisi illis quoque tertia pars illa consenserit. conuenire autem omni*no in* restitutione formarum omnia debent, ut secundum signa in formis nominata locus quicumque erat restituatur, aut artificio signorum loca requirantur, si eri⟨n⟩t, ut frequenter euenit, turbata. ⟨ea⟩ docere nos angulorum positiones poterint. sic erit, ut et artis sinceritas seruetur et ordo ueteris adsignationis non praetermittatur.

---

15 superius 36, 11 **24** artis sinceritas 50, 19

---

1 si ut aquae *La.*] sitaq. **B**, itaquae **A** **6** forma indicat] formam dictat **BA**[1], formam de **A** | *Pro uerbis* nihil deest, *quae figurae locum indicant, hoc diagramma posuit La.*:

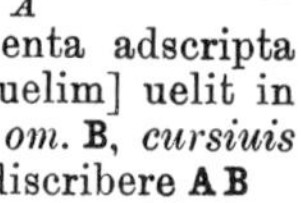

9—10 species **B** (disconueniente *sscr.* **A**[1]) **10** CA scripta] centa adscripta **AB** | item] autem **AB** **11** at] ut **A**, aut **B** | uelim] uelit in **AB** **11—13** aliis liniamentis — — mille iugera *om.* **B**, *cursiuis litteris subter add.* **A**[1] *in* **B**; *u.* 'Die Hss.' Taf. II **12** discribere **AB** **16** falsae possae **AB**, *corr. Rig.* **17** ut *addidi*; quia *add. La.; cf. 43, 14* **19—20** omnino in *La.*] omni homini **AB**

De proprietate [mundi] controuersia est status effectiui: B 5 efficitur enim ex omnibus ante dictis controuersiis. sed quarum status in hac propositione inriti habentur, dixi et supra.

De proprietate agitur plurimum iure ordinario, neque *est* hic mensurarum interuentus, nisi *cum* quaeritur, quatenus agatur.

Proprietas ⟨non⟩ uno genere uindicatur.

E*t* sunt plerumque agri, ut in Campania in Suessano, G 28 culti, qui habent in monte Ma*ss*ico plagas siluarum determinatas; quarum siluarum proprietas | ad quos pertinere debeat uindicatur. A 165 B 6 nam et formae antiquae declarant ita esse | adsignatum, quoniam solo culto nihil fuit siluestre iunctum quod adsignaretur. (G)

Relicta sunt et multa loca, quae ueteranis data non sunt. haec uariis appellationibus per regiones nominantur: in Etruria communalia uocantur, quibusdam prouinciis pro indiuis*o*. | haec fere pascua certis personis G 28 data sunt depascenda tunc, *c*um agr*i* adsignati sunt. haec pascua multi per ⟨in⟩potentiam inuaserunt | et B 7 colunt: et de eorum proprietate solet ius ordinarium moueri non sine interuentu mensurarum, quoniam demonstrandum est, quatenus sit adsignatus ager. (G)

N*am* per emptiones quasdam solet proprietas quarundam possession*u*m ad ⟨priuatas⟩ personas pertinere. quae iure magis ordinario quam mensuris explicantur.

---

1 Frontin. 6, 3 **8—11** *cf.* Frontin. 6, 3—7 **8—12** Comm. 63, 6—9 *retractatum* **15—16** *cf.* Frontin. 6, 9—10 **17—22** Comm. 63, 15—18 *retractatum* **23—25** *cf.* Frontin. 6, 11—12

---

1 DE MN PROPRIETATE (DE PROPIETATE **A**) MVNDI controuersia **AB**; *u. 'Die Hss.' 30* | statutus effecti^{bi} **A** **5** est *La.*] enim **AB** | cum quaeritur *Goes.*] conqueritur **B**, conquiritur **A** **8** et *La.*] ea **AB** **9** habe*a*nt **A** | marico **AB**, mons aricus *in fig. 35* **A** **10—11** ad quos — debeat *ex Frontino 6, 6 huc uenerunt* **11** uindicatur **AB**, iudicatur *La.* **15** per regionibus **A** **17** pro indiuisa **AB**; *u. 6, 10* **18—19** tunc eum agrum *(corr. Rig.)* — — pascua **AB**, sed in communi quae **G** **19** *add. La.* **20** et de **AB**, de **G** **22** adsignatum **A** **23** Nam *Rig.*] non **AB**; *cf. 36, 4* **24** possessionem **B** | priuatas *add. Rudorff*

G 28 Nunc ut ad publicas personas respiciamus, coloniae
quoque loca quaedam habent adsignata in alienis finibus,
quae loca solemus praefecturas appellare. harum prae-
B 8 fectura|rum proprietas manifeste ad colonos pertinet, non ad
eos quorum fines sunt deminuti. solent et priuilegia quae-
dam habere benefici*o* principum, ut longe et semotis locis
saltus quosdam reditus causa acceperint. quorum pro-
(G) prietas indubitate | ad eos pertinet, quibus est adsignata. alia
A 166 beneficia etiam quaedam | municipia acceperunt et priuatae per-
sonae, quae de principibus illis temporibus bene meruerunt.
In hac controuersia plus potestatis habet ius ordinarium quam
B 9 ars mensoria. ab eo enim statu lis | incipit, ⟨ut⟩ de proprietate
agatur, non de loco: mensura autem nihil amplius quam se-
cundum formam locum declarat. in hac autem controuersia ars
mensurarum locum secundum habet, quoniam prius alii uacan-
dum est, an agenda sit mensura (fig. 35).

De possessione controuersia est ⟨status⟩ effect⟨i⟩ui,
quoniam primum possessio tempore efficitur, deinde, ut ad solum
A 167 respiciamus, omnes ante dictas controuersias capit: si enim solum
B 10 cogitemus, ut legitima | possessio inpleri possit, indubi⟨ta⟩te |
locus definiatur necesse est. et de hac controuersia plurimum
inter*di*cti formula litigatur. de qua et in superiore parte
meminimus: ideoque non puto eam iterum retractandam (fig. 36).

De subsiciuis controuersia est status effectiui, quoniam
subsiciua nominari aut sentiri sine quadam loci latitudine[m]
aut modo non possunt. ideoque manifeste apparet supra dic-
tarum controuersiarum status in . . . . . . locum.

1—8 Comm. 16, 8—18 *retractatum* **3** praefectura *u.* Frontin. 15, 2—4 **16** Frontin. 6, 13 **22** *u.* p. 33, 26—35, 2 **24** Frontin. 8, 7. Hygin. 96

---

4 proprietates — — pertinent **G** **6** beneficia **AB**, *corr. Rig.* | ut **BA**[1], et **A**, quod *Comm.* | et *secl. La.* | semotis p *in Comm.*, remotis **ABG**, simotis **A**[1] **7** acciperunt **G** **8** indubitate **G**, indubite **AB** **12** ors **A** | statuit lis *in spatio relicto add.* **B**[1], *sscr.* **A**[1] (-it *post erasum*) | incipiat **A** | ut *add. Rig.* **15** alii *del. antiqua manus in* **A** **17** DE MN. POSSESSIONE **B** | *add. Rig.* **19** capti **AB**, capit **A**[1] | si enim *bis* **A** **20** expleri **B**[1] **22** interiecti **AB**, *corr. Rig.* **24** DE .MN. SVBSICIVIS .MN. **B** | controuersiast **A** **26** manifeste *sscr.* **AB** **27** his habere *supplet Goes.*

Subsiciuorum autem genera sunt duo; unum quod extremis adsignatorum | agrorum finibus centuria[ru]m non explet. aliud B 11 etiam integris centuriis interuenit. de quo maximae controuersiae agitantur. cum autem adsignatio in agro adsignato fieret, non potuit omn*i*s modus intra IIII limites ueteranis | adsignari. in ea remansit aliquid, quod a subsecante A 168 linea nomen accepit subsiciuum. in his subsiciuis quidam iterum miserunt quibus agri adsignarentur, quidam et subsiciua coloni⟨i⟩s concesserunt. ideoque semper hoc genus controuer|siae a rebus publicis exercentur. per B 12 longum enim tempus atti[n]gui possessores uacantia loca quasi in*u*itante otiosi ⟨soli⟩ opportunitate[m] inuaserunt et per longum tempus inpune commal⟨lea⟩uerunt. horum subsiciuorum multae res p. etiam si sero mensuram repetierunt, non minimum aerario publico contulerunt. pecuniam etiam quarundam coloniarum imp. Vespasianus ex*e*git, quae non haber*e*nt subsiciua concessa: non enim fieri poterat, ut solum | illud, quod nemini erat adsigna- B 13 tum, alterius esse posset quam qui poterat adsignare. non enim exiguum pecuniae fisco contulit uenditis subsiciuis. sed pos⟨t⟩quam legationum miseratione commotus est, quia quassabatur uniuersus Italiae possessor, intermisit, non concessit. aeque et Titus imp. aliqua subsiciua in Italia recollegit. praestantissimus postea Domitianus ad hoc beneficium procurrit et uno edicto totius Italiae metum liberauit.

1—3 *ex* Frontin. 2, 17—21 **6—7** aliquid — subsiciuum *ex* Frontin. 2, 16—17 **16—26** *cf.* Hygin. 96, 21 sq. Comm. 58, 3—7 **18—19** *cf.* Frontin. 3, 11—12

---

2 explit **A** **3** integris *sscr.* **A** **4** agantur **A** | autem **AB**, enim *La.* **6** in ea **A**, in ae **B** **9** *add. Goes.* **10** reb. p̄. **B** **12** inritante **AB**, *corr. Rig.* | soli *add. La.;* loci *pro* otiosi *Rig. ex p. 47, 21* | inuaserunt **B**, inuenerunt **A** **13** *add. La.* **14** subsiciuorum *bis* **AB** **15** non minimum **B**, nominum **A** | contulerunt] in Italia *sscr.* **A**^{1} **17** exigit **AB** | haberunt **AB** **18** fieri *sscr.* **A** **20** uinditis **A** **23** non *bis* **A**

B 14 Haec controuer|sia numquam a priuatis exercetur. (fig. 37.)

A 169 De alluuione controuersia est status effectiui: efficitur enim subinde et per tempora mutatur. in hac controuersia plurimum sibi uindicat ius ordinarium. agitur enim de eo solo quod alluat flumen, et subtiles intro ducuntur quaestiones, an ad eum pertinere debeat, cui in altera ripa recedente aqua solum creuit; hic qui aliquid agri sui desiderat transire et possidere ill*ud* debeat, quo⟨d⟩ flumen reliquit. nisi quod illud subtilissime p*ro*fertur, | B 15 quo*d* *i*s solum ⟨a⟩misit, non statim transire in alteram ripam, sed abductum esse ⟨e⟩t elotum. et illud, contra uicinum longe dissimilem agrum habere, quod hic forte cultum et pingue solum amiserit, apud illum autem harenae, lapides et limum abluuio inuectum remanserit. illud praeterea, quod finem illis semper aqua fecerit et A 170 nunc quoque | facere debeat.

Sunt et mult*a*, de quibus subtiliter tractatur: sed nec uno tantum genere per alluuionem flumina possessori- B 16 bus iniurias faciunt. sicut | Pa*d*us relicto alueo suo per cuiuslibet fundum medium inrumpit et facit insulam inter nouum et ueterem alueum. ide*o* de h*ac* re tractatur, ad quem pertinere debeat illud quod reliquerit, cum iniuriam proximus possessor non mediocrem patiatur, per cuius solum amnis publicus pe*r*fluat. nisi quod iuris periti aliter interpretantur, et negant illu*d* solum, quod

---

3 Frontin. 6, 15. Hygin. 87—88 20 Padus *cf.* Hygin. 87, 12 sq.

---

1 hae **B** | exercetur] **A** *add.*: Postea domitianus ad hoc beneficium procurrit et uno edicto suscem *(ex p. 41, 24—25)* 3 MN. DE ALLVBIONE .MN. **B** | effectiibi **AB** 6 flumem **AB**, *corr.* **B** 8 ⟨an⟩ hic *Goes. La.* 9 illud — quod *La.*] illa — quo **AB** 10 perfertur **AB**, *corr. Rig.* 11 quod is *La.*] cuius **AB**, quod quis *Goes.* | ⟨a⟩misit *Rig.* 12 *corr. Goes.* 16 aque **A** 18 multa *Rig.*] multi **AB**, multi ⟨casus⟩ *La.* | tractatur **B**, tractaret **A** 20 palus **AB**, *corr. Goes.* 22 idem de hoc re **AB** 24 possor non mediocres **A** 25 pefluat **A**, praefluat **B** 26 illum **AB**

solum p(opuli) R(omani) coepit esse, ullo modo usu capi a[t] quoquam mortalium posse. et est uerisimile ita neuter possessor excedere finem | illum ueteris aquae B 17 ullo iure potest aut debet. | hae quaestiones maxime in G 29 Gallia to⟨ga⟩ta mouentur, quae multis contexta fluminibus inmodicas Alpium niues in mare transmittit et subitarum regelationum repentina[s] inundatione[s] patitur | iniurias. (G)

Quaeritur tamen, qualia quanta sint flumina, in quibus alluuio obseruari debeat. nam et iure continetur, nequis ripam suam in iniuria⟨m⟩ uicini munire uelit.

Multa flumina et non mediocria in adsignationem mensurae antiquae ceciderunt: nam et | deductarum colo- B 18 niarum formae *in*dicant, ut multis fluminibus nulla latitudo sit relicta. sequitur in his fluminibus artem mensoriam aliqu*em* locum sibi uindicare, | quando exacto (A) limite accepta finiatur, qua[e] uel aqua⟨m⟩ uel agrum uel utrumque habere debeat unus. fuit enim fortasse tunc ratio non simplex, qua deberet quis qu*i*d deductorum etiam ⟨a⟩qua*e* accipere. primum quod exiguitas agrorum conditorem ita suadebat. deinde ⟨quod⟩ non erat ingratum possessori proximum esse aquae commodo. tertio | quod, si sors ita tulerat, aequo animo ferendum B 19 habebat. in his agris exigitur fere mensura secundum

---

4—8 Comm. 64, 25—27 10 *et* 24—p. 44, 2 *cf.* Hygin. 87, 6—11

---

2 ueri (uiri **A**) simile **AB**, uerissimum *Huschke La.* 3 aquae *Rig.*] adque **AB** 4 hae **A**G^1, haec *in litura* B^1**G** 5 *add. Goes.* 6 transmittit **G**, t-et **AB** 7 regelationum **G**, releg-m **AB** | repentinas inundationes (i-nis **B**) **AB** *et omisso* iniurias **G**, *corr. Rig.* 9 qualia ⟨et⟩ *La.*; *sed cf.* 22, 8 10 et *om.* **A** 11 munere **A** 12 adsignatione **B** 14 indicant *Huschke*] ita dicant **AB** | ut = '*wie*' (*La.* indicant; ut) 16 aliquod **AB** | siui uindicare *paruis litteris capitalibus sub ultima linea paginae add.* **A** *(u. 'Die Hss.' p. 26, 1). Deinde unum folium excisum in* **A** | quando exacto **B**, quatenus acto *La.*; *cf.* 33, 20. 24. 38, 8 17 aquam *Rig.* 19—20 quis quid — — aquae *La.*] quis quod — — quam **B**, quisque — — aquam *Goes.* 22 aquae] adq. **B**

postulationem *aeris* formarumque. quo pertica cecidit, eatenus acceptae designantur.

Vide*b*imus an inter mensores et iuris peritos esse de hoc quaestio debeat, cursu[m] an p*er*tic*a* metiam⟨ur⟩, si qua usque potuit ueteranis est adsignatum. scio in Lusitania, finibus Emeritensium, non exigu*u*m per mediam coloniae perticam *i*re flum*e*n Anam, circa quod
B 20 agri sunt adsignati qua usque | tunc solum utile uisum est. propter magnitudinem enim agrorum ueteranos circa extremum fere finem uelut terminos disposuit, paucissimos circa coloniam et circa flum*e*n A⟨nam⟩: reliquum ita remanserat, ut postea repleretur. nihilo minus et secunda et tertia postea facta est adsignatio: nec tamen agrorum modus diuisione uinci potuit, sed superfuit inadsignatus. in his agris cum subsiciua requirerentur, |
G 29 inpetrauerunt possessores a praeside prouinciae eius, ut
B 21. (G) aliquam latitu|dinem An⟨ae⟩ flumini daret. | quoniam subsiciua quae quis occupauerat redimere cogebatur, iniquum iudicatum est, ut quisquam amnem publicum emeret aut sterilia quae alluebat: modus itaque flumi⟨ni⟩ est constitutus. hoc exempli causa re[i]gerendum existimaui. |
G 29 nam et in Italia Pisauro flumini latitudo est adsignata
(G) eatenus, qua usque adlauabat. | (fig. 38.)

De iure territorii controuersia est status iniectiui. inicitur enim solo quaedam controuersia e persona: *t*um prae-
B 22 cipue qui⟨d⟩|quid est illud de quo agitur, aut locus aut modus,

---

16—17 impetrauerunt — daret Comm. 64, 28—29 22—23 nam et — alluebat Comm. 64, 29—30; *cf.* Hygin. 88 24 Frontin. 7. Hygin. 97

---

1 aeris *La.*] eius **B** 3 uiderimus **B** 4 cursu an pertica metiamur *scripsi*] cursum an praetium etiam **B**, cursum an perticam sequamur *Rudorff La.* 6 exiguam **B** 7 ire flumen Anam *La.*] prae fluminanam **B** (prae fluīa anam **V**) 11 flumen Anam *La.*] flumina **B** 17 anę *coni.* **V**, *om.* **G** 21 reigerendum **B**, *sscr.* alii referendum **B**[1] 22 Pisaurum **G** 23 e*a*tenus (a *ex* i) **B** | quo usque alluebat **G** 24 DE M̄N̄. IVRE TERRITORII .M̄N̄. **B** 25 tum] cum **B**

generalem statu*m* ⟨a⟩ iure ordinario trahit, etiam si multis locis mensurarum exigat interuentum. haec enim controuersia non tantum inter res publicas sed et inter | rem p. et priuatos A 171 exercetur, nec tantum iure ordinario sed et arte mensoria conponitur.

Inter res p. autem controuersiae eius generis mouentur, ut qu*ae*dam sui territorii iuris esse dicant, quamuis sint intra alienos fines, munificentiam quoque coloniae aut municipio ex his loc*i*s | deberi defendant. sed ⟨h⟩aec B 23 quaedam coloniae aut beneficio conditorum perceperunt, | ut Tudertini, aut postea apud principes egerunt, ut Fanestres, G 30 ut incolae, etiam si essent alienigenae, qui intra territorium colerent, [alii h]omnibus [h]on*e*ribus fungi in colonia[m] deberent. hoc Fanestres nuper inpetrauerunt, | (G) Tudertini autem benefici*o* habent conditoris.

Inter res p. et priuatos non facile tales in Italia controuersia*e* mouentur, sed frequenter in prouinciis, praecipue in Afri|ca, ubi saltus non minores habent priuati quam B 24 res p. territoria: quin immo multi saltus longe maiores sunt territoriis: habent autem in saltibus priuati[s] non exiguum populum plebeium et uicos circa uillam in modum municipiorum. r(es) p(ublicae) controuersias de iure territorii sole⟨n⟩t mouere, quod aut indicere munera dicant oportere in ea parte soli, aut[em] legere tironem ex uico, aut uecturas aut copias deuehendas indicere, aliquando et ex quadam parte soli; quamuis alium statum gene-

---

11—14 Comm. 65, 21—24 *retractatum*

---

1 statum a] status **B** **2** mensur^{ru}am **B** **4—5** artem mensuriam (m-ia **B**) **AB** **7** quidam **AB** **8** quoque **AB**, -que *La., sed cf. 21, 32* **9** locus **AB** | haec] ae **AB**, ae^{c} $\mathbf{A}^1$ *in* **B** **11** Tudestini **AB**, *corr.* $\mathbf{A}^1$ *in* **B** **13** omnibus] alii hominibus **AB**, *quae glossa uerbum* omnibus *extrusit; om.* **G** | honoribus **AB**, *corr. Rudorff* **14—15** *Agennius ipse addit.* **14** fanestras **A** **15** beneficium **AB**, *corr. Goes.* **16—17** controuersias **AB** **18** habet **B** **19** quiīmo **B**, qui immo **A** | multi⟨s⟩ *La.* **20** *corr. Rig.* **22** municipiorum **AB**, munitionum. ⟨tum⟩ *La.* **23** territori **A** | solent *Goes.* **24** aut *Rig.* **25** uicto **A**

B 25 A 172 ralem | controuersiae | accipere debeant, quae de loco non exiguo mouentur. res tamen publica*e* cum priuatis si agunt, quasi iur*e* territorii solent uindicare, et hunc statum generalem constituunt eis locis quae loca re*s* p. adserere conantur. eius modi lites non tantum cum priuatis hominibus habent, sed et plerumque cum Caesare, ⟨qui⟩ in prouincia non exiguum possidet.

Non est dubium necessarias esse mensuras in eius modi contro-
B 26 uersia, ⟨quae⟩ quamuis alio nomine appellatur, locorum ta|men facit quaestionem.

De locis publicis controuersia est aeque status iniectiui. sunt autem loca publica complura, sed ex his quaedam loca priuata⟨m⟩ exigunt defensionem: et quamuis haec loca diuersis
A 173 appellationibus contineantur, | unam tamen habent controuersia*e* condicion*em*.

Sunt autem loca publica haec, quae inscribuntur ut SILVAE ET PASCVA PVBLICA AVGVSTINORVM. haec uidentur *n*ominibus data; quae etiam uendere possunt.

Est alia inscriptio, qua⟨e⟩ diuersa significatio⟨ne⟩ ui-
B 27 detur esse, in quo loco | inscribitur SILVA ET PASCVA aut FVNDVS SEPTICIANVS COLONIAE AVGVSTAE CONCORDIAE. haec inscriptio uidetur ad personam coloniae ipsius pertinere ⟨ne⟩qu*e* ullo modo ab⟨a⟩lienari posse a re[i] publica[e]. item siquid in tutelam aut templorum publicorum aut balneorum adiungitur.

3—10 Z f. 82^{v} *retractatum* **11** Frontin. 8, 12 **16—17** Bo. 398, 9—10 **22—25** Bo. 398, 10—12 *retractatum*

---

2 publicas **AB** | iuri **AB**, iure **Z** **4** reb. p̄. **AB** **6** *add. Rig.* **9** ⟨quae⟩ quamuis *La.*, quae si uel **Z** **11** MN. CONTROVERSIA **B** **12** sed his quidam **A** **14** una **A** **14—15** controuersia (c-iam **A**) condicionis **AB**, *corr. La.* **18** hominibus **AB**, *corr. Rudorff* **23** neque *La.*] qui **AB**, quae *Bo.* (quae nullo modo alienari possunt *Rig.*) **23—24** ablienari — — tutelam **AB**, alienare nequeunt et possident tutelam *Bo.* **24** it siquid *sscr.* A^{1} *in* **A** *et* **B** **24—25** autem templorum **A** **25** balnearum *Bo.*

Habent et res p. loca suburbana inopum funeribus P 18^{v} destinata, quae loca culinas appellant. habent et loca noxiorum poenis destinata. ex his locis, cum sint suburbana, sine ulla religionis reuerentia solent priuati aliquid usurpare et hortis | suis adplicare. | de his locis, B 28. (P) si r. p. formas habet, cum controuersia mota est, ad | (A) modum ⟨mensor⟩ locum restituit: sin autem, utitur testimoniis et quibuscumque potest argumentis. (fig.)

De locis relictis et extra clusis controuersia est A 174 status iniectiui: manifestum est enim de loco agi, sed per aliam personam. loca autem relicta et extra clusa non sunt nisi in finibus coloniarum, ubi adsignatio peruenit usque qua cultum fuit, quatenus ordinatio⟨ne⟩ centuriarum intermissa | finitur. ultra autem siluestria fere fuerunt et iuga B 29 quaedam montium, quae uisa sunt finem coloniae non sine magno argumento facere posse | ergo fines coloniae P 18^{v} inclusi sunt montibus. propter quod haec loca, quod adsignata non sint, relicta appellantur; extra clusa, quod extra limitum ordinationem sint et tamen fine cludantur. haec plerumque proximi possessores inuadunt et opportunitate loci in*u*itati agrum optinent. cum his controuersiae a rebus publicis solent moueri. (fig.) (P)

De locis sacris et religiosis controuersia est aeque A 175 B 30 status iniectiui: agitur enim de locis, sed cum aut sacra aut religiosa nominentur, statum generalem a iure ordinario accipiunt.

1—5 Comm. 67, 7—11 2 Bo. 398, 12 quae loca collina appellant 9 Frontin. 9, 3 16—22 Comm. 68, 3—8 18—20 Frontin. 3, 14 23 Frontin. 9, 13

1—2 Sunt in suburbanis loca publica inopum destinata funeribus **P** *in Comm.* 3 habent] sunt **P** 5 et] atque **P** 7—8 *ima pars paginae* **A** 173 (modum — — argumentis *cum figura*) *recisa* 7 *add. Goes.* 9 extra clusis] extrac *in fine uersus* **A**, EXTRACLVSIS MN. **B** 12 usque B^{1}, utque **AB** 17 propter quod] propterea **P** 18 sint **P**, sit **AB** 19 ordinationes **P** 19—20 clud^{n}atur **A**, cludatur **B** 21 inritati **AB**, irritati **P**, *corr. Rig., u. 41, 12* 22 *figura imae partis p.* **A** *174 recisa* 23 MN. CONTROVERSIA **B** | est ^{a}eque **A**, est et aeque **B** primum enim quaeritur, an ea loca ullo modo usu capi possint: deinde, quatenus possint, secundum locum habent mensurae.

Locorum autem sacrorum secundum legem populi Rom. magna religio et custodia haberi debet: nihil enim magis in mandatis etiam legati prouinciarum accipere solent, |
B 31 quam ut haec loca quae sacra sunt custodiantur. hoc facilius in prouinciis seruatur: in Italia autem densitas possessorum multum inprobe facit, et lucos sacros occupant, quorum solum indubitate p. R. est, etiam si in finibus coloniarum aut municipiorum. de his solet quaestio non exigua moueri inter r. p. et priuatos.

Sed et inter res publicas frequenter eius modi *co*ntenti*o* agitatur de his locis, in quibus conuentus fiunt maiores et aliquod genus uectigalis exigitur.

B 32 Nam et de aedibus sacris, | quae constitutae sunt in agris, mutata tantum persona similes tamen oriuntur quaestiones; sicut in Africa inter Adrumentinos et Tysdritanos de aede Mineruae, de qua iam multis annis litigant.

Sunt et loca sacra, quae re uera priuatis finibus rei p. col⟨on⟩i debent. haec plerumque interuent*u* longae obli-
A 176 uionis cas*u* a priuatis optinentur, | quamquam in tabulariis formae e*o*rum plurimae extent. haec maxime aut in loco urbis aut suburbanis locis a priuatis detinentur. (fig. 39.)

B 33 De aqua pluuia arcenda controuersia est | status iniectiui: per quodcumque enim solum transit, ad ius ordinarium magis respicit condicio eius quam ad mensuras; nisi si

26 Frontin. 9, 21

2 possit **B** | possint **AB**, possunt *La.* **9** locus sacrus **A** **9—10** occupat *La.* **13** contentio *Rudorff*] sententia **AB** **14** agitantur **B** **16** nam *om.* **B** | hedibus **B**, hedebus **A** **18** adsdrum-os **A** | tysdrytanos **A**, tisdytranos **B** **20—21** rei p. coloni *La.*] pr̄. coli **AB** **21** interuento **AB** **22** casu *La.*] causa **A**, *om.* **B** **23** earum **AB** **26** publia **B** | M̄N̄. *(eras.)* CONTROVERSIA **B** **27** transit **B**, transitum̄ **A** **28** respicit *om.* **A**

per extremitatem finis uadat: propter quod statum generalem etiam alium accersire debet et quasi geminatione quadam defendi, quod et per finem eat et sit lis de pluuia arcenda. haec controuersia per regiones uari⟨i⟩s generibus exercetur, sed quasi ad eandem respicit condicione⟨m⟩. in Italia aut quibusdam prouinciis non exigua est iniuria, si in alienum agrum
aquam inmittas; in prouin|cia autem Africa, si transire B 34
non patiaris.

Eiusdem | condicionis est controuersia de cloacis du- A 177
cendis et fos⟨s⟩is caecis. quod totum, nisi per finem agatur, ad ius ordinarium pertinet. (fig. 40.)

De itineribus controuersia est status iniectiui: inicitur enim loco quaestio, et defenditur populo quod forte a priuatis possidetur. haec quaestio multipliciter tractatur.

Nam in agris centuriatis excipitur limitum latitudo causa itineris. sed cum illi recturas suas per qualiacum-
que loca extendant, hoc | est qua ratio dictauit, per *c*li- B 35
uia et montuosa, qua iter nullo modo fieri potest, quae loca fortasse possessor*i* siluae causa sint utilia, horum loco non inique, per qua*e* poss*i*t loca commode iri, iter commutant.

Nam quae sit condicio itinerum, | non exigua iuris A 178
tractatio est. agitur enim, utrumne actu⟨s⟩ sit an i[n]ter ⟨an⟩ ambitus. per quae loca quid liceat populo, iure continetur.

La. 89, 25 = 34, 15

Satis, ut puto, dilucide genera controuersiarum exposui: nam P 19^r
et simplicius enarrare condiciones earum | existimaui, quo fa- B 36
cilius ad intellectum peruenirent. nunc quem admodum singu-

4—8 *u. supra* 24, 5—12   12 Frontin. 10, 5. Hygin. 97, 23   26—p. 50, 1 Comm. 69, 21—24

2 et *om.* **A**   10 caesis **A**   12 M̅N̅. CONTROVERSIA **B** | est *sscr.* **A**^{1}, *om.* **B**   13 defendetur **A**   17—18 cliuia *La.*] diuia **AB**   19 possessores **AB**   20 per quam posset **AB** | commode iri *La.*] commodiora **AB**   23 actus *Rig.* | iter *Rig.*   24 ⟨an⟩ *add. La.*   26 *Qui nunc in* **AB** *sequitur exitus Agenni, in lacuna paginae 26 rectius ponendum esse, supra docui*   28 ad *om.* **AB**, *sscr.* **A**^{1} | peruenirent **P** *in Comm.*, pertinerent **AB**

la*e* tractari debeant persequendum est. respicio enim quantum
sit quod mensori iniungatur, et puto diligentius exequenda quae
ad prouidentiam pertinenti⟨a⟩ *sunt* artificis. difficillimus
autem locus hic est, quod mensori iudicandum est; sed
F 10r nec minus ille exactus, quod est | aduocatio praestanda.
quamquam diuersa sint et longe inter se discernere debeant,
B 37 prudentiam tamen eandem | artifices habere debent et
qui iudicaturi sunt et qui aduocationes sunt praestituri.
in iudicando autem mensor[em] bonum uirum et iustum
agere debet neque ulla ambitione aut sordibus moueri,
seruare opinionem et arti et moribus. Omnis illi artifici
ueritas custodienda est, exclusis illis similitudinibus, quae falsae pro ueris subiciuntur. quidam enim per imperitiam
quidam per inpudentiam peccant: totum autem hoc iudi-
B 38 candi officium et hominem et artificem exigit egre|gium.
A 179 erat aequissimum et in aduocatione[m] | eandem fidem
exhiberi in controuersiam a mensoribus. sed hoc possessores aequo animo ferre non possunt: nam cum his ueritas exposita est, aduersus sinceritatem artis facere cogunt. |

1—6 *retractatum in* Comm. 70,19—21 **7—p. 51, 3** Comm. 70, 21—34 *exceptis* **16—17** erat aequissimum — — a mensoribus **7—13**, **13—14**, p. **51, 1—3** Bo. 403, 6—7 (= **F**) **13** imperitiam *cf.* 30, 22. 33, 18 **19** *cf.* 38, 24 artis sinceritas

---

1 singula et tractari **AB**, singula pertractari **P** **3** pertinentia sunt *coniec*i] pertinent i nunc **AB**, i nunc *secl. Goes. La.* **5** praestanda **AB**, prestandum est **F** **7** tamen **F**, tamen*de* **A**, tamendem **B** | artificis **AB**, *om.* **P** | et *om.* **E** **8** et qui aduocationis sunt praestituri **AB**, et qui (quos *Bo.*) aduocant ut praestatores **F** **9** mensor **P**, mensorem **ABF** *La.* | bonus uir et iustus **P** **10** debet **BP**, debent **A**, diuersorum fides quaerenda est **F** (*sed in margine eadem manu scriptum* In iudicando autem argimensorem bonum esse debere); *om. Bo.* (*sed u. 11 post* moribus *habet* debet); *La.* decet **11** et arti **AB**, et arte **P**, metris **F** | omnis enim artificis **F**, omni enim artifici *Bo.* **13** imperitiam **ABP**, imprudentiam **F** **14** inpudentiam **ABP**, auaritiam **F**, imperitiam *Bo.* **15** officium et hominem et **AB**] hominem **F** | exiget **E**, exigent **F** **16** erat enim nequissimum **F** **16—17** de eadem fide in controuersia mensoribus **F** **19** est] fuerit **FP** | cogunt **P**, cogant **AB**, coguntur **F**

multa sunt in professione quae generaliter pro ueris offerantur, multa quae specialiter, quaedam quae argumentaliter. coniecturaliter etiam mentiri artifices coguntur. F 10v (ABFP)

. . . .

[AGGENI VRBICI]

⟨*COMMENTVM DE AGRORVM QVALITATE.*⟩

Suscepimus qualitates agrorum tractandas atque plano sermone et lucido exponendas, et uolumus ut ea quae a ueteribus obscuro sermone conscripta sunt apertius et intellegibilius exponere ad erudiendam posteritatis infantiam et quo dulcius possit disciplinam appetere quam timere. nam primaeuae aetati quam sint radices amarissimae litterarum, scientes litteras non ignorant: ideoque ita planum facimus iter, ut exeuntes a prioribus studiis litterarum, in his secundis ac liberalibus uenientes,

---

14 *cf.* Cassiodor. Variae III 52, 7

---

1 offerantur **ABP**, afferantur *Alciati*, subiciuntur **F** 2 multa quae specialiter *om.* **F** | quaedam quae argumentaliter **ABP**, et quidem quae specialiter **F**, quaedam quae argumentis *Alciati (u. 'Die Hss.' 41)* 2—3 coniecturaliter **AB**, quaedam coniecturaliter **P**, *om. Alciati, nescio an recte* 3 mentiri **BP**, menti **A**, metiri **F** | coguntur] *Deinde* AGENI VRBICI LIB. EXPLICIT (EXP. **A**) **AB**

COMMENTVM

Ubi nunc desunt folia in **P** (usque ad p. 66, 20), citantur **G** et p et, si ii dissentiunt, *Si.* (Sichard, Cod. Theodos. Basel 1528).

Propria commentatoris ignoti uerba *latinis* litteris minoribus, aliena certae originis *cursiuis* litteris minoribus impressi et quidem Frontini uerba notis citationis distinxi. Quae incertae originis sunt, maioribus litteris latinis designaui. Signo I excerpta discreui, signo ˅ uerba aliquot in citando omissa esse indicaui.

---

5 *Quamquam in priore parte Frontinus fere solus, in posteriore praeter Agennium Frontinus et Hyginus citantur, nomen Agenni huic centoni ludimagistri Christiani ideo impositum est, quod in exitu ultima pars Agenni affertur, cui in codicibus* **AB** *hoc subscriptum est:* AGENI VRBICI LIBER EXPLICIT | AGGENI **G** *Si.*, AGENDI p 6 *Ex subscriptione p. 58 addidi* 8 ut *frustra del. La.; u. Löfstedt, Peregrinatio Aetheriae, Uppsala 1911, 250; cf. 95, 2*

14 uenientes **G** *Si.*, facientes (ueni *supra* facientes) p

disciplinam hanc uelut suauitatem quandam post amaritudinem concupiscant.

Iam nunc ergo pergamus exponere. '*Agrorum qualitates tres esse*' Iulius Frontinus ostendit dicens '*unam agri diuisi et assignati*'. uideamus qui sit ager diuisus et assignatus. sine dubio uideo alicuius formam agri magnam, quae diuisa est atque assignata in tempore. et nisi esset quaedam materialis G 17 agri forma, quomodo poterat | diuidi? an totum mundum aut prouinciam totam unius possumus agri, qui sit diuisus, qualitatem accipere? *a*tqui*n* hoc ita intellegere omnino mihi uidetur absurdum, eo quod subiungit continuo idem Frontinus '*altera mensura per extremitatem conprehensi*'. uideo ergo illum agrum, qui dum in se ducenta et eo amplius iugera contineret, postea iussu principum intercisiuis limitibus ⟨est⟩ distributus quinquagenis iugeribus uel amplius, ut qualitas locorum inuenta est. quae intercisiones per trifinia et quadrifinia siue interuenientium uel interpositorum ratione signorum cernuntur esse dispositae. Alteram qualitatem dicit mensuram per eiusdem agri extremitatem conprehensam. iuxta hunc agrum, de quo locuti sumus, uidemus confinem esse modum mensura conprehensum subseciui, qui frequenter in extremitatibus assignatorum agrorum incidens mensurali linea cernitur conprehensus. de hoc inferius suo loco apertius disputabimus. — nam quidam centuriam uolunt intellegi '*mensuram*' dictam '*per extremitatem conprehensam*'. quod et ipsud potest accipi, quia etsi *centenis hominibus duocentena iugera* data legimus, quorum propter numerum sit *appellata centuria,* legimus in quibusdam locis ab uno mille et tre-

---

3—5 Frontin. **1, 3—4** **11** Frontin. **1, 4** **13—17** *uerba* dum in se — — dispositae *La. Hygino 110, 8—13 (cf. II 140) tribuit; sed nescio an commentatoris sint (cf.* Frontin. 14, 5—7, *infra 53, 14); uerbum* intercisiones *in Corpore agrim. hoc solo loco occurrit,* intercisiuus *in Libro regionum saepe* **20—22** *uerba* subseciui — — conprehensus *La. Hygino 110, 14—16 tribuit; sumpta autem sunt ex* Frontino (2, 18 in extremis adsignatorum agrorum finibus, 3, 2 linea cludatur), *ad cuius uerba infra (u. p. 56—57) citanda commentator in u. 22 refert* **24** Frontin. 1, 3—4 **25—p. 53, 1** *La. 110, 4—7 Hygino tribuit, sed* 25—26 = Sic. Flacc. La. 153, 29 centenis hominibus ducentena iugera dederunt: et ex hoc facto centuria iuste appellata est; 27—p. 53, 1 *incertae originis sunt (cf.* Agenn. Urb. 37, 16)

---

9 diuisus *om. pr.* **G** **10** atquin *La.*] et quia **Gp** **16** interuenientium *ad signa naturalia,* interpositorum *ad signa manu facta respicit; cf. 53, 12* **22** mensurali **p** *Si.*, mensura **G**

centa iugera fuisse possessa. '*Tertiam arcifinii agri qualitatem*' assignat. '*arcifinius ager ab arcendis hostibus*' nuncupatur, sicut paulo inferius subsequens lectio manifestat. hic et *occupatorius ager dicitur* eo quod in tempore occupatus est a uictore populo, *territis exinde fugatisque* hostibus; quia *non* solum *tantum occupabat* unus quisque, *quantum colere* praesenti tempore *poterat, sed quantum in spe colendi* habuerat ambiebat. fines uero his signis | inter se diuidebant, fossis manu G 18
factis, arboribus ante missis, fluminum interuenientium cursu[s], iugis quoque montium, *quae ex eo nomine accipiuntur, quod continuatione ipsa iugantur,* superciliis nec non itineribus uel diuer*g*iis; quae aut loci natura aut sollers procurauit antiquitas.

'*Ager ergo diuisus assignatus est coloniis*' siue municipiis, uni cuique possessioni modum secundum terrae qualitatem. '*Hic* ager *habet condiciones duas, unam qua plerumque limitibus continetur, alteram qua per proximos possessionum rigores assignata est*'. limes ergo est quodcumque in agro opera manuum factum est ad obseruationem finium. rigor uero suae rectitudinis naturalis nomen accepit. '*Quidquid autem secundum hanc condicionem in longitudinem est delim⟨it⟩atum, per strigas appellatur, quidquid per altitudinem, per scamna*'. strigatus ager est, qui a septentrione in longitudinem in meridiano decurrit, scamnatus autem, qui eo modo ab occidente in orientem crescet. et alti-

---

1—2 Frontin. **1, 5** **2** Frontin. 2,12—13 **4—8**, *quae La. 115, 4—8 Hygino tribuit, conflata sunt ex* Sic. Flacco 102, **1** occupatorii autem dicuntur agri — — quibus uictor populus occupando nomen dedit. **101, 9** territis fugatisque inde ciuibus — — 11 singuli[s] deinde terram nec tantum occupauerunt, quod colere potuissent, sed quantum in spe⟨m⟩ colendi reseruauere 8—**12**, *quae La. 115, 8—14 Hygino tribuit, commentator ex Frontino 5, 6—10, Hygino 89, 6—13 (cf. Agenn. 31, 22—26; Sic. Flacc. 102, 16) sumere potuit. Verba* **10—11** quae — — iugantur Hygini *sunt 91, 12—13* **13** Frontin. 1, 6 **13—14** *La. Hygino 114, 2 tribuit; cf. 52, 15* **14—17** Frontin. 1, 6—9 **18** *cf. 60, 3* **19—21** Frontin. 1, 10—12. *Falsam lectionem codicum Frontini* altitudinem *pro* latitudinem *commentator seruat et in v. 23 sqq. stupide explicat* **21—23** strigatus — — crescet *La. 110, 2 Hygino tribuit. Sed suspicor haec commentatoris esse, qui* longitudinem *et* altitudinem *explicare uoluerit (cf. Agennium 22, 25—26).* crescit *pro* spectat *ad similitudinem dictionis* numeri crescunt *(u. Nipsus La. 290, 24) fictum est*

---

8 fines p*Si.*, finis **G** **11—12** diuergiis] diuersis **G**p, diuergiis ⟨aquae⟩ *Turneb. La.; cf. 66, 9* **20** delimatum **G**p, *corr.* **G**[1]

tudinem hanc secundum idioma artis uoluit Frontinus in orientem intellegi. nam dum superficiales nunc qualitates tantum modo uel mensuras exponat, quomodo nos possumus soliditatis corpus aduertere, in quo altitudo aut crassitudo ponatur? '*Ager ergo limitatus hac similitudine decimanis et cardinibus continetur*'. ergo hic ager, quem in hac similitudine asserit contineri decimanis atque cardinibus, in re praesenti considerari poterit. nam decumanum limitem traxerunt, sicut Higenus describit, ab occidente in orientem, cardinem uero a meridianum in septentrione⟨m⟩ duxerunt. quidam uero ex aduerso eos asser*unt* constitutos. nam et alibi limites facti sunt ab his, qui solis ortum et occasum secuti
G 19 sunt. quos fefellit ratio geometriae. mihi tamen, | sicut Higenus constitui decreuit limites, ita rationabile uidetur, ut decumanus maximus in orientem crescat et cardo maximus in meridianum. '*Ager per strigas et per scamna diuisus et assignatus est more antiquo in hac similitudine, qua in prouinciis arua publica coluntur*'. ager ergo, siue per strigas siue per scamna diuisus sit, siue quocumque alio ordine succedenti, assignatus est more antiquo atque antiquo arbitrio in hac similitudine, qua in diuersis prouinciis arua publica coli perspicimus. nam quod publica arua coli dicit, ne ammiremini. nam ideo publica hoc loco eum dixisse aestimo, quod omnes etiam priuati agri tributa atque uectigalia persoluant. nam paulo inferius dicit '*eadem ratione et priuatorum agrorum mensurae aguntur*', ut apertius ostenderet publicum cum priuato esse consortem, quia dum priuatus laborat in proprio, et tributum publico et sibi alimonia arua excolendo procurat.

4—5 Frontin. 1, 13 **7—14**, *quae La. 108, 9—16 Hygino tribuit, commentator ex libro Hygini Gromatici (qui in cod. P Hygenus, non Hyginus, uocatur) extraxit, ubi legimus:* La. 167, 4 primum duos limites constituerunt, unum qui ab oriente in occidentem dirigeret. hunc appellauerunt duocimanum — — 8 alterum a meridiano ad septentrionem, quem cardinem nominauerunt — — 10 duocimanum postea decimanum appellauerunt. 170, 14 quidam in totum conuerterunt et fecerunt decimanum in meridianum et cardinem in orientem 170, 3 multi ignorantes mundi rationem solem sunt secuti, hoc est ortum et occasum. 182, 15 (hos) fefellit mundi magnitudo. 180, 4 haec est constituendorum limitum ratio pulcherrima — —. *ad uerbum* crescat *v. 14 cf. supra* 53, 23 **15—16** Frontin. 1, 14—16 **23—24** Frontin. 2, 3—4

---

10 asserent **G**p, asserunt **G**[2]*Si.* **11** alibi **G***Si.*, alii p **13** decūmanus **G** **17** ager p*Si.* (= **P**), est ager **G** *La.; post* succedenti *in v. 18 interpunxi*

'*Ager est mensura conprehensus cuius modus uniuersus ciuitati est assignatus*'. istius agri mensuram in unum modum quodammodo uideo conprehendi. nunc hic modus uniuersalis sagacius a nobis inuestigari debet. uidemus igitur modum per terminos territoriales et limitum cursus et titulos, id est inscriptis lapidibus, plerumque fluminibus nec non aris lapideis, claudi territorium atque diuidi ab alterius territorio ciuitatis. idcirco quidquid intra hunc modum est mensura diuisum, suae constat ciuitati modis omnibus assignatum. '*sicut in Lusitania Salmaticensibus*'. Lusitania prouinciae nomen est. Salmaticenses enim uicani proprie nuncupantur. Ita et '*in Hispania citeriore Palatinis et conpluribus prouinciis tributarium solum per uniuersitatem populis est definitum. eadem ratione* | *et priuatorum* G 20 *agrorum mensurae aguntur. hunc agrum multis locis mensores, quamuis extremum mensura conprehenderi⟨n⟩t, in formam in modum limitum condiderunt*'. *formarum quinque sunt genera: unum quod ex flexuosa linea continetur, alterum quod ex flexuosa et rationalibus, tertium quod ex circumferentibus, quartum quod ex circumferentibus et rectis, quintum quod ex rectis. horum sunt species infinitae.* hunc ergo agrum ne in formis uideamus tantum modo conditum, continuo subiungit '*in modum limitum*', ut sciamus plenissime non posse formam cuiuslibet agri sine limitum rectura subsistere. sed praeuidere formam diligentius ammonemur, ut originem cuius interfuerit limitis efficaciter praedicemus, seu d. m. seu k. m., quinti quoque atque quintarii, nec non et illos in omnibus demonstrare, qui solis ortum et occasum secuti sunt; ut nostra professio coram artificibus integra et omnem ueritatem indagans approbetur.

'*Est ager arcifinius qui nulla mensura continetur*'. hic est de quo superius diximus, qui et arcifinius et occupatorius nomi-

---

1—2 Frontin. 1, 18—19 **4—7** *La. 114, 7—10 Hygino tribuit. Re uera hoc fragmentum cum fragmento 65, 25—66, 13 cohaerere uidetur, sed excepi* id est — — lapideis, *cum offendant ablatiui et* nec non *usitata dictio commentatoris sit* **9** Frontin. 1, 19 **11—16** Frontin. 2, 1—7 **16—20** Balbus La. 104, 3—7, *nisi quod illic ultima sententia in P deest, in J plenior est:* horum generum sunt species multitudinis infinitae **25** *Hygin. Grom. La. 174, 15* quintus est qui quinto loco numeratur, quintarius qui quinque centurias cludit. **26** *u.* p. 54, 11 **29** Frontin. 2, 8 (= **P**)

---

24 interfuerit **G** *Si.*, fuerit p **26** in omnibus **G**p] nouerimus *coni. La., sed nescio an* demonstrare *ab* ammonemur *pendeat; cf. 111, 20* natur. '*Finitur* ergo *secundum antiquam obseruationem fluminibus, fossis, montibus, uiis, arboribus ante missis, aquarum diuergiis, et per ea loca quae antiquitus a possessore potuerunt obtineri*'. mensura ergo hunc agrum minime actum esse conspicimus sicut ceteros agros: '*interuentu* uero *licium postea, per ea loca quibus* nunc *finitur*, ex arbitrio *terminos accepit. in his* autem *agris nullum ius subseciuorum interuenit*'. recte ergo subseciuum interuenire non potuit, quia mensura actus non est, de quo remanere aut subsecari aliquid potuisset.

'*Subseciuum est quod a subsecante linea nomen accepit sub-*
G 21 *seciuum.* horum *subseciuorum* | *duo sunt genera; unum quod in extremis assignatorum finium centuria expleri non potuit*'. Hoc inuenitur L et LX contineri iugeribus, et quamuis exigua parte min*us* fuerit inuentum d*i*m*i*d*io* centuriae, subseciuum dicitur. ita tamen si spatium maius fuerit, nomen centuriae non carebit. nam haec subseciua et concessa plerumque inueniuntur et reddita, aliqua assignata: nam et censum quaedam pro suo modulo susceperunt. secundum illam uero maiorem assignationem subseciuum maius centum iugera dictum est, subseciuum minus L iugera nuncupatum.

'*In extremis* uero *assignatorum finium*' ut sit assignatum, aut quae sit extremitas, uideamus. Extremitas finitima linea est, quae interuenit aut per iter publicum, quod transcendi non

---

1—4 Frontin. 2, 9—12 (= P, *sed in uersu 3 lectionem glossa corruptam* et si qua loca [hoc est quae] ante *commentator corrigere studuit scribendo* et per ea loca quae antiquitus). **5—7** Frontin. 2, 13—15 **10—12** Frontin. 2, 16—19 **13—20** *Haec La. 110, 17—111, 2 Hygino tribuit, et 19—20 secundum uerba legis triumuirorum La. 213, 1—3 ita correxit:* subseciuum maius centum iugera ⟨pro centuria⟩ [dictum] est, subseciuum ⟨non⟩ minus L iugeribus ⟨pro dimidia centuria⟩ [nuncupatum]. *Mihi contra commentator in v.* 13—15 *uerba illius legis La. 213, 1* quod subsiciuum amplius iugera C erit pro centuria procedito, *in v.* 16—17 *uerba Hygini 96, 15—97, 5 circumscribere uidetur, in v.* 18—20 *denique Frontini definitionem 2, 18—19 explicare: subsiciuum dici* 'quod centuria expleri non potuit', *siue amplius C iug. siue minus L iug. sit. maiorem autem hanc appellat assignationem propter Frontin. 14, 4—8* — maiorem modum — —, minorem — triumuiralem — **21** Frontin. 2, 18 **22**—p. 57, 8 *La. 72, 24 — 73, 3 Agennio = 41, 15—24 Frontino tribuit; sed uerba* 57, 1—2 *ex* Frontino 10, 7—8 *sumpta sunt,* 57, 6—7 *certe commentatoris*

---

14 minus *La.*] minore **Gp** | dimidio *La.*] de medium **Gp**
15 nomen **Gp** *cf. 70, 1;* nomine *La.*

potest '*secundum legem colonicam,* quia *omnis limis itineri publico seruire debet'*; aut per limites siue terminos aliaque signa, quibus territoria finiuntur; aut ubi insoluta loca remanserunt. haec autem sunt loca quae insoluta dicuntur, quae aut in saxuosis et sterelibus locis sunt aut in paludibus, ubi nulla potuit exerceri cultura, quia, dum non esset quod excoli potuisset, nullis necesse fuit limitum regulis obligari. propterea et soluta loca uocata sunt. '*Aliud genus subseciuorum, quod in mediis assignationibus et integris centuriis interuenit. quicquid enim inter quattuor limites minus quam intra clusum est fuerit assignatum, in hac remanet appellatione*'. bene igitur et recte subseciuum uocari debet, quicquid inter quattuor limites fuerit assignatum minus quam intra eisdem potuit claudi limitibus, quia unus quisque limis centuriae suae modum claudens adductus est. at ubi omnes IIII aequis mensuris centurias continentes uno in loco conuenerunt, sicut in subsequenti libello nostro designauimus, quem | diazografum nuncupauimus, poterit agnosci, et G 22
minus clauserunt agri spatium quam quod centuriae singulae, quibus seruitutem praestabant, poterant continere, subseciuum iuste meruit appellari, '*ideo quod is modus qui assignationi superest, linea claudatur et subsecetur. nam et reliquarum mensurarum actu[s] quicquid inter normalem lineam et extremitatem interest subseciuum appellatur*'. de hoc superius disputauimus. normalis linea mensuralis dicitur; extremitas uero, ubi, centuria ut expleretur, transiri non potuit.

'*Est ager similis subseciuorum condicioni extra clusus et non assignatus; qui si r. p. populi Rom. aut ipsius coloniae cuius fine circumdatur, siue peregrinae urbi, aut locis sacris et religiosis aeque ad populum Romanum pertinentibus, datus non est, iure subseciuorum in eius qui assignare potuerit remanet potestatem*'. in ambiguo uidetur hic ager et uelud indefinite reman-

---

sunt; ut opinor etiam cetera (*cf.* Frontin. 9,4—6 relicta loca — locorum iniquitate, 8—10 finitima linea — —. Comm. 67,25 (relicta loca) et insoluta uocantur. La. 236,21 in soluto remansit. Sic. Flacc. 101, 15 soluti appellantur)

8—11 Frontin. 2,19—3,1 **20—23** Frontin. 3,1—5 **23** superius *u. p. 52,20—23* **26—31** Frontin. 3,6—12

---

1 limis **Gp**, limes **G**[1] **2** in soluta p, insoluta **G**; in soluto *recte La. (cf. La. 225,16. 236,21)* **4** insoluta **Gp**, in soluto *recte La.* **6** quia] quae *La., sed cf. u. 1* **14** limes **G**[1]*Si.* **16—17** designauimus *anacoluthon, cf. 55, 4—7. La.:* '*fortasse* designatum' **22** extremitate p **25** transiri *La.*] transire **Gp**

sisse: si enim his omnibus supra dictis datus non est, utique in assignantis remanet potestate. hunc agrum Frontinus ita remansisse testatus est. sed uideamus, ne forte postea iussu principis alicui datus sit, qui terram metiri denuo praeceperit, sicut Caesaris Augusti temporibus factum est. nam alia subseciua Uespasianus uendidit, alia autem quae remanserunt Domitianus donauit atque concessit. propterea hic ager succedentibus huc usque temporibus ita, hoc est in ambiguo, non potuit remanere. qui si remansit, in eius potestate profecto qui assignare potuerit, hoc est qui acceperit a principe assignandi licentia⟨m⟩. nam agri mensor omnis doctus centurias delimitare potest ac suis redintegrare limitibus, assignare autem nullo modo potest, nisi sacra fuerit praeceptione firmatus.

EXPLICIT COMMENTVM DE AGRORVM QVALITATE.

G 23 *INCIP. DE CONTROVERSIIS.* La. 9, 14

Suscepimus quoque tractandos controuersiarum status cum diuino praesidio.

'*Materiae,* inquit, *controuersiarum sunt duae, finis et locus. harum* condicio *alterutra continetur. sed quoniam singulae controuersiae diuersis condicionibus* obligantur, *proprie nominandae sunt. genera* autem *controuersiarum,* ut ait Frontinus, *sunt numero XV*'. sed quia his generibus species non dedit, et quia secundum regulam dialecticam neque genus sine specie neque sine genere species potest dici, omnino dixit inproprie: nos tamen suum illi idioma relinquentes ad intellegendas eas atque exponendas, sicut promisimus, transeamus.

'*De positione terminorum controuersia est inter duos pluresue uicinos; inter duos, an in rigore sit* positus terminus *citerorum, siue rationis; inter plures, trifinium facit an quadrifinium*'. cum ergo possessor inuenerit terminum in possessione sua aliter formatum aut aliter positum quam

---

3—7, *quae La. 111, 3—7 Hygino adscripsit, commentatorem ex Hygino 96, 21—97, 5 sumpsisse, monet Mo. Ges. Schr. VII 472 ('die schon durch die Beziehung auf den augusteischen Reichscensus bedenkliche Stelle'); cf. etiam Agenn. Urb. 41, 16—26 et La. 295, 9—15* **19—23** Frontin. 4, 2—7 *sed retractatum* **28—31** Frontin. 4, 12—15 (= **P**) **31**—p. **59, 18** *La. 70, 18—71, 9 Agennio Urbico tribuit, et quidem 39, 18—40, 12 Frontino eadem*

28 POSIONE **G**

ceteri qui in ea possessione sunt, aut ⟨non⟩ inscriptum ut adsolet, agit de eo, in qua sit positus ratione, seu ipse trifininium faciat siue ab alio lineam procedentem excipiat: dumque uicinus possessor huic extiterit ambiguitati contrarius, magna inter utrosque controuersia agitatur. Solent enim hae[c] controuersiae de conportionalibus nasci terminibus, nam si de eorum latere linea quasi ex artificis manu composita uideatur exire atque in unius termini angulum inpingere qui in limite est positus, in istis, ut ait Frontinus, *uelud instantium argumentorum oportunitas* controuersialis *aptatur*. hoc enim plerumque potest in limitibus inueniri. nam si ueteranus, filiis suis unam possessionem diuidens in tres aut quattuor portiones, terminos uoluit interesse, potuit quiddam tale | contingere, ut ex multis quicumque respiceret G 24 angulum illius termini, qui in maximo est limite constitutus. hos siquidem terminos, qui intra possessionum fines inueniuntur, conportionales appellauit antiquitas. 'Qui *si secundum pristini temporis possessionem non conueniunt, diuersas attiguis possessoribus controuersias* generabunt. *sed alius forte de loco, alius de fine litigat*'. uidendum hoc diligenti cura. et circuiri agrum ante omnia oportet, de quo intentio uertitur. et redintegrato suis fundo limitibus per maximorum limitum rationem, tum de conportionalium terminorum positionem, quos uice tabellarum antiqui intercidendis portiunculis inter filios suos defigebant, integra ab artifice ratio proferatur.

---

uerba praeter **10—11** in istis — — aptatur, *quae ex Agennio 28, 13 sumpta sunt. Haec uerba* **10—11**, *quae commentator* Frontini *esse ait, in priore parte Agenni, cui nunc in cod.* **B** Sinplici *nomen superscriptum est, reperias. Unde iure conclusit Mo. Ges. Schr. VII 470, in codice commentatoris nomen* Frontini *fuisse illic, ubi postea in* **B** Sinplici *nomen in rasura scriptum est* (*u.* p. 20). *Verba* **17—18** hos — — antiquitas *commentatori dedi. cetera fortasse ex* Hygino (*u.* 94, 15) *sumpta sunt*

18—21 Frontin. 4, 15—19 (= **P**) **21—26** *La. Agennio 71, 11—16 = Frontino 40, 13—18 tribuit; sed nescio an commentator his uerbis superius fragmentum 59, 6—18 explicet. cf. 58, 11—12* suis redintegrare limitibus

---

1 non *add. Goes.* **6** haec **G**p, hae **G**[1] **8** quaesi **G**, *corr.* **G**[1] **10** instantium] exstantium Agenn. 28,13, stantium *La.* **18** cumportionales **G**

De rigore atque de fine licet similem posuerit controuersiam unamque eis condicionem esse firmauerit, tamen credo inter eas aliquid posse differri. rigor enim naturalis est. qualiscumque enim rigor interuenit constituentibus limites, rarioribus locis terminos posuerunt. et seruari iubetur rigor, si inuentus fuerit de triginta pedum latitudine, ut ne ab utroque possessore tangatur: quod si plus de *XXX pedibus* patuerit, *iam collis est.* quod exigit *ut superior possessor in planum usque descendat et sibi defendat omnem deuexum locum.* hoc enim lex propter *malignitatem* inferioris possessoris instituit, ne aut arando aut fodiendo superioris possessoris terras inuaderet.

Termini quoque quibusdam locis pos*iti sunt, ut ab uno ad unum dirigantur,* per *pedes* a *CCCXX* et supra usque ad *CCCCLXXX* et infra hoc *si licet.* nam *Tiburtini distant a se in ped*ibus a *CCXL* et supra usque ad *DCLX* et infra. *quod si spissiores non sunt, riparum* et rigorum *cursus serua*bunt; *harum tamen quae per multa milia pedum recturas separationesue* G 25 *agrorum ab initio suo | usque ad occasum custodiunt. et ne eas ripas* aut rigores *sequendos obseruarent quae intra corpus agri nascuntur et in suo latere decidunt, lex limitum eas praedamnauit. ne id aliquando sequamini, quod maior potestas limitum recturarumue cursus non confirmat. sed si conuentionis causa ea partes*

1—2 *u.* Frontin. 5, 3. Agenn. 27, 1 **3—11**, *quae La. 108, 18 —109, 8 Hygini esse credit, commentatoris sunt, sumpta ex 53, 18* (rigor — — naturalis), *Hygino 91, 19—92, 2. 92, 7* (malignitate exaretur), *Sic. Flacco 106, 5—11. 107, 9* (siue aret siue fodiat detrahit pendentes ex superiori terras). *Commentatorem arguunt et uerba* de — latitudine *u. 6*, de XXX pedibus *u. 7, et uerbum* patuerit *u. 7, quod ex falsa lectione codicis Hygini 91, 20* latitudinis (*pro* altitudinis) *pendet. La. falso* paruerit *coniecit et post* collis est *u. 7 lacunam statuit, ea discernens, quae in Hygino cohaerent* **12**—p. **61**, **2** *quae La. 109, 9—22 item Hygino ascripsit, ex* Libro regionum La. 220, 15—221, 11 *sumpta esse, et inde apparet, quod auctor codicis P illa* (220, 13—221, 13) *ut alia quae in Commentum recepta erant (Agenni et Hygini De controuersiis) omisit, et inde quod illic omnia pleniora et saniora sunt quam hic. At uerba 12* ut ab uno ad unum dirigantur *ex* Hygino 90, 10 *assumpsit commentator, qui in proxima pagina Hygin. 89—92 excerpsit*

3 differre *Si. Turneb.* **12—13** ad unum *et* **13** per *om.* p **14** si licet **G**p *falso pro* silicei **16** seruabunt p *Si.*, seruabant **G** **17** separationesue p *Si.*, separationes suae **G** **18—20** et ne eas — — decidunt *om.* p *inter se conseruanda censuerunt, non recturae imputandum, sed concurrenti definitioni fides est adhibenda.*

De fine enim lex Manilia *quinque aut sex pedum latitudinem* praescribit, *quoniam hanc latitudinem uel iter ad culturas accidens occupat uel circumactus aratri. quod usu capi non potest: iter enim non, qua ad culturas peruenitur, capitur usu[s] sed id quod in usu biennio fuit.* finis enim multis documentis seruabitur, *terminibus,* et *arboribus notatis,* et *fossis,* et *uiis,* et *riuis,* et *uepribus, et saepe normalibus,* et *ut comperi aliquibus locis inter arua marginibus quibusdam tamquam puluinis, saepe etiam limitibus, item petris notatis. quae in finibus sunt, pro terminibus habebitis.* ⌈ *Si arboribus notatis fines obseruabuntur, uidendum quae partes arborum notatae sint. notae enim in propriis arboribus a foras ponuntur, ut arbores liberas in parte a nota relinquat. si communes sunt arbores mediae notantur et ad utrumque pertinent.* ⌈ *Nam si fossa erit finalis, uidendum utrum unius an utriusque sit partis, et si in extremo fine facta; itemque utrum publica an uicinalis.* ⌈ *Si iugis montium, quae ex eo nomine accipiuntur, quod continuatione ipsa iugantur.* ⌈ *Haec* autem *omnia genera finitionum* putato *in uno agro* posse sine dubio repperiri.

De loco si agitur, quae res hanc habet quaestionem, ut nec ad formam nec ad ullum scripturae reuertatur exemplum, nisi tantum hunc locum hinc dico esse, et alter e contrario similiter quaeret, ex similitudine fere culturae comparationem accipit. ˅ *id est si silua, cuius sit aetatis par caesurae* | *et aetas arborum,* G 26 *ut solent relinqui quas ante missas uocant, et siluarum quoque aetates an sint pares. si uineae, similes erunt in comparatione; an ordines aequidistantes, an pari constitutione, et an simile genus uitium constabit. tamen rem magis esse iuris quam nostri operis, quoniam fere usu capiuntur loca quae biennio possessa fuerint. respiciendum erit ne, quem admodum solemus uidere quibusdam regionibus particulas quasdam in mediis aliorum agris, numquid simile huic interueniat. quod in agro diuiso accidere non potest, quoniam continuae possessiones et assignantur et red-*

3—12 Hygin. 89, 1—15 **12—16** Hygin. 90, 19—24 **16—18** Hygin. 91, 5—6 **18—19** Hygin. 91, 12—13 **19—20** *ex* Siculo Flacco 103, 2 *uel* Hygino 91, 3 *sumpta. La. falso his verbis textum codicis B interpolauit 129, 7—8* **21**—p. **62**, 8 Hygin. 92, 17—94, 2

4—5 accidens **G**p, accedens *recte Si.* **6** usu *Si.* **19** iugantur p *Si.*, iungantur **G** **21** si agitur **G** *Si.*, si queritur p **23** alter e *Si.*, altere p, alteri **G** | similiter p *Si.*, sim uel **G** **31** quem ammodum **G** **33** accidere p *Si.* **G**[1], accedere **G**

duntur. et his forte incidit ut tale quid committeretur, ut *locus pro loco, ut continua sit possessio. ita, ut dixi, in assignatis fieri non potest.* ˅ *solent quidam complurium fundorum suorum domini duos aut tres agros uni uelle contribuere, terminos qui finiebant singulos agros relinquere* ˅ *praeterea cui contributi sunt. uicini non contenti suis finibus tollunt terminos, quibus possessio eorum finitur, et eos qui inter fundos unius domini* sunt *sibi defendunt. ita et haec despicienda erunt.*

De modo quaestiones fere in agris diuisis et assignatis nascuntur, item quaestoriis et uectigalibus subiectis, quoniam scilicet in aere scripturae modus conprehensus est. quod semper erit ad formam respiciendum. et hoc si duobus possessoribus conueniat. alioquin ex modo illo, qui aere scriptura continetur, forma liquebit, etiam si *dominus aliquid uendidisset. namque hoc comperi in Samnio, ut agri quos diuus Vespasianus ueteranis assignauerat, eos ab ipsis quibus assignati erant iam aliter possideri. quidam enim emerunt aliqua loca adieceruntque suis finibus et ipsud, uel uia finiente uel flumine uel alio quolibet genere: sed*
G 27 *nec uendentes ex acceptis suis* | *aut ementes adicientesque ad acceptas suas certum modum taxauerunt, sed ut quisque modus aliqua, ut dixi, aut uia aut flumine aut aliquo genere finiri potuit, ita uendiderunt emeruntque. ergo ad aes commodi reuocari potest, si* ˅ *duobus, inter quos controuersia est, conuenerit. in eis autem, qui uectigalibus subiecti sunt, proximus quisque possessioni suae iunxit.* ˅ nam soliti erant antiqui in *conductiones* et in *emptiones* ˅ *modum comprehendere atque ita cauere: FVNDVM ILLVM, IVGERA TOT, IN SINGVLIS IVGERIBVS. tantum itaque si in ea regione agitur, ubi haec erit consuetudo,* aut *cautiones scilicet* aut emptiones intuendae erunt. *inter quos disputabitur acta utriusque mensura: si nihil ad cautionem conueniat, ne utrius possessio modum cautione conprehensum impleat, magna erit rei confusio, quaerendumque* tunc quomodo *in uniuersa regione magis opinione quam mensura modum complecti soliti sint.*

'*De proprietate controuersia est plerumque ut in Campania cultorum agrorum siluae absunt in montibus ultra quartum aut quintum forte uicinum*'. nam ubi mons fuit proximus asper seu

---

9—34 Hygin. 94, 16—96, 7 **35—37** Frontin. 6, 3—5 **37—p. 63, 5** '*Amplifikation der im Kommentar vorhergehenden Worte Frontins' Mo. Ges. Schr. VII 471 A. 3 (La. falso haec Agennio 79, 7—13 = Frontino 48, 10—16 tribuit)*

---

1 ut locus G*Si.*, et locus p **8** dispicienda G[3]*Si.* **19** ex acceptis p*Si.*, exceptis G **22** ad aes G*Si.*, ad hes p **24—25** possessioni p*Si.*, possessionis G **29** ut cautiones p **34** sunt p sterelis, super quo fundi constitui nequiuerunt aut forte aquae inopia habitatio hominibus prorsus negata est, siluae tamen dum essent glandiferae, ne earum fructus perirent, diuiso monte particulatim datae sunt proprietates quaedam fundis in locis planis et uberibus constitutis, qui paruis finibus stringebantur. nam et *in Suessano culti sunt, qui habent in monte Marico plagas siluarum determinatas, quarum proprietates 'ad quos fundos pertinere debeant, discutiatur'. nam et formae antiquae declarant ita esse.* | *respiciendum erit* et illud, sicut dixi superius, *quem admodum solemus uidere quibusdam regionibus particulas in mediis aliorum agris.* | hoc *argumentum prudentiae est quam professionis.* uidendum | quoque quoniam *'est et pascuorum proprietas* G 28 *pertinens ad fundos, sed in commune; propter quod ea conpascua multis locis communia appellantur, quibusdam prouinciis pro indiuisa'.* | *haec fere pascua certis personis data sunt depascenda,* sed in communi: quae *multi per potentiam inuaserunt et colunt. de eorum proprietate ius ordinarium solet moueri,* atque *interuentu mensurarum demonstra*tur ut *sit assignatus ager. 'Nam per emptiones uel hereditates huius generis controuersiae fiunt'.* quaedam loca feruntur *ad personas publicas* attinere. nam personae publicae etiam *coloniae* appellantur. quae *habent assignata in alienis finibus quaedam loca, quae solemus praefecturas appellare. harum praefecturarum proprietates manifeste ad colonos pertinent, non ad eos quorum fines sunt diminuti. solent et priuilegia quaedam habere beneficia principum, quod longe et semotis locis saltos quosdam reditus causa acciperunt. quae proprietas ad eos quibus* data *est indubitate pertinet.* sunt et aliae proprietates quae municipiis a principibus sunt concessae.

'De possessione fit *controuersia* quotiens de totius fundi statum per *interdictum, hoc est iure ordinario, litigatur'.* hoc non est disciplinae nostrae iudicium sed *apud praesidem* prouinciae *agitur,* et ex lege restituitur possessio cui poterit adtineri. in his *secundum locum habet* disciplina nostra, sicut lex

---

6—9 Agenn. 39, 8—12 **7—8** *etiam* Frontin. 6, 6 **9—11** Hygin. 93, 7—9; *u. supra p. 61, 31* **11** Hygin. 93, 14 **12—15** Frontin. 6, 7—10 **15—18** Agenn. 39, 17—22 **19—20** Frontin. 6, 11 —12 **20—27** Agenn. 40, 1—8 **28—29** sunt — — concessae *ex* Agenn. 40, 8—10 *sumpta esse docuit Mo. l. l.* **30—31** Frontin. 6, 12—13 **32** Corp. Theod. La. 268, 14 agitur apud praesidem **34** Agenn. 40, 15 ars mensurarum locum secundum habet

4 in **G***Si., om.* p **5** finibus *scripsi*] funibus **G**p, fluminibus *La.* **26** semotis p*Si.,* remotis **G** | saltos *om.* p ait: nisi de possessionis statu quaestio fuerit terminata, non licet mensori praeire ad loca.

De alluuione obseruatio est, si haec *in occupatoriis agitur agris. quidquid uis aquae abstulerit, repetitionem nemo habet, quae res necessitatem ripae muniendae iniungit, ita tamen* ut sine *alterius damno quicquam* fiat. ᵛ *si uero in diuisa et assignata* G 29 *regione tractabitur,* | *nihil amittet possessor, quoniam formis per centurias certus cuique modus ascriptus est. circa Padum autem cum ageretur, quod flumen torrens et aliquando tam uiolentum decurrit, ut alueum mutet et multorum late agros trans ripa⟨m⟩, ut ita dicam, transferat, saepe etiam insulas efficit. at Cassius Longinus, uir prudentissimus, iuris auctor, hoc statuit, ut quicquid aqua lambiendo abstulerit, id possessor amittat, quoniam scilicet ripam suam sine alterius damno tueri debet; si uero maiore ui decurrens alueum mutasset, suum quisque modum agnosceret, quia non possessoris neglegentia sed tempestatis uiolentia abreptum apparet; si uero insulam fecisset, a cuius agro fecisset, id possideret; aut si ex communi, quisque suum reciperet. Scio enim quibusdam regionibus, cum assignarentur agri, adscriptum aliquid per centurias flumini.* hoc autem *prouidit auctor diuidendorum agrorum, ut quotiens tempestas fluuium concitasset,* non *per regionem excedens alueum uagaretur,* sed *sine iniuria cuiusquam deflueret.* ⌈ *hos tamen agros, id est hunc omnem modum, qui flumini adscriptus est, R. P.* quibusdam *uendidit.*

Haec quaestiones maxime in Gallia to⟨ga⟩ta mouentur, quae multis contexta fluminibus inmodicas Alpium niues in mare transmittit et subitarum regelationum repentinas inundationes patitur. ⌈ aliquibus locis *impetrauerunt possessores a praeside prouinciae ut aliquam latitudinem flumini daret.* ⌈ *nam et in Italia Pisaurum flumini latitudo est assignata eatenus quo usque alluebat.*

'*De iure territorii controuersia est*', cum quidam priuatorum aut '*pomerium eius urbis*' '*priuatis operibus*' inuerecunde uult peruadere aut auare de locis publicis, hoc est '*ad ipsam urbem pertinentibus*', quidam priuatorum usurpare temptauerit.

1—2 Corp. Theod. La. 267, 7 prius super possessione quaestio finiatur et tunc agri mensor ire praecipiatur ad loca — — **3—23** Hygin. 87, 4—88, 9 **23—24** Hygin. 89, 13—15 **25—29** Agenn. 43, 4—8. 44, 16—17, 22—23 **31—34** *ex* Frontino 7, 1—2 *et* Agennio 47, 4—5

---

2 possessionis statu p *Si.*, possitionis statum **G** **4** repetionem **G** **7** amittet p *Si.*, ammittet **G** **11** at p *Si.* **G**[1], ad **G** **19** assignarent p **19—20** aliquid p *Si.*, aliquod **G** **25** haec p **G**, hae **G**[1] *Si.* **33** auare *scripsi*] arare **G** p, aliquem *La.*

pomerium autem urbis est quod ante muros spatium | sub certa mensura dem*en*sum est. sed et aliquibus urbi- G 30 bus et intra muros simili modo est statutum propter custodiam fundamentorum. '*quod a priuatis operibus optineri non oportebit.* hic locus est qui *a publico nullo iure poterit amoueri. habet autem condiciones duas, unam urbani soli, alteram agrestis;* urbani soli, *quod in tutela rei urbanae assignatum est,* agrestis, *quod publicis operibus datum est aut destinatum.*' in tutela rei urbanae assignatae sunt siluae, de quibus ligna in reparatione publicorum moenium traherentur. hoc genus agri *tutelatum* dicitur. nam aliquarum urbium '*maxima pars finium coloniae est adtributa*'. coloniae sunt *quae ex eo nomine accipiuntur, quod* Romani in eisdem ciuitatibus colonos miserunt. illarum ergo urbium maxima finium pars data est coloniis, quae in remotiora loca et longe a mari positae uidebantur, ut numerus ciuium, quem multiplicare diuus Augustus conabatur, haberet spatia, in quae subsistere potuisset. nam et '*in Piceno fertur inter montium Praecutianorum quandum partem oppidi Asculanorum fine circum dari.* sed *hoc conciliabulum fuisse et postea fertur in municipii ius relatum. nam omnia antiqua municipia habent suum priuilegium.*' I *ut Tudertini* qui *apud principes egerunt ut Fanestres* ᵛ *incolae,* ᵛ *si essent alienigenae, qui intra territorium incolerent, honoribus fungi in colonia* non *deberent.* sed *Fanestres hoc* postea *impetrauerunt,* ut eis liceret et fungi honoribus territorii. aeque iuris controuersia agitatur, quotiens propter exigenda tributa de possessione litigatur; cum dicat una pars in sui eam fine territorii

---

1—4 *cf.* Liv. I 44, 4 4—8 Frontin. 7, 3—8 8—17, *quae La. Hygino 113, 19—25. 114, 3—5 dedit, commentator ex* Frontin. 7, 11—12, 15, 4 tutilatum P (*falso pro* cultellatum), Hygin. 91, 12 quae ex eo nomine accipiuntur quod —, Sic. Flacc. 99, 9, Hygin. Grom. 142, 8. 11 (diuus Augustus) numero ciuium ampliauit *conflauit* 17—21 Frontin. 7, 13—8, 2 21—25 Agenn. 45, 11—14 25—p. 66, 13 *La. recte, credo,* Hygino 114, 12—24 (= p. 74, 4—19) *tribuit, cum Hyginus 97, 9 se de iure territoriorum iam egisse dicat et Siculus Flaccus, qui ab Hygino pendet, hoc loco usus sit 128, 16—18. Sed* p. 66, 13—16 *explicatio commentatoris mihi esse uidetur*

---

2 demensum *La.*] demissum pG, dimissum *Si.* G^{3} desti 6 moueri p 6—7 alteram agrestis; urbani soli *om.* p 8 *sig*natum p, destinatum *Si.*, destinitatem G 13 colonos p*Si.*, colones G 22 *et* 24 fanes tres G 25 et pG, *erasit* G^{1}, *om. Si. La.*

constituta⟨m⟩, et altera e contrario similiter quaeret. haec autem controuersia territorialibus est finienda terminibus. G 31 nam inuenimus saepe in publicis instrumentis | significanter inscripta territoria ita ut EX COLL*ICVL*O QVI APPELLATVR ILLE, AD FLVMEN ILLVD, ET PER FLVMEN ILLVD AD RIVVM ILLVM aut VIAM ILLAM, ET PER VIAM ILLAM AD INFIMA MONTIS ILLIVS, QVI LOCVS APPELLATVR ILLE, ET INDE PER IVGVM MONTIS ILLIVS IN SVMM*VM*, ET PER SVMMVM MONTIS PER DIVERGIA AQVAE AD LOCVM QVI APPELLATVR ILLE, ET INDE DEORSVM VERSVS AD LOCVM ILLVM, ET INDE AD COMPETVM ILLIVS, ET INDE PER MONVMENTVM ILLIVS AD locum unde primum coepit scriptura esse. saepe enim quorundam aut monumenta aut fossae aut quorundam sacellorum aut fontium, unde riui fluminaque incipiunt, obseruantur fines territoriorum. '*Si* autem *rationem appellationis huius tractemus, territorium est quidquid hostis terrendi causa constitutum est.*'

De iure subseciuorum subinde quaestiones mouentur. subseciua autem ea dicuntur quae assignari non potuerunt, id est, cum sit ager centuriatus in loca culta quae in centurias erant, P 18ʳ | cum '*centuria expleri non potuit*', subseciuum appellauit. *haec aliquando auctor diuisionis aut sibi reseruauit, aut aliquibus concessit aut R̄. P̄. aut priuatis personis; quae subseciua quidam uendiderunt, quidam uectigalibus certo tempore locant. inspectis* igitur *perscrutatisque omnibus condicionibus inueniri poterit quid sequi debeamus.* | nam *Domitianus per totam Italiam subseciua possidentibus donauit, edictoque hoc uniuersis notum fecit.* | *leges* itaque *semper curiose legendae interpretandaeque erunt.*

'*De locis publicis siue populi Romani siue coloniarum municipiorumue controuersia est, quotiens ea loca, quae neque assignata neque uendita fuerint*', | '*ab aliis obtenebuntur, ut subseciua concessa*'. multis enim locis comperimus loca publica

---

16—17 Frontin. 8, 4—6 **18—28** Hygin. 96, 11—20. 97, 4—6. 18—19 **21** Frontin. 2, 17 **29—32** Frontin. 8, 12—14. 9, 1—2

---

4 colliculo *Huschke*] collegio **G**p **5** per p*Si.*, super **G***La.* **8—9** in summum *La.*] in summo **G**p **9** per summum **G**p, super summum *La* **14—15** '*fortasse* quaedam sacella aut fontes' *La.* **20** in loca culta] diuisus *in marg. add.* **G**¹, *quod ex* bⁿ *recepit Si.* **21** appellauit **G**p, *cf.* 54, 21 dicit] appellant **G**¹ *Si. La.* **23** subciua **G** **31** obtinebuntur **G**¹ repperiri, '*ut ex proxi*|*mo in Sabinis in monte Mutela*', qui nunc a priuatis operibus obtinetur. nam et *regione Reatina* itidem sunt loca $\overline{\text{P}}$. $\overline{\text{R}}$. G 32

Loca autem quae sint publica uideamus. sunt siluae de quibus lignorum copia in lauacra publica ministranda caeduntur. sunt et loca publica quae in pascuis sunt relicta quibuscumque ad urbem uenientibus peregrinis. sunt in *suburbanis loca publica inopum destinata funeribus, quae loca culinas appellant:* sunt et *loca noxiorum poenis destinata. ex his locis, cum sint suburbana, sine ulla religionis reuerentia solent priuati aliquid usurpare atque hortis suis applicare.* sunt autem loca publica coloniarum, ubi prius fuere '*conciliabula*', | et '*postea* sunt *in municipii ius relata*'. sunt et alia loca publica quae *praefecturae appellantur.* nam et '*pomeria*' urbium, de quibus iam superius suo loco disputauimus, publica loca esse noscuntur. multis modis loca publica dici possunt, sed dum diuersis condicionibus constringuntur, non possunt nisi sua suis locis incedere. nam et ubi '*uis aquae*' '*aluei*' Tiberis '*populi Romani*' tantum modo '*insulam*' fecit, locus est publicus. '*siluae*' etiam sunt iuxta hoc alueo suis circum datae terminibus, quae casalia non utuntur. P 18ᵛ

'*De locis relictis et extra clusis controuersia est in agris assignatis. relicta autem ea loca sunt quae siue iniquitate locorum* assignari nequiuerunt, *siue* ex uoluntate *conditoris,* hoc est mensoris, *relicta limites* minime *acceperunt*'. dicuntur et ea relicta loca quae uis aquae obtinuit. haec loca et insoluta uocantur et '*iuris subseciuorum*' esse noscuntur. '*Extra clusa loca sunt*

---

1 Frontin. 8, 19—20 **2—3** nam et — — loca P. R., *quae Hygino dedit La. 114, 6, ex* Siculo Flacco 100, 16 *sumpta sunt* **4—7** *His uerbis, quae La. Agenni 86, 4—7 = Frontini 55, 4—7 esse putat, commentator sententiam* Agenni 46, 24 siquid in tutelam aut templorum publicorum aut balneorum adiungitur *circumscribit, templorum loca omittens (u. p. 68, 17 sq.) sed peregrinorum (der Pilger?) pascua ex suo addens* **7—11** Agenn. 47, 1—5 **12—20** *ex* Frontino 7, 16, Agennio 40, 3, Frontino 7, 2 (superius), 8, 15—17 *commentator petiuit, sua aliquot uerba addens. La. falso haec Agenni 86, 16—25 esse censet* **21—24** Frontin. 9, 3—6 **25** insoluta *u. 57, 3* **26**—p. **68, 3** Frontin. 9, 6—10

---

5 copia] cremia *La.* **17** incidere *recte Turneb.; cf.* Hygin. 80, 6 **18** alueo *La.* | tantum modo] *malim* torrentum modo *secundum Hygini uerba supra 64, 9 allata* flumen torrens — — insulas efficit. *La. falso* prominentem modo *pro* populi Romani tantum modo *coniecit* **19—20** hunc alueum *La.* **20** casalia] communalia *La.* | non utuntur] nominantur *Rigalt. La.*

aeque iuris subseciuorum, quae ultra limites et ultra finitima linea erunt. finitima autem linea aut mensuralis est, aut aliqua obseruatione aut terminorum ordine seruatur.' I *ergo fines coloniae inclusi sunt montibus. propterea haec loca, quod assignata non sint, relicta appellantur;* et *extra clusa, quod extra limitum ordinationes sint et tamen fine cludantur. haec plerumque proximi possessores inuadunt et oportunitate loci irritati agrum obtinent. cum his controuersiae a rebus publicis solent moueri.*

P 19r '*De locis sacris et religiosis controuersiae plurimae*' '*iure ordinario finiuntur.*' si enim loca sacra aedificabantur, quam maxime apud antiquos in confinio constituebantur, ubi trium uel quattuor possessionum terminatio conueniret. et unus quis possessor donabat certum modum sacro illi ex agro suo, et quantum donasset scripto faciebat, ut per diem sollemnitatis eorum priuatorum agri nullam molestiam inculcantis populi sustinerent. sed et siquid spatiosius cedebatur, sacerdotibus templi illius proficiebat. *in Italia* autem multi crescente religione sacratissima Christiana *lucos* profanos siue templorum loca *occupauerunt* et serunt. sed hoc ideo existimaui dicendum, ut magisterium suum si uult mensor ostendere, modum concessum fano illi demonstret. '*Locorum* autem *religiosorum*' similis est condicio. et his namque '*secundum cautionem modus restitue*batur' antiquitus. nam sanctum est plerumque ut incorruptum, et a sanciendo sanctum dicitur; religiosum a religando mentes, ne male agant homines. sacrum autem proprie dei est. [religiosum enim vel a relinquendo.] profanum autem quod, dum sanctum fuisset, postea in usu hominum factum, hoc est extra fano, extra sanctuario, profanum dictum est. '*Moesilea* uero *habent iuris sui hortorum modum circum iacentem* uel *praescriptum agri finem.*' nam lucos frequenter in trifinia et quadri-

P 19v finia inuenimus, | sicut *in suburbanis* et circa publica itinera constitutum esse perspicimus.

3—8 Agenn. 47, 16—22 **9—10** Frontin. 9, 13—14 **10—21** *commentatoris sunt, qui in u. 17—19 Agenni uerba 48, 8* in Italia autem densitas possessorum multum inprobe facit, et lucos sacros occupant *circumscribit, Christianae religioni id attribuens, quod densitati possessorum Agennius; cetera ex Siculo Flacco 105, 18—24 sumpsit* **21—23** *ex* Frontino 9, 17—18 **28—30** Frontin. 9, 19—20 **31—32** *ab* Agennio 48, 23 haec maxime aut in loco

23 restituitur antiquus *Alciati Parerg. iuris II, 4* | ut] quod *Alciati* **24** relegando **P** **26** *uerba* religiosum enim uel a relinquendo *hoc loco ferri non possunt, cum* sacrum *et* profanum *discernant;* uel a relinquendo quod a mortuis relinquatur *Alciati l. l.* **32** constitutum esse] constituta Moesilea *recte La.*

'*De aquae pluuiae transitu controuersia est, in qua si collectus pluuialis* ⟨*a*⟩*quae transuersum secans finem alterius fundi influit,*' si aqua ex pluuia collecta riuum fecerit per longinquitatem temporum, et ut solet uideri, ripam ex utraque parte mediam '*secans*' erexerit, et hoc intra '*fines alterius*'; dumque riuus ille limite includitur, possessor uicini agri calumniose sibi uelit fines ad riuum usque defendere, non mediocris exinde controuersiae genus exoritur. sed hoc '*mensoris*' est peritia finiendum.

'*De itineribus controuersia est, quae in arcifiniis agris iure ordinario finitur, in assignatis mensurarum ratione.*' '*sed multi limites exigente ratione per diuia et confragosa loca eunt qua iter fieri non potest, et sunt in usu agrorum* in *eis locis, ubi proximus possessor est, cuius forte silua limitem detinet,* et *transitum inuerecunde denegat, cum itineri limitem aut locum limiti debeat.*' Nam plerumque uia, dum cum limite currit, etiam si uicinalis est aut lignaria aut priuata, finem praestat. regammante uero uia uel limite, dum a se utri⟨m⟩que discesserint, desi⟨ni⟩t uia finem praestare ⟨et⟩ erit controuersia: sed inspectio artifici⟨s⟩ eam finiet.

Satis, ut puto, dilucide genera controuersiarum uel primum agri qualitatem *exposui. nam et simplicius enarrare condiciones earum existimaui, quo facilius ad intellectum peruenirent. nunc quem ammodum* | *singula pertractari debeant persequendum est,* P 20r uel quod sint status earum, id est iniectiuus expositiuus subiectiuus reciperatiuus assumptiuus initialis materialis effectiuus. sunt enim VIII. ex his omne genus controuersiarum exoritur. *iniectiuus* ergo *status* est *generalis:* nam siue de possessione siue de fine controuersia nascatur, per hoc repetitio iusta iniustaque *inicitur.* | *expositiuus est* status *controuersiae, quotiens finitimorum*

---

urbis aut suburbanis locis a priuatis detinentur *pendent (u. Mo. l. l.). La. haec Agennio 88, 14 = Frontino 57, 18 dedit*

1—3 Frontin. 9, 21—22 **3—9**, *quae La. Agennio 89, 3—9 = Frontino 58, 4—10 dedit, commentatoris uerba sunt, quibus* Frontin. 9, 21—10, 4 *amplificat* **10—16** Frontin. 10, 5—13 **16—20** *incertae originis; La. Agennio 73, 5—9 tribuit; potius Hygino tribuerim* **21—24** Agenn. 49, 26—50, 1 **25—27** *Ex effectibus et statibus Agenni (*28, 22. 29, 20 *sqq.) auctor commenti VIII status effecit* **28—30**, *quae La. 67, 12—14 Agennio dedit, ex* Agennio 44, 24—45, 1 *commentator sumpsit* **30**—p. **70, 9** Agenn. 29, 7—18, *uerbo Agenni* effectus *ubique in* status *mutato*

---

6 limite] liti *falso La.* **12** diuia (*pro* cliuia) **PG**, deuia **G**[1] *argumentorum caret demonstrationem et partium magis exiget narrationem, per quam exponendum sit, quo sint genere terminandae, aut persuadendum iudici, etiam si loci natura finitimam exhibeat similitudinem*˅. *subiectiuus* status *est controuersiae, cum relinquitur status generalis et alio quolibet statu controuersia defenditur. reciperatiuus est* status, *quotiens* non *a trifinia aut quadrifinia* sed *ex quolibet alio finis loco incipientis termini recturam dirigit, et per incessum definitionis loca quaedam alteri fundo adquirit aut solum auferet et eius loco redd*itur. [*Assumptiuus primae controuersiae* status est, *qui est de positione terminorum, in rigorem aut in finem transcendit.* [*Initialis controuersiae status de rigore pertinens ad materiam transcendit in controuersiam, quae est loco tertio de fine, status materialis* ˅ *non condicionem mutat neque materia efficit. Materialis* status est

P 20v ex quo omnes controuersiae incipiunt, *de loco* dum taxat. | nam *transcendenti*am non habet de hoc effectiuus, sed dum consummatus fuerit nascitur. nam effectiuus est cum de loco litigatur et *idoneas* partes ad litigium *aduocationes* instituunt.

Respicio etenim quantum sit quod mensoris prouidentiae *iniungatur;* ˅ *sed nec minus* aduocatis. quorum ars licet *diuersa sit*˅, *prudentiam tamen* et simplicitatem *eandem habere debent et qui iudicaturi sunt et qui aduocationes sunt praestaturi. in iudicando autem mensor bonus uir et iustus agere debet, nulla ambitione aut sordibus moueri, seruare opinionem et arte et moribus. omnis illi artificii ueritas custodienda est, exclusis illis similitudinibus quae falsae pro ueris subiciuntur. quidam enim per imperitiam, quidam per inprudentiam peccant. totum autem hoc iudicandi officium hominem* bonum iustum sobrium castum modestum *et artificem egregium exigit.* ˅ *hoc* autem *possessores aequo animo ferre non possunt: nam cum his ueritas exposita fuerit, aduersus sinceritatem artis facere cogunt. multa sunt* enim *in professione quae generaliter pro ueris offerantur, multa quae specialiter, quaedam quae argumentaliter.* quaedam *coniectura-*

(P 20v) *liter etiam mentiri artifices coguntur.*

G 36 (P 21 deest) *LIBER DIAZOGRAFVS.*

P 22—28 (Figurae 42—67.)

9—11 Agenn. 29, 22—24 **11—14** ibm. 30, 3—6 **14—18** *His uerbis, quae La. falso Agennio 70, 11—15 dedit, commentator uerba corrupta Agenni* 30, 7 ⟨de⟩ loco materialis, transcendentia eius non necesse est efficitur. secunda controuersiam quae est loco quinto de modo, status effectiui transcendunt | 24, 23 idoneas uolunt exhibere aduocationes *explicare studet. In eius igitur codice textus eodem modo quo in B foliis archetypi turbatis corruptus erat* **19—34** Agenn. 50, 1—51, 3

HYGINI. B 91

DE LIMITIBVS.

La. 111, 9—23

Limites lege late patere debent secundum constitutionem, qui agros diuidi iusserint. non quia modus ullus ex mensura limitibus adscribitur: solum lex obseruari debet. maximus decimanus et cardo plus patere | debent B 92 siue ped. XXX, siue ped. XV, siue ped. XII, siue quot uolet cuius auctoritate fit. ceteri autem limites, qui subrunciui appellantur, patere debent ped. VIII.

In maximo autem decimano ⟨et cardine⟩ lapidem ponis, et inscribis DECVMANVS MAXIMVS et CARDO MAXIMVS. forma autem sic scribi debebit: DEXTRA DECVMANVM et SINISTRA, CI*TR*A CARDINEM et VLTRA. lapides ne minus duodrantales poni oportet, altos ped. III. inscribi sic debent, ut dextra decumanum ⟨k. k. I spectanti ad occidentem scriptura sursum uersus sit⟩ D. D. I: quae pars ⟨ad cardinem spectat k. k. I, sic⟩ erit inscriptura sursum uersus, ut ad septentrionem spectanti sit K. K. I. | similiter dextra decumanum ultra cardinem sic inscrib*is*, B 93

3—9 *cf.* Hygin. Grom. 133, 10—134, 10. 158 **11**—p. **72, 13** *cf. ibm.* 159 *sq.*

1—2 INC DE LIMITIB. HYGINI **B** **3** legae latae paterae **B**; *La. frustra add.* iussit patere; *cf. 83, 23* **4** qui] ⟨eorum⟩ qui *Rig. La., sed cf. u. 8* **7** quod **B** **10** *add. Goes.* **13** circa **B** **15—16** *addidi praeeunte La., qui* k. k. I *om. et falso* oriente *pro* ad occidentem *scripsit* **17** ad cardinem spectat *add. La.,* k. k. I sic *ego* | inscribturae **B**; *fortasse* inscribta. — *Inscriptiones uers. 14-p. 72,13 Barthel Bonn. Jahrbb. H. 120, 43 hac figura explicauit:* **18** spectenti **B** **19** inscribis *Rig.*] inscribsit **B**

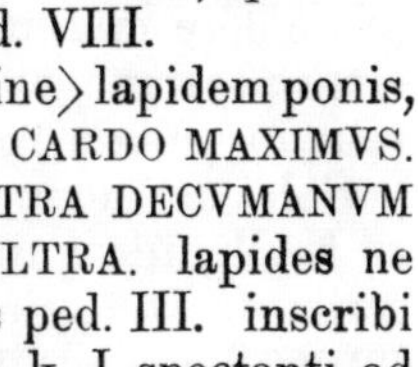

ut D. D. I spectanti a*d* occidente⟨m⟩ scriptura su⟨r⟩sum uersus sit: quae pars ad cardinem spectat u. k. I, sic inscribi debet, ut inspectanti meridie⟨m⟩ scriptura sursum uersus si⟨t⟩ *VL*TRA CARDINEM PRIMVM. sinistra autem [d] d. I k. k. I sic inscribi debe[n]t sursum uersus, ut *spectanti* orientem ⟨sit⟩ SINISTRA *D. I*: quae autem pars a⟨d⟩ cardinem ⟨spectat⟩, sic inscribi debet, ut septentrionem spectan*ti* sit [totum] sursum uersus inscriptum C. K. I. ultra autem sic inscribi debet ut, quae pars ad
B 94 decimanum | spectat, spectanti o*ri*entem sursum uersus si*t* inscrip*tum* S. D. I: quae pars a⟨d⟩ cardinem spectat, sic inscribi debet, ut meridie⟨m⟩ spectanti sit inscriptum ultra cardinem primum V. K. I.

Quintum quemque limitem diligenter agi oportet, et praec*i*dere mensura cardinem, ut quadraturae diligenter cludi possint. lapidem autem in quintarios poni oportet, reliquos autem roboreos.

Solet de hac re esse disputatio, ut, si inscribatur D. M. et K. M., ille qui a maximo proximus ⟨est⟩ dicatur inscribi oportere siue DEXTRA siue SINISTRA D. *V. K.* siue
B 95 PRIMVM siue SECVNDVM. | quaestio ergo haec est, utrum qui proximus maximo est secundus inscribi debeat an [ultra] primus. ultra primum autem inscribi debet ideo, quod hic qui maximus dicitur et primus est. ita idem capit hic. qui ultra primum autem inscribitur, et secundu*s* est et no*u*um ⟨us⟩que ultra solum obseruare debet.

14—17 *cf.* Hygin. Grom. 139, 9 *sq.* La. 191, 16 *sq.* **18—24** *cf. ibm.* 138, 14—139, 8 **25—26** *cf. ibm.* La. 196, 3—5

---

1 ab occidente **B** **4** VLTRA *La.*] citra **B** **6** spectanti *La.*] septentrio **B** | sit SINISTRA D. I: quae *La.*] sinistra undique **B** **8** spectanti *Rig.*] spectans **B** **10** orientem *Barthel*] occidentem **B** **11** sic inscribitur **B** **15** praecedere **B** | mensura] uersura *coni. La.* **19** et K. M. *falso secl. La.* **20** D. V. K. *scripsi*] dd. II **B**, D. *La.* **22** secundus **B**, primus *La.* **23** ultra *seclusi*] ultra primum *Rig. La.* **25** autem *secl. La.* **25—26** secundus *Rig.*] secundum **B** **26** nouum *Rig.*] nonum **B** | usque] quae **B**

Sed quacumque parte inscribis, siue ultra siue citra,
siue dextra siue sinistra, mensura territorii usque fieri
debet secundum legem diui Augusti QVA FALX ET ARA-
TER IERIT. in forma generatim enotari debebit LOCA
CVLTA et INCVLTA, | *S*IL*V*AE. B 96

Mensura peracta sorte⟨s⟩ diuidi debent, et inscribi
nomina per decurias [per homines denos], [s]e*t* in for-
ma[s] sec[t]ari denum hominum accepta*e*, ut quo*t* singuli
accipere debent [decem] in unum coniungantur; et in
sortem inscribi SORS PRIMA [I] D. D. I ET SECVND*VM*
ET III ET IIII *CITRA* CARDINEM ILLVM, quo usque men-
sura expleri decem hominum debebit, id est in quo*t* cen-
turiis; similiter [h]om*ni*um decuriarum nomina in sorti-
bus inscripta e*sse*, qua parte quae aut quota sors modum
habeat, utrum ultra et dextra, utrum sinistra et ultra,
aut citra; deinde ex decuriis, | antequam sortes tollant, B 97
singulorum nomina in pittaciis et in sorticulis. et id⟨eo⟩
ipsi sortientur, ut sciant quis primo aut quoto cumque
loco exeant. | Igitur omnem sortem ponere debent, in P 108v
qua totius pe*rtic*ae modus adscriptus erit. haec sortitio
ideo necessaria est, nequis queri possit, se ante debuisse
sortem tollere et [in] meliorem fortasse potuisse incidere
agri modum, aut sit disceptatio, quis ante sortem tollere
debeat, cum omnes in aequo sint. (BP)

. . . .
. . . .
. . . .

5 *cf.* Hygin. Grom. La. 196, 18

3—4 arater **B** *(prius* r *in litura, man. rec.)* 5 SILVAE] uillae **B** 7 *secl. Goes.* | et *Goes.*] sed **B** 8 secari *Goes.* acceptas **B**, *cf. 92, 23* | quod **B** 10 secunda **B** 11 CITRA] et **B** 12 quod **B** 13 hominum **B**, *corr. Goes.* 14 inscribta esse (*i. e.* ee̅) *sc. debent*] inscribtae et **B**, i-ta sint *La.* | cota **B** 18 coto **B** 19 Igitur *etc.*] *Hic incipit Hyginus in P cum titulo* INCIPIT EIVSDEM (*praecedit* EXPLICIT LIBER HYGENI GROMATICVS) 20 perticae *La.*] pecuniae **BP** 21 quaeri **BP**, quaeri **G** | se **P**, re **B** 22 in **P**, *om.* **B** | potuisse *om.* **P** | incedere **P** 23 disceptatio (p *ex* r) **P**, discertatio **BG**, dissertatio *La.*

⟨*DE CONDICIONIBVS AGRORVM.*⟩

. . . .

Ex Commento p. 65, 25–66, 13. La. 114,12-115,3

G 30 ⟪Territorii [aeque] iuris controuersia agitatur, quotiens propter exigenda tributa de possessione litigatur, cum dicat una pars in sui eam fine territorii constituta⟨m⟩, et altera e contrario similiter. quae res [haec autem controuersia] territorialibus est finienda terminibus, nam G 31 inuenimus saepe in publicis instrumentis | significanter inscripta territoria ita ut EX COLL*ICVL*O QVI APPELLATVR ILLE, AD FLVMEN ILLVD, ET PER FLVMEN ILLVD AD RIVVM ILLVM aut VIAM ILLAM, ET PER VIAM ILLAM AD INFIMA MONTIS ILLIVS, QVI LOCVS APPELLATVR ILLE, ET INDE PER IVGVM MONTIS ILLIVS IN SVMM*VM* ET PER SVMMVM MONTIS PER DIVERGIA AQVAE AD LOCVM QVI APPELLATVR ILLE, ET INDE DEORSVM VERSVS AD LOCVM ILLVM, ET INDE AD COMP*I*TVM ILLIVS, ET INDE PER MONVMENTVM ILLIVS AD locum unde primum coepit scriptura esse.⟫

Cod. B, inter fragmenta Agenni Urbici col. 39—91, cum titulo AGRORVM QVAE SIT INSPECTIO *in col. 75—83 haec continet, quae in Eranos X 185—199 Hygino uindicaui:* La. 281

B 77 ⟪Quotiens qu*i*d inter uicin*os* extiteri[n]t qua*estionis*, ab agrimensori⟨bu⟩s prompt⟨i⟩us hoc quaerendum.

4—19 *u. Hygin. 97, 9* De iure territoriorum paene omnem percunctationem tractauimus cum de condicionibus generatim perscriberemus **9—10** *cf. Sic. Flaccum 128, 16* nam inuenimus saepe in publicis instrumentis significanter descripta territoria: uocabulis enim aliquorum locorum conprehensis incipiunt ambire territoria, *qui ab Hygino pendet*

---

1 *ex* 86, 17 *et* 97, 10 *perspicuitatis causa addidi* **7—8** similiter quaeret. haec autem controuersia **Gp** **10** descripta Sic. Flacc. **128, 17** | colliculo *Huschke*] collegio **Gp** **11** per p *Si.* (= **P**), super **G** *La.* **14—15** in summo **Gp** **15** per **Gp**, super *La.* **17** competum **G**, conpetum p, compitum *Si.* **24** quid *Goes.*, quod **B** | uicinum **B** | extiterit *Goes.* quaestionis *La.*] quantis nisi **B**

P*rim*um antiqui⟨s⟩ mens*u*ris quemadmodum tenueri⟨n⟩t aut teneant, ostendant uicinae possession*e*s, quae sine lite possider*i* uidentur, ut quaera[n]tur quo genere definitio uicinorum perseuera[n]t. e*a*dem quasi m*ag*istra sit eorum, quae [est] in quaestione[m] sunt: considerent, si cauis, si superciliis, cliuis, marginibus, ante missis arboribus, ita ut ipsa, uicinitas terminatur, ut et his quae in quaestionem ueniunt | praestet B 78 exemplum.

Sed si caua defecerit aut ⟨supercilium, cliuus, m⟩*a*rgo, arbores ante missae, solent termini occurrere. qui lapides qua[m] longior*e*s sunt quam qu*a* latior*e*s, sequendi, hoc est aut si cursum dirigunt lineare⟨m⟩ aut si gamma faciunt ⟨et⟩ tran⟨s⟩uersi opponuntur, ut quam longitudinem fecerint, hanc ut limitem sequantur.

Sed ipsa positio terminorum pro regionibus inmutatur: aut Tiburtini usque ad finem ex ordine[m] de omni parte dolati (nam si superior pars tantum dolata est et inferior sub*tus* inpolita derelicta, cippus [n]ominandus est monumentalis esse, non termina*lis*) | ⟨aut⟩ silices B 79 pro sua natura ponuntur igniferique [aut] lapides, [a]ut de Tiburtinis dictum est, per longitudinem.

Iudicant⟨i si⟩ petrae naturales occurrunt, ipsae naturales petrae pro signis habentur: sed de ipsis excepta⟨e⟩ aut decus habent aut linea⟨s⟩.

---

1 Partium antiqui mensoris **B** 2 aut teneant *secl. La.* | possessionis **B** 3 possidere **B**, *corr. Goes.* 4 genere] *glossam* alii generum *add.* **B** 4—5 eodem quasi mi*is (*una littera erasa, fortasse* m) transit **B**, eadem quasi magistrata sit *Goes.*, eademque quasi magistra sit *La.* 10 aut ergo **B**, *suppl. La. ex v. 6* 12 quam longioris **B**, quae longiores *Goes.*, tam qua longiores *La.* | qui latioris **B**, *corr. Goes.* 16—17 inmuta*n*tur (n *semierasum*) Aut T—i **B**, inmutatur. sunt T—i *La.* 19 subtus *La.*] subulis **B**, *item* La. 306, 28 PG, *fortasse recte* (*pro* scalpris), *cum* subtus *post* inferior *molestum sit* | *an* opinandus? *cf. 127, 5* 20 terminalis *scripsi; cf. La. 270, 6. 333, 12. 13*] terminatus **B** *La.* | aut *addidi* 24 exceptae *Huschke*

Sub terminis signa solent ⟨esse⟩, quae sunt in imo posita, eaqu[a]e exquiri iube⟨n⟩t, qu*i* art*e*s ed*i*derunt.

Ante missae uero arbores solent etiam plagatam antiquitus † inflexuosam similem corticibus ostendere[m] cicatricem: licet hae terebris foratam etiam, torn*at*is intro missis, sicut scriptum a ueteribus, habere dicantur.

B 80 Sunt etiam | et coronae plerumque ⟨e⟩ uepribus qua*e* limitibus seruiunt; quarum et initium considerari oportet et finem et, ut diximus, aliorum locorum similitudo uicinorum si ta*lib*us definitur.

Solent etiam *arbor*es oliuarum, quotiens in utroque agro sunt uel utriusqu*e* uicinae, ordines non habere ad unam lineam constitutos: ut cum sibi ⟨non⟩ consentiunt lineae, utriusque agri dominium sui iuris esse test*en*tur.

B 81 Sunt et *cae*surarum et culturae discrimina, | quae cum discripseri⟨n⟩t, non unius qualitat*is* possessionem ostendunt sed diuidi omnia pollicentur.

Diuergia aquarum etiam pro limitibus occurrunt.

Saepe etiam euenit, ut in aliis possessionibus nec ad proxima coniunctis in medio alterius agro seu siluae seu pascuae seu uin*e*ae olitueti castaneti aliquid occurrat; quo⟨d⟩ cum sui iuris aliquis uindicet, dire*c*tum signis

---

1—2 Sic. Flacc. 104, 14 *sq.* **11—17** *cf.* 92, 20—93, 4

---

1 esse *add. Goes.* (solē ēē), solent . . . . *La. qui confert Sic. Flacc. 104, 15* signum inueniri oportere **2** iubet quae **B**, *corr. Goes.* | arti se dederunt **B** **4** inflexura *La.*, aut flexuosam *Goes.* **5** tornutus **B** **7** e *addidi* | quae *scripsi*, quam **B**; quas in limitibus serunt *coni. La.* **8—9** oportet[et] *(sscr. corrector)* **B** **10** tabulis **B** **11** arbores *Goes.*, ordines **B** **12** utriusquam **B** **13** non *addidi* (non *ante* con *uel* n̄ *ante* c̄ *facile excidere potuit*) **14** sui iuris] unius *coni. La.* | testitur **B**; *tum spatium sex uersuum relictum est in* **B**; *u. p. 94, 8* **15** caesurarum *La.*] uersurarum **B**; *uerba* cultura *et* caesura *coniungit Hygin. 92, 21—22* **16** discripserit **B**, di—int *ego* ('wenn man sie festgestellt hat'), discrepauerint *Goes.*, discrepant *La.* | qualitatē **B**, qualitatis *Rudorff*, aequalitate *La.*; *fort.* talem **19** ut euenit **B** **21** uiniae **B** **22** quod *Goes.* | sui iuris] sibi *coni. La.* **22**—p. **77, 1** direptum signis aut fossis **B**

*de*fossis aut terminis sequitur inspector; haec enim uetustas illi qu*ae* ind*aga*re⟨t⟩ iniunxit.

N*am* de qualitatibus, anti*qui*tati⟨bu⟩s, pos*sess*ionibus,
territori⟨i⟩s, terminibus, signis et his similibus conside-
rand*um est*, ab ori|gine[m] quemadmodum tenuerint [coe- B 82
perint]: deinde aliquid usque ad nostram aetatem d*e*scen-
derit aut permaneat, op*us est* exquiri.

Qualitas in ha*s* species diuiditur, ut extremitati⟨bu⟩s concludentibus aut quadrata sit aut circa flexa aut *cu*neata aut triangularis aut modo cur*ui*s anfracta in flexu*r*am, modo in *rectum* dirigentibus line*is* porrecta, modo artiore[m] latitudine[m] longior, modo minore[m] *long*itudine[m] prolixior. quorum plera[s]que mens*u*ris conprehenduntur.

Ex anti*qui*tate[m] recipiunt hoc [est], ut et nominibus
uetustis utantur, ut uectigalis ager uirginum Vestae, ⟨et⟩
aris templis | sepulchris et his similibus. qu*in* etiam B 83
usu*i* [hoc est inc*e*p*t*o et incrementis] artis ‖ ordinem natu- B 75
ralium rerum substituunt et geometricae exercitationi
s*u*bd*u*c*u*nt saepe; cred*o*, ut uetustatem reserue⟨n⟩t spe-
ciebus.

Ali[a]qua quoque cum de agri qualitate[m] aut incurui aut angularis *ex*currunt et a[d] dire*ctis* lineis dis-

---

15—21 *cf.* Hygin. 80, 7—11. Hygin. Grom. La. 198, 7—12

---

2 quae indagaret *scripsi*] qui indigere **B**, qui id ageret *La.*, qui indagare *Goes.*, *addito* ⟨perquirenda⟩ *post* iniunxit **3** Nam *La.*] non **B** | aequalitatibus *La.* | quantitatis positionibus **B** **4—5** consideranda sunt **B** **5—6** tenuerint [coeperint] *La. secundum* 75, 1; teneri coeperint *Huschke*, tenere c—t *Goes.* **6—7** discenderit **B** **7** opus est] opere **B**, oportet *La.* **8** aequalitas *La.* | hac **B** **9** coneata **B** **10** currus **B** | in flexuosā **B**, in flexuram *La.* **11** in rectum *La.*] inter haec **B** | dirigentibus **B**, rigentibus *La.* | linea **B** **12—13** longitudine *Huschke*] latitudinem **B** **13** mensoris **B** **15** ex quantitatem **B** **17—18** quae etiam usum **B** | *Glossam suspicor esse uerba uncis inclusa;* incipio **B**, principio *Goes.* **19—20** geometrica et (t *exp. corrector*) exercitationis abdicant **B** **20** credunt **B** **23** occurrunt **B** | ad direptum **B**, a directo *La.*, a directis *ego*

cerpuntur, subsiciua appellantur, hoc est quae a sub-
secantibus lineis remanent, natura⟨m⟩ extremitatum
seruanti*a*. quae cum uel⟨ut⟩ communis iuris aut publici
essent, possessionibus uicinis tunc Domitianus imp. pr*o*-
B 76 fudit, hoc est ut *laciniis* ar*ci*|finalem uel occupatori*a*m
licentia⟨m⟩ tribueret.

Arcifinal*es* agri dicuntur qui arcendo, hoc est pro-
hibendo, uicinum nomen acceper*unt*.

Occupat*o*ri*i* uero ideo hoc [est] uocabulo utuntur,
quod, uicini urbium populi seu possessores, cum adhuc
nihil limitibus terminaretur, praesumptione certaminis
cum de locis aduersum se repugnant*es* agerent, quo usque
pulsi uel cedere⟨n⟩t uel restitisse⟨nt⟩, uictoriae terminus
fieret, uictos aut praesidium collis aut riui interstitium
aut fossae munimen resistere pateretur et hoc genere
naturae aut cursus docti secu*rae* perpetuitatem posses-
B 77 sionis | eff*i*cer*e*nt.⟫

* * *

La. 115, 15

B 101 P 108v Quaestorii autem dicuntur agri, quos populus Ro-
manus deuictis pulsisque hostibus possedit, mandauitque
P 109r quaestoribus ut eos uenderent. quae | centuriae nunc
B 102 appellantur, id est plinthi|des, hoc est laterculi. eosdem
in quinquagenis iugeribus quadratos cluserunt limitibus,
atque ita certum cuique modum uendiderunt. quibus
agris sunt condiciones uti p. R. ⟨praestituit⟩; quod etiam

---

7 *cf.* 2, 12. 102, 7 9 *cf.* Sic. Flacc. 102. Comm. 53, 4 sq. 18 *cf.* Sic. Flacc. 100, 7—13. 116 sq.

---

3 seruantis B, *corr. Goes.* 4—5 praefudit B 5 hoc est *unciis incl. La.* | laciniis *Schulten*] ex line B, eis lineis *La.* | ariāfinalem B | occupatiorium B 7 Archifinalis B | ⟨ab⟩ arcendo *La.* 8 acceperit B 9 occupaturi B 12 se B, sibi *La.* | repugnantis B 16 secuti B 17 effecerint B 18 Quaestori B 19 depulsisque B | possidet B 20 nunc P, quae nunc B 21 id est B, *om.* P | pplinthides B | hoc B, id P | eosdem B, easdem P; eos denis actibus *coni. La.* 22 quadratas P | clauserunt P | limites B 24 agri P | sunt condiciones P, *om.* B | praestituit *suppleui ex proximo* praestitutum] uti p̄r populus romanus B, uti populi romani P, uti p. R..... *La*

praestitutum obseruant. uetustas tamen longi temporis plerumque paene similem reddidit occupatorum agrorum condicionem: *constat* e⟨nim⟩ n⟨on⟩ uniuersos paruisse legibus quas a uenditoribus suis acceperant.

Vectigales autem agri sunt obligati, quidam r(ei) p(ublicae) p(opuli) R(omani), quidam coloniarum aut municipiorum aut ciuitatium aliquarum. qui et ipsi plerique ad populum Romanum pertinentes ex hoste capti partitique | ac diuisi sunt per centurias, ut ad- B 103 signarentur militibus, quorum uitute capti erant, amplius quam destinatio modi quamue[ro] militum exigebat numerus: qui superfuerant agri, uectigalibus subiecti sunt, alii per annos ⟨quinos⟩, alii uero mancipibus ementibus, id est conducentibus in annos centenos, plures uero finito illo tempore iterum uen*e*unt locanturque ita ut uectigalibus est consuetudo.

In quo tamen genere agrorum sunt aliquibus nominatim redditae possessiones, ⟨qui⟩ id habeant inscriptum [que] in formis, quantum cuique eorum restitutum sit. hi agri qui redditi sunt, non obligantur | uectigalibus, B 104 quoniam scilicet prioribus dominis redditi sunt.

Mancipes autem, qui emerunt lege dicta ius uectigalis, ipsi per centurias locauerunt aut uendiderunt proximis quibusque possessoribus. in his igitur | agris quaedam P 109v loca propter asperitatem aut sterilitatem non inuenerunt

---

1 praestitum **P** **3** constat enim non *scripsi, uel* notum est non (notū ē N̄)] non tamen **BP**; '*fortasse* nocet enim non' *La.;* '*magis exciderit* expectandum *uel simile uocabulum*' *Mo.* **4** acceperunt **P** **7** ciuitatum **P** **8** pertinentes ex **BP**] pertinent, scilicet ex *Mo.* **11** *corr. Rig.* | exigeba*n*t **B** **13** ⟨quinos⟩ *add. Goes.; cf. u. 14 et p. 80, 12* **14** In **B** *post* centenos *in margine paruis litteris capitalibus add. alia manus ant.* alii uinos *(i. e. binos), quae glossa ad* quinos *u. 13 pertinet* **15** ueniunt **B**, uenduntur **P** **17** alii quibus **B** **18** qui *addidi;* idque habent inscribtum *La.* **18—19** inscribtumque **B**, scriptum **P** **19** firmis *pr.* **B** **20** *Nota marginalis in* **P**: agri redditi N̄ obligantur uectigalib. **21** *Nota marg. in* **P**: quare dicunt' agri redditi

emptores. itaque in formis locorum talis adscriptio, id est IN MODVM CONPASCVAE, aliquando facta est, et TANTVM CONPASCVAE; quae pertinerent ad proximos quosque possessores, qui ad ea attingunt finibus suis. quod[que] genus agrorum, id est conpascuorum, etiam
B 105 nunc in adsigna|tionibus quibusdam incidere potest.

Virginum quoque Vestalium et sacerdotum quidam agri uectigalibus redditi sunt locatim. quorum agrorum formae, ut comperi, plerumque habent quendam modum adscriptum: sed in his extremis lineis conprehensae sunt formae sine ulla quidem norma rectoque angulo. solent uero et hi agri accipere per singula lustra mancipem: sed et annua conductione solent locari.

Diuisi et adsignati agri sunt qui ueteranis aliisue personis per centurias certo modo adscripto aut dati sunt
B 106 aut redditi qui*ue* | ueteribus possessoribus redditi commutatique pro suis sunt. hi agri leges accipiunt ab his qui ueteranos deducunt, et ita propriam obseruationem eorum lex data praestat.

In his agris [sed] et subsiciua sunt; et aliquando compascua, sicut in his qui uectigalibus seruiunt, et in hoc genere sunt; quaedam autem uectigalia, quae intra perticam in eam regionem conprehensa sunt. aut siquid superfuit quod non adsignaretur, reseruatum aut redditum re*l*ocatum[q]ue est cuiquam coloniae. hi autem qui-

---

1—6 Sic. Flacc. 121, 16—18 **14—19** *cf.* Frontin. 1, 6. Sic. Flacc. 118 *sq.* Lex agrar. 80 **23** *sq.* Sic. Flacc. 127, 21 *sq.*

---

6 incedere **P** **8** sunt [&] locati **P** **9** comp*l*eri **B** | quem admodum *in*_quedam modum *corr.* **B** *ipse* **9—12** *Nota marg. in* **P**: dicit intdū conp̄hensā agri formā sine norma rectoque angulo **13** et **P**, *om.* **B** **14** *Nota marg. in* **P**: qui sunt agri diuisi et assignati **16** quiue *La.*] quib. **B**, quibus **P** **19** praestant **B** **20** agris sed et **BP** (sed above) *(ortum ex* agriset? *cf. 83, 1. 104, 12); secl. La.; an postpositum?* | sunt et *om.* **P** **24—25** reseruatum aut redditum **P**, *om.* **B** **25** relocatumue *La.*] reuocatumque **BP**, relocatumque *Rig.*

bus adsignati sunt, dedu|cebantur intra centuriationem: et quae superfuerant subsiciua | his concessa *sunt*, id est eorum rei publicae, ex quorum territorio sumpserant agros, ita ut in eos quos donauerant r. p. agros, et in eos qui redditi erant ueteribus possessoribus, iuris dictio salua esset eis, ex quorum territorio sumpti erant agri. P 110r B 107

Ergo omnium coloniarum municipiorumque leges semper respiciendae erunt, itemque exquirendum nequid post legem datam aliquid, ut supra dixi, commentariis aut epistulis aut edictis adiectum est aut ablatum.

Sed et haec meminerimus in legibus saepe inueniri, cum ager est centuriatus ex alieno | territorio paratusque ut adsignaretur, inscriptum QVOS AGROS, QVAE LOCA QVAEVE AEDIFICIA, INTRA FINES puta ILLOS ET INTRA FLVMEN ILLVD, INTRA VIAM ILLAM, DEDERO ADSIGNAVERO, IN EIS AGRIS IVRIS DICTIO COHERCITIOQVE ESTO COLONIAE ILLIVS, cuius ciuibus agri adsignabuntur. uolunt quidam sic interpretari, quidquid intra fines supra memoratos fuerit, id iuris dictioni[s] coloniae accedat. quod non debet fieri. neque enim ⟨ac⟩ceptum aliud defendi potest iuris dictioni[s] coloniae, quam quod datum adsignatumque erit. alioquin saepe et intra | fines dictos et oppidum est aliqu*o*d; quod *cum* in sua condicione remaneat, ⟨e⟩*id*em est in id ipsum ius, quo*i* ante fuit: ita illa interpretatione *oppi*dum ciuesque coloniae B 108 B 109

---

11 *sq.* Sic. Flacc. **124,** 9 *sq.* **128, 19** *sq.*

---

2 superfuerunt **P** | his **B,** eis **P** | concessa sunt *Turneb.*] concessa esse **BP**, concessere *La.; sed cf. Löfstedt Peregr. 37* **3** territorium **B** **4** r̄p. **B,** *om.* **P** **8** nequid **BP** *(= num, cf. 92, 23)*] numquid *Turneb. La.* **9** pos **B** **10** est **BP** *La., an* sit? *cf. 97, 15*] **14** quaeue loca **P** **18** interpretari] ut *add. La.; melius* fuerit, ⟨ut⟩ id iuris **19** super nominatos **P** **20** ceptum **B**, quietum **P** **21** quam *om.* **P** **22** fuerit **P** | infra **P** **23—24** aliquid quod non in suam condicionem **BP** **24** remaneant **B** | eidem] item **BP** | id *om.* **P** | quoi] quod **BP** **25** oppidum *Turneb.*] epipedum **BP** | ciuisquae **B**

pariter adsignaret. sed nec fuisse⟨t⟩ necesse in legibus P 110v ita complecti QVOS AGROS, QVAE·LOCA QVAEVE | AEDIFICIA, si uniuersa regio, quae cancellata erat, coloniae iuris dictioni accederet: dixisset enim INTRA FINEM ILLVM ET FLVMEN ILLVD ET VIAM ILLAM IVRIS DICTIO COHERCITIOQVE ESTO COLONIAE ILLIVS. ita excipitur id quod non adsignatum est uocaturque subsiciuum. B 110 ergo, ut saepius | repetam, hoc ait, QVOS AGROS, QVAE LOCA QVAEVE AEDIFICIA DEDERO ADSIGNAVERO, IN EIS IVRIS DICTIO COHERCITIOQVE ESTO [COLONORVM] COLONIAE ILLIVS, quo*ius* ciuibus adsignati erunt agri. item quidam putauerunt, quod iam supra quidem dixeram, sed iterum repetendum arbitror, ut eis agris, qui redditi sunt ueteribus possessoribus, iuris dictio esset coloniae eius, cuius ciues agros adsignatos accipiebant. non autem uidetur; quoniam ⟨ait⟩, ut dixi, in lege QVOS AGROS, QVAE LOCA QVAEVE AEDIFICIA DEDERO ADSIGNAVERO, IN EIS IVRIS DICTIO COHERCITIOQVE ESTO, B 111 quo ueterani | deducti sunt, quibus hi agri adsignati sunt. ali*o*qui⟨n⟩, cum ceter*os* possessor*es* expelleret et pararet agros quos diuideret, quos domin*os* in possessionibus suis remanere passus est, eorum condicionem mutasse non uidetur: nam neque ciues coloniae accedere iussit.

Hoc quoque aspiciendum erit, quod aliquibus locis inueni, u*t* cum ex alieno territorio sumpsisse⟨t⟩ agros quos adsignaret, proprietatem [quidem] daret scilicet cui adsignabat, sed territorio, intra quod adsignabat, ius non auferret. sunt quoque quaedam diui Augusti edicta, | B 112 quibus significa[n]t, quotiens ex alienis territoriis agros

---

1—2 nec esse in legibus nec ita complecti debet quos **P** 4 iuris dictionem **B** 7 est assignatum **P** 8—9 quaeue loca **P** 11 quoius *La.*] quorum **BP** | erunt **B**, erant **P** 12 supra quidem ⅂ **P** 14 esse **P** 15 ciuis **B** 20 alii qui (aliqui **P**) cum ceteris possessoribus **BP**, *corr. Turneb.* 21 dominus **BP** 22 condicione **B** 23 nam neque cuius **B**, namque ciues **P** 25 inuenimus **P** | ut *La.*] ui **B**, *om.* **P** | cum *om.* **P** 26 quidem **P**, *omisi cum* **B** 27 territorium **P** 28 auferret Sunt **B**, auferri. et sunt **P** 29 significat ⟨ut⟩ *La., sed cf. 84, 3* | agros *om.* **P** sumpsisset et | adsignasset ueteranis, nihil aliud ad coloniae iuris dictionem ⟨pertine⟩at quam quod ueteranis P 111r datum adsignatumque sit. ita non semper quidquid centuriatum erit ad coloniam accedit, sed id tantum quod datum adsignatumque fuerit. sunt nihilo minus quaedam municipia, quibus extra murum nulla sit iuris dictio.

Fluminum autem modus in aliquibus regionibus intra centurias exceptus est, id est adscriptum FLVMINI TANTVM, quod alue*u*s occuparet. aliquibus | uero regionibus B 113 non solum quod alueus occuparet, sed etiam agrorum aliquem modum flumini adscripsit, quoniam torrens uiolentior excedit frequenter circa alueum centurias. Illud uero obseruandum, quod semper auctores diuisionum sanxerunt, uti quaecumque loca sacra, sepulchra, delubra, aquae publicae a*c* ui*ci*nales, fontes fossaeque publicae uicinalesque essent, item siqua conpascua, quamuis agri diuiderentur, ex omnibus eiusdem condicionis essent cuius ante fuissent. Adiectumque ius, ut et limites, id est decumani et cardines, aperti populo essent. | et statuerunt B 114 decimanos et cardines maximos patentiores ceteris esse, quintarios autem et subrunciuos minime patentes, non minus tamen quam ⟨qua⟩ uehiculo iter agi possit. in quibusdam regionibus cum limites late patere iuberent, modus

---

5 Sic. Flacc. 128, 30 **12—18** *ibm.* 121, 18—25 **18** *sq. u.* p. 71, 6—9 **18—p. 84, 7** Sic. Flacc. 122, 18—123, 18

---

1 sumpsisset sed et adsignauit **B**; *fort.* sumpsit et adsignauit **1—2** coloniam **B** **2** pertineat **P**] ad **B** **3** sint **P** **8** adscriptus **B** **9** albeis **B**, alueis **P** | occuparet] nam *add.* **B** **12** alueum] et *add.* **P** **13** obseruari **P** | quod **P**, quo **B** **14—15** delubbra adq. publice **B** **15** ac uicinales *scripsi*] aquitenales **B**, aquintinales **P**; atque uenales *La. secundum Frontinum de aquis § 94. 95;* aquae uicinales *Rig.* | fosseaquae **B** **17** ex omnibus **P**, ex omni **B** | essent *om.* **B** **18** ius **B**, ius ut **P**; *cf. 102, 6—7* uti *pro* ius *et* ius *pro* ut **B**; *fort.* [ius] ut **18—19** id est decumanus **B**, idem decumani **P** **19** *et* **20** cardines **B**, $\overset{c}{\mathrm{k}}$. **P** **21** minime patentes **B**, minus patentes **P** **22** tamen *om.* **P** | qua *add. La.*, ut *Goes.* | itera **B**, iter **P** *(cf. 117, 9 et 24);* iri *La.*

eorum limitum in adsignationem non uenit. saepe enim
et uiarum publicarum per centurias modus exceptus est.
item sanxerunt, sicubi limites in aedificium aliquod in-
P 111^{v} ciderint, | is cuius aedificium esset daret iter populo ido-
neum per agrum suum, quod semper esset peruium. in
B 115 quorundam uero uillis, | qua limites transeunt, ianuae
sunt semper patentes praestantesque populo iter.

Nuper ecce quidam euocatus Augusti, uir militaris
disciplinae, professionis quoque nostrae capacissimus, cum
in Pannonia[m] agros ueteranis ex uoluntate et liberali-
tate imperatoris Traiani Augusti Germanici adsignaret,
in aere, id est in formis, non tantum modum quem ad-
signabat adscripsit aut notauit, sed et extrema linea
unius cuiusque modum comprehendit: uti acta est men-
sura adsignationis, ita inscripsit longitudinis et latitu-
B 116 dinis modum. quo | facto nullae inter ueteranos lites con-
tentionesque ex his terris nasci potuerunt. namque antiqui
plurimum uidebantur praestitisse, quod extremis in fini-
bus diuisionis non plenis centuriis modum formis ad-
scripserunt. paret autem quantum hoc plus sit, quod,
ut supra dixi, singularum adsignationum longitudinem
inscripseri[n]t, subsiciuorumque[m] qu⟨a⟩e in ceteris
regionibus loca ab adsignatione discerni non possunt,
⟨posse⟩ effec⟨er⟩it diligentia et labore suo. unde nulla
quaestio est, quia, ut supra dixi, adsignatione⟨m⟩ ex-
trema quoque linea demonstrauit.

B 117 Hoc quoque non praetermittam, quod plerisque locis

3—4 inciderit his **B**, inciderent is **P** **10** in pannoniam **BP**, *corr.* P^{1} **10—11** liberalita **B** **11** imp **P** | Germanici *om.* **P** **12** in here **B**, in ≡ere **P**, in·aere **G** | modo **B** **13** aut **P**, ut **B** | sed *om.* **B** **13—14** extremam lineam unius cuiusque modi **P** **15** scripsit **P** **15—16** et latitudinis modum *om.* **P** **17** poterunt *La.* | namque **P**, nam quia **B** **18** in *om.* **P** **19** diuisiones **P** | plenis **P**, plebis **B** **20** patet *Goes.* **22** inscribserint **B**, scripserint **P**, *corr. Turneb.* | subsiciuorum quemque **BP** **23** loca **B**, longa **P** **23—24** possunt, posse *La.*] possunt **B**, posse **P** **24** effecerit *La.*] effecit **P**, efficit **B** **25** quia **B**, qua **P**

inueni, ut modum agri non iugerum sed aliquo nomine appella⟨re⟩nt, ut puta qu*o* in Dalmatia uersus appellant. idem uersus habet p. $\overline{\text{VIII}}$DCXL. ita iugero sunt uersus numero III ƧƧ. ego | autem quotiens egeram mensura⟨m⟩, P 112r ita renuntiabam, IVGERA TOT, VERSVS TOT; ut, si forte controuersia esset uersum habere pedes $\overline{\text{VIII}}$DCXL, in iugeribus tamen fides constaret. in prouincia quoque Narbonense uaria sunt uocabula: alii appellant libram, alii paralle*l*am; in Spania centurias. | ita si[c], ut B 118 dixi, in consuetudine alicuius regionis inuenimus, [sicut] uidetur ita renuntiandum IVGERA TOT, VERSVS TOT, siue LIBRAE TOT, siue quod aliud uocabulum aliquo modo comprehensum fuerit. ita cum iugera adscripta fuerint, licet peregrinis uocabulis possit ⟨agi⟩ aliquid, iugerum nobis ratio *s*ui fidem seruabit.

Neque hoc praetermittam, quod in prouincia[m] Cyrenensium conperi. in qua agri sunt regii, id est illi quos Ptolomeus rex populo Romano reliquit; sunt plinthides, ⟨id est⟩ laterculi quadrati uti centuriae, per sena milia pedum | limitibus inclusi, habentes singuli laterculi iugera B 119 numero ∞CCL; lapides uero inscripti nomine diui Vespasiani sub clausula tali, OCCVPATI A PRIVATIS FINES:

---

1 non ingerum **B**, ne iugerum **P** **2** appellarent *La.; cf. 82, 24 sq.* | qua in Dalmatia **B**, in Campania quod **P** **3** item **P** | pd $\overline{\text{VIII}}$ $\overline{\text{DC}}$XL. **B** **3—4** sunt uersus numero **P**] uersus non sunt **B** **4** III ƧƧ *(triens) La.*] $\overline{\text{III}}$. I. L. **B**, $\overline{\text{III}}$. L. **P** | ego **B**, longitudine **P** | mensura **B**, ego **P** **5** uersus **B**, uel uersus **P** | ut **P**] ita **B** **6** uersus hab//et (er *erasum,* haberet **G**) **P** | pd $\overline{\text{VIII}}$ · $\overline{\text{DC}}$XL. **B** **7—8** in prou-am narb-em **B** **9** parallenam **BP**, parellelam **G** | in spaniam **B**, in Hispania **P** | si, ut *La.*] sicut **BP** **10** in consuetudinem **P** **11** renuntiabimus **P** **12** libras (s *erasum,* libras **G**) **P** | quod **B**, quodcumque **P** **13** ita **P**] itē **B** **14** possit⟨agi⟩ *scripsi*] possit **B**, posita **P**; possit aliquid ⟨controuersiae moueri⟩ *La.* **15** sui *La.; cf. 96, 1*] fuit **BP** **16** praemittam **P** | prouinciam **BP** (-m *erasum* in **P**) **17** illi **P**] *om.* **B** **18** populo romano **P**] $\overline{\text{rp}}$ **B**; *cf. p. 86, 1* **19** *add. Turneb.* **20** pedum] ·$\overline{\text{L}}$· *add.* **P** **21** uero **B**, quoque **P**

P. R. [P]RESTITVIT. praeterea pes eorum, qui Ptolomeicus appellatur, habet monetalem pedem et semunciam. ita iug(eribus) ∞ CCL, quae eorum mensura inueniuntur, accedere debet pars [X]XXIIII, et ad effectum iterum pars XXIIII: et *erunt* uniuerso effectu monetali pede iug. ∞ CCCLVI ƧƧ. hunc igitur modum quattuor limitibus mensura s. s. inclusum uocamus medimna. quo app[el-
B 120 l]aret | medimn*on* eorum mensura iuger*um* habere *I*, monetali autem mensura I⁻Ֆ.

P 112ᵛ Item dicitur in Germania in Tungris pes Drusianus, qui habet monetalem pedem et sescunciam.

Ita ubicumque extra fines legesque Romanorum, id est, ut sollicitius p*r*oferam, ubicumque extra Italiam aliquid agitatur, inquirendum et de hac ipsa condicione diligenter praemoneo, nequid sit quod praeterisse uideamur.

Hae[c] sunt condiciones agrorum quas cognoscere
(P) potui. |

⟨*DE GENERIBVS CONTROVERSIARVM.*⟩

Nunc de generibus controuersiarum perscribam, quae
B 121 solent | in quaestione⟨m⟩ deduci. sunt autem haec de

---

1 praestituit **BP**, *corr. Turneb.* **2** semeunciam **P**, s̊un̉iam (scunciam?) *minutissimis litteris sscr. in* **B** **3** iug̅. **B**, iugera **P**; num̅ *add.* **P** (numer̅ **G**), *ut in 4, 7* | inuenitur **P**; et *add.* **B** **4—5** et affectum IV̅G̅ pars **P** **5** et erunt (er̅) *scripsi*] et p̄r **B**, et P̊R̊. **P**; erunt *La.* | uniuero effecto **B** | pede **P**] ped **B** **6** ∞̄ I̅ɪ CCCLVIII **B**, XII̅ · CCCLVIII **P**, *corr. La.* (MCCCLVI triens) **6—7** militibus mensuram **B** **7** medimna (n *per rasuram in* i *mutatum*) **B**, medipna **P** **7—8** apparet *Turneb.* **8** mediminio **B**, medipnio **P**, *corr. La.*; medipnia *Turneb.* **8** *et* **9** mensuram **B** **8** iugerum habere I *La.*] iugera habere is **B**, iugeri habere **P** **9** I⁻Ֆ (*unum, unciam, dimidium scripulum*) *La.*] I̅C̅C̅ **B**, ·I̅·CC **P** **11** pedem *om.* **P** **12** Ita] ita ut **P** **13** perferam **BP** **18** Hic desinit *Hyginus in* **P**, *sed maxima pars eorum quae sequuntur* ***Commento [Aggeni Urbici]*** *continetur; ad quae* **G** *(et, si ab eo discrepat,* p*) citatur, ubi nunc deest* **P** **19** *perspicuitatis causa addidi*

alluuione atque *a*bl*u*uione, de fine, de loco, de modo,
de iure subsiciuorum, de iure territorii. [Item genera
controuersiarum.]

De alluuione obseruatio haec *es*t: [non] quod de G 28
occupatoriis age[re]tur agris, [sed] quidquid uis aquae
abstulerit, repetitionem nemo habebit. quae res necessi-
tatem ripae muniendae iniungit, ita tamen ne alterius
damno quicquam faciat qui ripam muniet. si uero in
diuisa et adsignata regione tractabitur, | nihil amittet G 29
possessor, quoniam formis per centurias certus cuique |
modus adscriptus est. B 122

Circa Padum autem cum ageretur, quod flumen torrens et aliquando tam uiolentum decurrit, ut alueum mutet et multorum late agros trans ripam, ut ita dicam, transferat, saepe etiam insulas effici*at*, [ad] Cassius Longinus, prudentissimus uir, iuris auctor, hoc statuit, ut quidquid aqua lambis*c*endo abstulerit, id possessor amittat, quoniam scilicet ripam suam sine alterius damno tueri debet; si uero maiore ui decurrens alueum mutasset, suum quisque modum agnosceret, quoniam non possessoris

---

4 De alluuione Frontin. 6,15. Agenn. 42—44 4—p. 88,1 *Bo.* 399,16—400,7 4—p. 88, 9 Comm. 64, 3—23 4—7 Sic. Flacc. 114, 25—29 7—11 *cf.* Agenn. 43,10. 24 12 *cf.* Agenn. 42, 20 19—p. 88, 1 Sic. Flacc. 115, 2—5

---

1 obliuione B 2—3 *uncis inclusa ex nota marginali orta sunt* 4 haec est: quod de *scripsi, cf. 92, 11*] haesit (haec sunt *Bo.*) non quod de B *Bo.*, est si haec in G, haec est, numquid de *La.*, haec est: si de *Mo.* 5 occupatoriis G] occupatores B, occupatis *Bo.* | agetur *scripsi, cf. u. 9*] ageretur B *La.*, agitur G *Bo.* | agris G *Mo.*] agris sed B *Bo.*, agris. et *La.* | uim B 6 habet G 7 ne B, ut sine G, sine *Bo.* 8 faciat qui ripam (suam *add. Bo.*) muniet B *Bo.*] fiat G 8—12 si uero — — ageretur *om. Bo.* 9 amittet p (= P, ammittet G), amittit B 10 quique B t 15 efficiat *Blu. et La.*] efficiet. Ad B, efficit. at p, efficit ad G, efficiet sed *Bo.* 16 prudentissimus uir B, ⁊ P, uir *om. Bo.* 17 lambissendo B, lambiendo G *Bo.* 19 maiore ui P] maior uim B, maior uis *Bo.* 20 quoniam B *Bo.*, quia G

B 123 neglegentia sed tempestatis uio|lentia abreptum apparet;
si uero insulam fecisset, a cuius agro fecisset, is possi-
deret; aut si ex communi, quisque suum reciperet.

Scio enim quibusdam regionibus, cum adsignarentur
agri, adscriptum aliquid per centurias et flumini. quod
ipsum prouidit auctor diuidendorum agrorum, ut quotiens
tempestas concitasset fluuium, quo[d] excedens [alpes] al-
ueum per regionem uagaretur, sine iniuria cuiusquam
(G) deflueret; | cum uero ripis suis curreret, proximus quis-
que uteretur modum flumini adscriptum. nec erat ini-
B 124 quum, quoniam maiores imbres | aliquando excedere
aquam iubent ultra modum flumini adscriptum et proxi-
G 29 mos cuiusque uicini agros inundare. | di*c*tos tamen agros,
id est hunc omnem modum qui flumini per centurias
(G) ascriptus erat, res publica populi quorundam uendidit: |
in qua regione si de alluuione age[re]tur, magnae quae-
stiones er*u*nt, ut secundum ⟨a⟩es quidquid uenditum
est restituatur emptori.

In quaestori*is* uectigalibus agris fere eadem obser-
uatio est quae et in adsignatis, quoniam secundum for-
mas disputa[n]tur.

4—15 *cf.* Sic. Flacc. 121, 26—122, 17

---

2 a cuius agro fecisset **G**] *om.* **B** | is] his **B**, id **G** **3** aut **BG**, at *Turneb. La.* | ex communi **G**] est communis **B** **5** et *om.* **G** **5—6** quod ipsum **B**, hoc autem **G** **6** prouidit **G**] praeuidit **B**; prospexit *Sic. Flacc. 122, 9* | ut **G**, *om.* **B**, *fort. recte; cf. 82, 29* **7** concitata esset fluuium **B**, fluuium concitasset **G** | quod **B**, non **G**, quo *La.* **7—8** excedens alpes (ripas *Classen*) albei per regione **B**, per regionem excedens alueum **G**; excedens ripas *Sic. Flacc. 122, 10* **8** sine *La.*] si **B**, sed sine **G** **9** diffluerent *coni. La.* **10** fluminum **B** **11** excederet **B** **12** et *om.* **B** **13** dictos *Blu., cf. 81, 23*] digitos **B**, hos **G** *La., qui confert Sic. Flacc. 122, 15* has tamen terras **14** per centurias **B** *(cf. Sic. Flacc. 122, 7), om.* **G** **15** erat **B**, est **G** | populi **B**, *om.* **G** | quorundam **B** (*ut Pisaurensium Sic. Flacc. 122, 15* has tamen terras Pisaurenses publice uendiderunt), quibusdam **G**, quondam *La.* **16** agetur *scripsi*] ageretur **B** *La.* **17** erunt *La.*] erant **B**; *cf. 82, 11* | aes *Blu. La.*] est **B**; *cf. 102, 9* **19** quaestorib. **B**; et *add. Blu. La.; sed cf. 94, 17*

De fine si age[re]tur — quae | res intra pedum quin- B 125 que aut sex latitudine*m* quaestione*m* hab[er]et | quoniam G 25 hanc latitudinem uel iter culturas acc*e*dentium occupat uel circumactus aratri; quod usu capi non potest: iter enim non, quia ad culturas perueniatur, capitur usu [id est quod in usu biennio fuit] — ⟨finis enim multis documentis seruabitur, in quo intuendum⟩, utrum terminibus, aut arboribus notatis, aut fossis, aut uiis, aut riuis, aut iugis montium, aut diuergiis ⟨a⟩quarum, aut, ut solet, uepribus, aut superciliis, aut rigoribus et saepe normalibus, aut, ut conperi aliquibus locis, inter arua marginibus quibusdam tamquam [puluini sunt | ex glar⟨e⟩a Ti- B 126 b⟨e⟩ris limites constituti] puluinis, saepe etiam limitibus. [item petras notat*as*, quae in finibus sunt, pro terminis habebitis] | his enim fere generibus solent fines obser- (G) uari. [in quo intuendum.]

Si terminibus finem ui⟨des⟩ der*i*⟨gi⟩, quales sint termini, considerandum est. solent plerique lapide*i* esse. *a*t uide *e* quo lapide, quoniam qu*i*que consuetudines fere

1 De fine Frontin. 5, 3. Agenn. 32—33. Sic. Flacc. 102—115 **1—5** *u.* 90, 14—18 **1—15** Comm. 61, 3—12 *retractatum* **14—15** *u.* 75, 23—25. Sic. Flacc. 104, 10

1—2 De fine — — habet] De fine enim lex Manilia quinque aut sex pedum latitudinem praescribit **G** *(Commentum)* **1** agetur *scripsi* **2** latitudines quaestionum haberet **B**, *corr. Blu. La.* **3** iter **G**, inter **B** | ad culturas **G** | accidentium **B**, accidens **G** **4** circumactus **G**] ita cum actus **B** | quod **G**] quo **B** **5** quia **B**, qua **G** | peruenitur **G** **5—6** id est — fuit *seclusi, cf. u. 12 et 14 et 93, 6* | Id est **B**, sed id **G** *La.* **6** in usum **B** **6—7** finis enim multis documentis seruabitur **G**, *om.* **B**; *uerba* in quo intuendum (*om.* **BG**) *ex u. 16 huc duxit Blume* **8** *et* **11** aut **B**, et *semper* **G** **9—10** iugis — — aut rigoribus] uepribus **G** **9** deuergi*i*s quarum **B** **10** et saepe **BG**, ut saepe *Rudorff* **11** conper aliis **B** | aruā **B** **12—13** *uncis inclusa om.* **G** **14—15** item — — habebitis *secl. La.; cf. Sic. Flacc. 104, 10* **14** petras notatis **B**, petris notatis **G** | quae **G**, qui quae **B** | terminibus **G** **16** *u. supra l. 7* **17** uides derigi *scripsi*] uidere **B** **18** lapides **B** **19** at uide e *Blu.*] ut uidere **B** | quaequae **B**

per regiones suas habent. alii ponunt silice⟨o⟩s, alii Tiburtinos, alii enchor⟨i⟩os, alii peregrinos, alii autem politos et scriptos, alii aut robure⟨o⟩s aut ex certa ma-
B 127 teria ligneos, quidam etiam hos quos sacri|ficales ⟨uocant⟩. et obserua[n]t sua⟨m⟩ quaeque regio, ut dixi, consuetudinem, uti conueniat fides. item solent etiam terminos scribere litteris singularibus. quidam etiam numeros per ordinem scribunt, quidam et signa defodiunt pro terminis. quidquid ergo fuerit [pro] loco termini et obserue[n]tur, custodiri debetur, ut ab uno ad unum derigatur; et si notae sunt, a nota ad notam: saepe enim plures et in uno r*i*gore sunt. quidquid fuerit et quem admodum cumque obseruari solit*u*m fuerit, ita erit derigendum; quoniam, ut dixi, extrem*u*s fin*i*s intra
B 128 quinque aut sex ⟨pedes⟩ quaestionem ha|bet: nam intra ped*u*m VI possessionem usu nemo capit; itinera saepe ad culturas peruenientibus tam latum locum occupant, aut in arat[r]is intra tot pedes aratrum circum arat.
G 25 Si arboribus notatis fines obseruabuntur, uidendum quae partes arborum notatae sint. notae enim in propriis arboribus a foris ponuntur, ut arbores liberas in parte s⟨u⟩a nota relinquat. si communes sunt arbores mediae, notantur utrimque, *u*t ⟨notae⟩ ad utrumque per-
(G) tineant, | et ut appareant esse communes. et in hoc genere

---

1—12 Sic. Flacc. 103, 9—19 **1** Lib. reg. La. 220, 16. Comm. 60, 14 **4** sacrificales Agenn. 33, 1—11 **9—11** *Bo.* 402, 16—18 **14—18** *u.* 89, 1—5 **19—24** Comm. 61, 12—16. Sic. Flacc. 108, 12—20

1—14 *corr. Blu. La.* **1** silice⟨o⟩s *u. Sic. Flacc. 103, 11* **9—10** quod ergo fuerit inuentum pro loco termini obseruentur et custodiri debent *Bo.* **10** debetur **B**, *cf. Schmalz*[4] *492;* debet *Blu. La.* **11** deri*g*atur (g *ex* t) **B**, dirigantur *Bo.* | sint *Bo.* **13** solit$\overset{u}{a}$m (*corr.* **B**[2]) **B** **14** extremos fines **B** **15** *add. La.* **16** pedum *Blu.*] pedem **B**; VI *in margine add.* **B**[1] | usū **B** | capit] et *add. La.* **18** aratis *Blu.; La. confert* Varro R. R. 3, 16, 33 **21** a foras **G** **22** sua *La.*] sa **B**, a **G** | relinquet **B** **23** utrimque ut notae ad utrumque *La.*] utrimque **B**, et ad utrumque **G** **23—24** pertinent **G**

finitionis similiter dirigendum est. sunt et illae arbores
aliquando | loco finitionis, quae ante missae dicuntur. B 129
et omnia genera quae insunt finition*u*m (ut puta in uno
agro esse omnia) persequenda ‖ erunt. B 137

Nam si fossa erit finalis, uidendum utrum | unius G 25 | B 138
aut utrius[que sit] partis, et si in extremo fine facta;

itemque ⟨uia⟩ utrum publica aut uicinalis | aut duum (G)
communis aut priuata alterius;

item riuis si obseruabitur fin*i*s, utrum naturalis sit
riuus aut ex fossis arcessita aqua riuum fecerit, et utrum
priuatus obseruari aut communis debeat;

[si] iugis autem montium, quae ex eo nomine acci- G 25
piuntur, quod continuatione ipsa iugantur; (G)

nam et his quae summis montibus excelsissima sunt
diuergia aquarum, ex quo summo loco aqua in inferio-
r*e*m partem diuergit;

si uepribus, a[u]t quali⟨bu⟩s, | priu*ati*s aut com- B 139
munibus;

superciliis, quae loca sunt ex plano in breui cliuo d*e*-
uex*a* intra pedes *al*titudinis XXX: alioquin iam collis
est. quae obseruationem hanc habe⟨n⟩t, ut ⟨ex⟩ eis

3—4 *cf.* Sic. Flacc. 103, 2—4. Comm. 61, 19—20 **5—7** Comm. 61, 16—18 **5—11** Sic. Flacc. 109 uiae, 111 fossae riui **12—13** Comm. 61, 18 *et* 53, 10 **17** Sic. Flacc. 111 uepres **12—16** *et* **19** — p. **92, 2** Bo. 410, 1—7 **19** — p. **92, 2** *cf.* Agenn. 32, 10—18. Sic. Flacc. 107, 3—10. Comm. 60, 7—9

---

3 finitionem **B** **4** esse **B**, si *coni. La.; sed cf. Comm. 61, 20* **6** aut **B**, an **G** | utrius **B**, utriusque sit **G** *La.* **7** uia *add. Blu.* | aut **B**, an **G** | duum **G**, duuium **B** **9** obseruabitur fines **B**, ob-buntur fines *La.* **12** si **G** *La., om.* **B** *Blu.*, nam *Bo.* | iugis **G**] iugus **B**, iuga *Bo.* | autem *om.* **G** *Bo.* **12—13** nomen accipiunt quod consignatione *Bo.* **13** iugantur **G**, iungatur **B**, iungantur *Bo.* **14** nam *om. Bo.* **15—16** inferiorum **B** **17** aut qualis priuitus **B**, *corr. Blu.* **19** ⟨si⟩ superciliis *La.*, tam superciliis *Bo.* | loca *om. Bo.* **19—20** deuexa *cf. p. 92, 2*] diuexo **B**, defixo *Bo.* **20** intra — — iam] quo mons aut *Bo.* | latitudinis **B** **21** quae — — haben⟨n⟩t *scripsi*] quae ⟨res⟩ — — habet *Blu. La.* | ut ⟨ex⟩ eis *scripsi*] ut *Bo.*, uti *La.*

superior possessor in planum usque descendat et sibi defendat omnem locum deuexum;

si rigoribus, cuiusque rigores obseruantur, et a*n* normal*es*. quod saepe in agris adsignatis inueni[un]tur: et aliquando unus quisque rigor inter multos uicinos finem facit;

si marginibus, quae res oculorum est, nequid ma-
B 140 lignitate exar*e*tur, similiter nequid a ui|cinis a*c*cersiri possit, [a]ut marginibus coepti finitique loci inueniri possint;

si *limit*ibus, quod fuerit ex communibus, a medio, ex priuatis, ab extremis rigor obseruandus constituendusque.

⟨Sed consuetudines usque⟩ region⟨um n⟩*o*b*i*s intuendae, nequid noui a nobis fieri uideatur: ita enim fides professioni[s] constabit, si maxime secundum morem regionis et nosmet quaestiones tractauerimus.

G 25 De loco si agitur — quae res hanc habet quaestionem, ut nec ad formam nec ad ullum scripturae reuertatur exemplum, sed tantum 'hunc locum [nam] hinc dico
B 141 esse', et alter ex con|trario similiter. quae res ex similitudine fere culturae comparationem accipit: si incultus erit, id est si silua, cuius sit aetatis; et si par caesurae |
G 26 aetas, nequid arbores, ut solent, relict*ae*, quas ante mis-

---

3 Bo. 412, 3 **3—4** Sic. Flacc. 106, 5—17 **5** Bo. 412, 4 **9—12** Bo. 412, 6—9 **13** *cf.* 75, 1—9. 94, 9. Sic. Flacc. 103, 9 **17** De loco Frontin. 5, 10. Agenn. 33 sq. **17**—p. **94, 2** Comm. 61, 21—62, 8 **20**—p. **93, 4** *cf.* 76, 11—17

---

1 superior **B**, a supra *Bo.* **3** si *om. Bo.* | ⟨sui⟩ cuiusque *La.* **3—4** et ad normalis **B**, *corr. Rig.* **5** exaritur **B** | arcersiri **B** **9** ut *Rig.* **11** si limitibus *Blu.*] similitudinibus **B** *Bo.* **12** constituendusque] *Deinde La. uerba Commenti 61, 19—20* Haec autem — — repperiri *falso recepit* **13** *addidi* | regionum nobis *scripsi*] regionibus **B** **19** sed **B**, nisi **G** | nam **B**, *om.* **G**; *fort.* ait **20** alter ex **B**, altere p (= **P**, alteri **G**) | quae res **B**, quaeret **G** **21** accepit **B** **21—22** si incultis erit **B**, *om.* **G** **22** et si *om.* **G** | par **G**] pars **B** **23** aetas nequid arbores **B** *(cf. 81, 8),* et aetas arborum **G**, aetas; numquid arbores *La.* | relictas **B**, relinqui **G**

sas uocant, et siluarum quoque aetates an sint pares. et si uineae, similiter in comparatione: an ordines aequidistantes, an pari condicione, et an simili s⟨int⟩ genere uitium.

Constabit tamen rem magis esse iuris quam nostri operis, quoniam saepe usu capiuntur loca quae in biennio possessa fuerint. | respiciendum erit tamen, quem B 142 admodum solemus uidere quibusdam regionibus particulas quasdam in mediis aliorum agris, nequis similis huic interueniat. quod in agro diuiso accidere non potest, quoniam continuae possessiones et adsignantur et redduntur; et si forte incidit tale aliquid, commutatur locus pro loco, ut continua sit possessio. ita, ut dixi, in adsignatis fieri non potest. argumentum itaque prudentiae est quam professionis.

Praeterea solent quidam complurium fundorum continuorum domini, ut fere fit, | duos aut tres agros uni B 143 uillae contribuere et terminos qui finiebant singulos agros relinquere: desertisque uillis ceteris praeter ea⟨m⟩, cui contributi sunt, uicini non contenti suis finibus tollunt terminos, quibus possessio ipsorum finitur, et eos,

7—9 *iterum* Comm. 63, 9—11 **14—15** Comm. 63, 11

1 uocant et **G**] uacantes **B** | an sint **G**] ana sit **B** **2** et **B**, *om.* **G** | similiter **B**, similes erunt **G** **2—3** aequidistantes **G**] nequit instantes **B** **3** condicione **B**, constitutione **G** | simili sint genere *scripsi*] similis genere **B**, simile genus **G**, simili genere *La.* **5** constabit. (c-uit **B**) Tamen **BG** **6** saepe **B**, fere **G** | in **B**, *om.* **G** **7** tamen **B**, ne **G** **9** nequis similis **B**, numquid simile **G**, numquid similis *Rudorff* **10** accidere p (= **P**, acc$\overset{i}{e}$dere **G**), accedere **B** **12** si **B**, his **G** | tale *Blu.*] aliae **B**, ut tale **G** | aliquid commutatur **B**, quid committeretur. ut (et p) **G**p **13** sit **G**] *om.* **B** | ut **G**] ut sit **B** **14** argumento itaque **B**, hoc argumentum **G** **16** Praeterea *om.* **G** **16—17** continuorum **B**, suorum **G** **17** ut fere fiit **B**, *om.* **G** **18** uillae **B**, uelle **G** | et *om.* **G** **19** desertisq. uillis ceteris **B**, *om.* **G** | praeter eam *La.*] praeterea **BG** **20** cui **G**] qui **B** | contentis **B** **21** ipsorum **B**, eorum **G** | eos **G**] os **B**

quibus inter fundos unius domini fines obserua⟨n⟩tur,
(G) sibi defendunt. ita et haec respicienda erunt.

Item quidam curant in extremis finibus fundorum
suorum ponere per circuitum aliquod genus arborum,
ut quidam pinos aut fraxinos, alii ulmos, alii cypressos,
B 144 item alii soliti sunt relinquere qualecumque | genus in
extremo fine intacta⟨s⟩, ex quibus neque frondem neque
lignum neque *c*remium caedant. ita et hoc obseruandum.

Praeterea consuetudines finitionum inspecta⟨e⟩ cum
fuer*int*, nouitas habet suspicionem. ut puta si terminus
finem faciet per alium tractum, quare subito ad aliud
genus finitionis transeatur, aut ad fossam aut ad ueprem
aut uiam aut genus quod appellamus supercilium aut
B 145 arbores quae ante missae | sunt, suspicio *est*. si⟨c⟩ tamen
constabit *fides* . . . .

G 26 De modo quaestiones fere in agris diuisis et ad-
signatis nascuntur, item quaestoriis, [et] uectigalibus
subiectis, quoniam scilicet in aere ⟨et⟩ in scriptura mo-
dus conprehensus est. quod semper erit ad formam.

Respiciendum et hoc, si duobus possessoribus con-
ueniat aliquid ex modo illo, qui aere et in scriptura

3—8 *cf.* Sic. Flacc. 107, 15—25 **9—15** *cf.* Sic. Flacc. 106, 19—25 **16** De modo Frontin. 5, 16. Agenn. 35—38

---

1 quibus **B**, qui **G** | fines obseruatur **B**, sunt **G** **2** ita et **G**] et ita **B**; *cf. u. 8* | despicienda **G** **8** gremium cedant **B**. *Deinde spatium sex uersuum relictum; item u. 17 (cf. p. 76, 14). His locis nihil deest, sed in u. 15 lacunam recte statuit La.* **9—10** inspecta cum fuerat **B**, *corr. La. Blu.* **14** suspicio est *La.*] suspiciose **B** **14—15** si tamen constauit his **B**] *correxi; lacunam a Lachmanno statutam ex Sic. Flacco 106, 24 sic fere repleas:* sic tamen constabit fides, ⟨si 'intelligitur ea industria conuenientiaque possessorum fieri'⟩. *Fortasse huc pertinet etiam* Comm. 58, 31—59, 17 **16** De **G**] *om.* **B** **17** *Post* nascuntur *spatium sex uersuum relictum in* **B**, *cf. u. 8* | quaestoris uectigalib. **B**, *cf. 88, 19*; quaestoriis et uectigalibus **G** *La.* **18** in here in scriptura **B**, in aere scripturae **G**; et *add. La. Blu.; cf. u. 21* **21** aliquid es **B**, alioquin ex **G** | aere **G**] habere **B** | et in *om.* **G**

formae continetur, licet dominus aliquid uendidit. nam-
que hoc comperi in Samnio, | uti quos agros ueteranis B 146
diuus Vespasianus adsignauerat, eos iam ab ipsis quibus
adsignati erant aliter possideri. quidam enim emerunt
aliqua loca, adieceruntque suis finibus et ipsum, uel uia
finiente uel flumine uel aliquo[d]libet genere: sed nec
uendentes ex acceptis suis | aut ementes adicientesque G 27
ad acceptas suas certum modum taxauerunt, sed ut quis-
que modus aliqua, ut dixi, aut uia aut flumine aut ali-
quo genere finiri potuit, ita uendiderunt emeruntque.
ergo ad aes quomodo perueniri potest, s*i* a*d* posses-
siones, sicut dixi, duobus, inter quos controuersia est,
conuenerit?

In eis autem qui uectigalibus subiecti sunt, | fere B 147
proximus quisque possessioni[s] suae iunxit. | ita e*x* (G)
hoc genere agrorum magnae quaestiones . . . . emptionis
s*i*ue conductionis ad se pertinere probauerint, ut fere
fit: nisi utra pars hoc faciat, pene⟨s⟩ possessor*em* re-
manebit. solent uero modum quidam in locationibus
agrorum | comprehendere, atque ita cauere, FVNDVM G 27
ILLVM, IVGERA TOT, IN SINGVLIS IVGERIBVS TANTVM.

7—15 Comm. 62, 9—25   20—p. 96, 7 Comm. 62, 26—34

---

1 formae continetur licet B, continetur forma liquebit etiam si G | uindedit B, uendidisset G, uendiderit *Lindenbrog* 2 uti quos agros B, ut agri quos G; uti *cum acc. c. inf. cf.* Sic. Flacc. 99, 2 | ueteranis *post* Vesp. *u. 3* G 3 iam *post* erant *u. 4* G 4 possidere B 5 loca] et *add.* B 6 aliquodlibet B, alio quolibet G 6—7 nec uendentes *om.* B 8 ad *om.* B | accepta sua B 11 aes G] eas B | quomodo perueniri B, commode reuocari G 11—12 si ad possessiones *La.*] suae possessionis B, si G 12 sicut dixit *om.* G | duobus G, duo B, duum *La.* 13 conuenerit *om.* B 14 In eis G] Id est B | fere *om.* G 15 possessionis BG, pos-ni p | ex *La.*] et B 16 ⟨erunt nisi ex cautione⟩ *supplet Blu.*, ⟨nascuntur nisi agrum ex cautione⟩ *La.* 17 siue *La.*, siue et *Blu.*] suae et B 18 poene possessoris B

ita si in ea regione age[re]tur, ubi haec erit consuetudo,
ad cautiones scilicet respiciendum erit. inter quos dispu-
B 148 tabitur acta utriusque mensura: si nihil ad cau|tionem
conueniat, id est neutrius possessio modum cautione
comprehensum inpleat, magna erit rei confusio, quae-
rendumque *ne*quid in uniuersa regione magis opinione
(G) quam mensura modum complecti soliti sint. | item qui-
dam uendentes ementesque agros soliti sunt modum cau-
tione[m] complecti; quod ipsum uidendum, *ne*quid, ut
supra dixi, opinione, non mensura, modum taxent.

G 31 De iure subsiciuorum subinde quaestiones mouen-
tur. subsiciua autem ea dicuntur quae adsignari non
B 149 potuerunt, id est, cum sit ager centuriatus, | aliqu*a* ||
B 153 inculta loca quae in⟨tra⟩ centurias erant, non sunt ad-
P 18ᵛ signata. | haec ergo subsiciua aliquando auctor diuisionis
aut sibi reseruauit, aut [alicui, id est aut] aliquibus con-
cessit aut r(ebus) p(ublicis) aut priuatis personis; quae
subsiciua quidam uendiderunt, quidam uectigalibus certo
tempore locant. inspectis ergo perscrutatisque omnibus
(GP) condicionibus inueniri poterit, quid sequi debeamus.

Sed et illud memi⟨ne⟩r*i*mus. cum diuus Vespasianus

11—20 Comm. 66,18—26 **11** De subsiciuis Frontin. 8,7. Agenn. 40—41 **15—19** Sic. Flacc. 127, 6—13 **21**—p. **97, 6** *cf.* Agenn. 41, 16—26. Comm. 58, 3—7

---

1 ita **B**, itaque **G** | si in ea **G**] fit nea **B** | agetur *scripsi, cf. 88,16. 89,1*] aliter ageretur **B** (aliter *correcturam indicat, ut* alii *75,4. 26,6*), agitur **G** **2** ad **B**, ut p, aut **G** | respiciendum erit **B**, aut emptiones intuendae erunt **G** **3** si *om.* **B** **4** id est *om.* **G** **6** nequid *scripsi, cf. 81, 8. 92, 23*] nuncquid **B** (*i. e.* n̄quid (c supra)), tunc quomodo **G**, numquid *La.* **9** nequid *scripsi*] inquit **B**, numquid *La.* **12** ea **G**] ita **B** **13** aliqui **B**, *om.* **G** **14** inculta loca **B**, in loca culta **G** | intra *La.*, inter *Blu.* **14—15** non sunt adsignata *et* ergo subsiciua *om.* **P**, *qui ex Frontino 2, 19 haec uerba recepit:* cum centuria expleri non potuit, subseciuum appellauit **16** *uncis inclusa om.* **P** **17** rebus publicis *La.*] res publica **B**, R̄. P̄. **P** **19** ergo **B**, igitur **P** | praescrutatisq. **B** **20** inuenire **B** **21** memiremus **B**

subsiciua omnia, | quae non uendidissent aut aliquibus B 154 personis concessa essent, sibi uindicasse[n]t, itemque diuus Titus a patre[m] coe[m]ptum hunc r[ed]itum teneret, | Domitianus [imp.] per totam Italiam subsiciua P 18ᵛ possidentibus donauit, edictoque hoc notum uniuersis fecit. | cuius edicti uerba, itemque constitution*e*s qua*s*- (P) dam aliorum principum itemque diui Neruae, in uno libello contulimus.

De iure territoriorum paene omnem percunctationem tractauimus, cum de condicionibus generatim perscriber*em*us. de quibus quid possimus aliud suadere, quam ut leges, ut supra | dixeram, perlegamus, *et* ut interpre- B 155 te⟨n⟩tur secundum singula momenta? utrum suis condicionibus remaneant fines ab antiquis obserua*ti*, an aliquid adiectum ⟨a⟩ut ablatum sit; et quomodo obseruata sint territoria, aliquando summis monti*um* iugis et diuergiis aquarum, aliquando limitibus p*er*d*uc*tis, aliquando ipsius diuisionis d*er*ection*e*. | ita, ut diximus, leges semper P 18ʳ curiose perlegendae interpretandaeque erunt | per singula (P) uerba. et [si] ita uim legum perscrutanda[ru]m suadeo, ac si[c], ut ita | dixer*im*, per articulamenta membrorum B 156 pertemptari solent corpora.

De uia e⟨t⟩ actu et itinere et ambitu et accessu et riuis et uallibus fossis fontibus saepe mouentur conten-

---

4—6 Comm. 66, 26—27 **9** De iure territorii Frontin. 7. Agenn. 44 *sq.* **9—11** *u.* 74 **11—18** Sic. Flacc. 128, 8—16 **18—19** Comm. 66,27—28 **23** De itineribus Frontin. 10,5. Agenn. 49

---

1 uendidissent **B**, ueniissent *La.* **4** imp *sscr.* **B**², *om.* **G** | Italiam *in* Siciliam *corr.* **B**⁴ **5** notum uniuersis ⅂ **P** **6—7** constitutionis quaedam **B** **10—11** per^{s}criberimus **B** **11** possumus *La.* **12** et *Blu. La.*] ad **B** **14** obseruati *Blu. La.*] obseruantia **B** **15** aut *cf. 81, 10* **16** montio iugiis **B** **17** perductis *scripsi*] praedictis **B**, '*fortasse* perpetuis' *La. secundum Sic. Flacc. La. 128, 13* **18** derectione *Blu., cf. p. 98, 3*] defictionis **B** | ita ut diximus lex **B**, leges itaque **P** **19** praelegendae **B**, legendae **G** **20** si *secl. Blu. La.* **21** si ut *La.*] sicut **B** | dixeram **B** **23** uia et *Blu. La.*] uiae **B**

tiones. quae omnes partes non nostra⟨m⟩ sed forens*i*s officii, id es⟨t⟩ iuris ciuilis, operam exigunt: nos uero tunc *ei*s interuenimus, cum aut de*r*igendum aliquid est quaestionibus aut, si forma aliqua aliquid notatum in- (B) uenitur, repetendum est.

P 29r

SICVLI FLACCI

DE CONDICIONIBVS AGRORVM

Condiciones agrorum per totam Italiam diuersas esse plerisque etiam remotis a professione nostra hominibus notum est; quod etiam in prouinciis frequenter inuenimus. accidit autem, ut ex similibus causis similes haberent condiciones. ciuitates enim, quarum condiciones aliae sunt, coloniae dicuntur, municipia, quaedam praefecturae: habent uocabulorum differentias: qua⟨r⟩e uero non liceat earum diuersas esse condiciones? regiones autem dicimus, intra quarum fines singularum coloniarum aut municipiorum magistratibus iu⟨ri⟩s dicendi cohercendique est libera potestas. ergo haec uocabula non sine causa acciderunt. quidam enim populi pertinaciter aduersus Romanos bella gesserunt, quidam experti uirtutem eorum seruauerunt pacem, quidam cognita fide et iustitia eorum se eis addixerunt et frequenter aduersus

---

1 forenses **B** 3 eis *La.*] est **B** | defigendum **B** 4 aut] ėst aut **B** *(antiqua manus exp.)* 5 *sequitur in* **B** *subscriptio* DE LIMITIB. HYGIN EXP FELICITER, *quae ex titulo p. 71 perperam conficta est*

6 SAECVLI FLACCI DE CONDICIONIBVS AGRORVM **P** 29r (S*I*CVLI *corr.* **G**1); EXPLICIT SAECVLI FLACCI LIBER **P** 44v. *Titulum solum* INCIPIT SICVLI FLACCI DE CONDICIONIBVS AGRORVM LIBER *habet* **E** 35; *praeterea ex libro Siculi nihil nisi* 99, 12—100, 12 *seruant* **EF**, *quamquam priori parti eorum* (**E** 20 **F** 25r) IVLI FRONTINI SICVLI EXPLICIT LIBER PRIMVS *subscriptum est* 17 iuris *scripsi, cf. 102, 6*] ius **P** *La.* 22 addixerunt] '*malim* adiunxerunt' *La.*

hostes eorum arma tulerunt. leges itaque pro suo quisque merito acceperunt: neque enim erat iustum, ut his, qui totiens ammisso periurio rupere pacem ac bellum intulere Romanis, idem praestari quod fidelibus populis.

Primum ergo referendum est, appellationes ut fierent coloniae aut praefecturae.

Municipia quidam putant a munitionibus dicta; alii a munificentia, eo quod munificae essent ciuitates.

Coloniae autem inde dictae sunt, quod [populi] Romani in ea municipia | miserint colonos, uel ad ipsos P 29ᵛ priores municipiorum populos cohercendos, uel ad hostium incursus repellendos. | colonias autem omnes maritimas F 2ᵛ, 25 appellauerunt, uel quod mar*i* in his deduceretur, uel, quod pluribus placet, maritimas appellari existimant ideo, quod Italia ab Alpibus in mare porrigatur a⟨c⟩ tribus lateribus exteras gentes intueatur. a Sicilia usque ad Galliam omne litus Afric*ae* est contrarium: rursus a Leucopetra pars, quae ad mare attingit Macedoniae, *ad* aliquam Epiri partem spectat: Hadriaticum uero litus Illyricum contra se habet. in his ergo litoribus Romani colonos miserunt, ut supra diximus, qui ora⟨s⟩ Italiae tuerentur.

Aliae deinde causae creuerunt, ... Graccus colo-

---

9 *cf.* Comm. 65, 12—13 **12** *cf.* 13, 11

---

1 arma eorum **P** **2** ut *cum acc. c. inf. u. Hygin. 95, 2* **6** praefecturae] '*immo* municipii' *La. De appellatione* praefecturae *uide 124, 17; sed nescio an exciderint* ⟨aut municipia⟩ *post* coloniae **12—13** coloniae omnes maritimae appellantur existimo uel quod **F** **13** mare **PF** | deducetetur **P**, deducatur (d-citur **F**) litoribus **EF** **14** appellari existimant **P**, appellant **F** **15** Italia *om.* **F** | porrigatur **P**, decurrunt **F**, rec-t **E** | ac *Goes.* **16** exteras gentes *om.* **F** | intueatur **P**, intuendum est **F** **17** omne — — est *om.* **F** | Africae *L. Holstenius*] Africum **P** **18** pars] uero *add.* **F** | Macedoniae] '*id est* Ionium' *La.* | ad *La.*] et **PF** **19** aliquam **P**, Galliciae **F**, Galliae **E** | epyri **P**, aephyros **F** **19—20** Hadriaticum — — habet *om.* **F** **21—23** ut supra — — creuerunt *om.* **F** **23** '*supplendum* ut cum uellet' *La.* **23**—p. **100, 1** draccos colonos dari **F**

nos dare municipiis uel ad supplendum ciuium numerum, uel, ut supra dictum est, ad cohercendos tumultus qui subinde mouebantur. praeterea legem tulit, nequis in Italia amplius quam ducenta iugera possideret: intellegebat enim contrarium esse m[in]orem, maiorem modum possidere quam qui ab ipso possidente coli possit.

Ut uero Romani omnium gentium potiti sunt, agros ex hoste captos in uictorem populum partiti sunt. alios uero agros uendiderunt, ut Sabinorum ager qui dicitur quaestorius, eum limitibus actis diuiserunt, et denis [quibusdam] quibusque actibus laterculis quinquagena (F 3r) iugera incluserunt, | atque ita per quaestores popul*i* Ro- P 30r man*i* uendiderunt. postquam ergo maiores regi|ones ex hoste captae uacare coeperunt, alios agros d*iu*iserunt adsignauerunt: a*li*i ita remanserunt, ut tamen p(opuli) R(omani) ⟨terri⟩toria essent; ut est in Piceno, in regione Reatina, in quibus regionibus montes Romani appellantur. nam sunt p(opuli) R(omani) ⟨terri⟩toria, quorum uectigal ad aerarium pertinet.

De municipiis itaque tractandum est. Prima origo oppidorum, quae ciuitates dictae sunt, municipia ex causa supra dicta nominata sunt. Accidit autem ⟨ut⟩ inses-

---

2 supra 99, 11 **8—13** *cf.* ⟨Hygin.⟩ 78, 18—23; *infra* 116, 22—24 **16** *cf.* Comm. 67, 2 **19** uectigal *u.* Hygin. 79, 5 *sq.* **22** supra 99, 7

1—2 uel ut — — tumultus *om.* F **4** duocenta P **5—6** contrarium — — qui] maiorem minuere modum si subinde possiderent quod F **7** Ut uero Romani P, Et sicut populus romanus F **8** ex P, et ex F | in uictorem populum P, uictori populo romano F **9** agros *om.* F **10** quaestuarius F **10—11** et denique quibusdam artibus F **11** laterculis F, laterculi P **12—13** popul*o* Roman*o* P **14** diuiserunt *Turneb.*] deciserunt P **15** alii *La.*] acti P **15—16** *et* **18** populi Romani *Rig.*, territoria *ego* (*i. e.* p̄r t̄ritoria)] praetoria P; *cf.* Comm. 67, 3 loca P̄R̄ (= populi Romani) **16** Piceno] et *add. Goes. La.* **20—21** prima origo oppidorum = prima oppida **22** ut *addidi* **22**—p. **101, 1** insessarum ‘quae certam sedem non habent’ *Goes.*; *fort.* diuersarum

sarum [earum] gentium populi saepe muta⟨re⟩nt *sedem* in Italia[m] et in prouinciis, ut Fryges in Lati*o*, ut Diomedes cum G*ra*iis in Apulia, ut Macedones in Lybie[m], Tyrreni qui dicuntur Etrurii ⟨in⟩ Galliae, in Asiae finibus socii Gallorum insedere et multas [quas Frigiis Diomedis fines. quae etiam socii] constituere ciuitates. atque in eas partiti sunt hi [ciues dicunt quidem ultro citroque aut bello reppulisse aut indig⟨e⟩nas], praemensumque quod uniuersis suffecturum uidebatur solum. territis fugatisque inde ciuibus, territoria dixerunt. [contra hoc aliud, de quo suo loco referemus.] singuli[s] deinde terram, nec tantum occupauerunt quod colere potuissent, sed quantum in spe⟨m⟩ colendi reseruauere. [hi ergo agri occupatorii dicuntur. arcendo enim uicinos hanc appellationem finxit.] itaque hi agri a quibusdam soluti appellantur: soluti autem non sunt, quorum fines deprehendi possunt et finiuntur. [quos quidam arcifinales uocant.] hi autem arcifinales dicuntur. Condiciones autem agrorum uariae | sunt ac diuersae, quae aut casibus bel- P 30v
lorum aut utilitatibus populi Romani aut ab iniustitia, ut dicunt, inaequal*es* sunt.

---

10 territorium Frontin. 8, 5 **10—13** Comm. 53, 4—7, *cf.* 102, 12

---

1 mutarent sedem *scripsi*] mutantes id **P** **2** Latio *scripsi*] Latium **P** **3** Graiis *scripsi*] Gallis **P** **4** ⟨in⟩ Gallia *Turneb.* **5—6** *uncis inclusa ex nota marginali orta esse credo* **7—8** [ciues dicunt — — indig⟨e⟩nas] *seclusi; glossa est, quae ad u. 9—10* territis fugatisque inde ciuibus *pertinet; qua re non perspecta liberum spatium post* indignas *reliquit La.* **8** indig⟨e⟩nas *Goes.* **10** ciuibus **P**] hostibus *falso La.* **10—11** [contra hoc — referemus] *glossa est, quae ad alteram explicationem uerbi* territorium *respicit* (Frontin. 8, 5 territorium est quidquid hostis terrendi causa constitutum est) **13—15** [hi ergo agri — — finxit] *seclusi; glossa est ex 102, 1 et 7—8 conficta* **15** finxit] finis *add. La.* **17—18** *secl. La.; glossa ex 102, 1—2 sumpta, ubi similiter glossa ex hoc loco conficta irrepsit* **18** dicuntur] *La. ex u. 14—15 huc recepit uerba* arcendo enim uicinos hanc appellationem finxit ⟨finis⟩ **19** ⟨horum⟩ agrorum *La.* **20** iniustitia **G**, iustitia **P** **21** inaequali **P**

B 97 Occupatorii autem dicuntur agri, quos quidam arci-
B 98 finales uocant, [hi autem arcifina|les dici debent.] quibus agris uictor populus occupando nomen dedit. bellis enim gestis uictores populi terras omnes, ex quibus uictos eiecerunt, publica*uere*, atque uniuersaliter territorium dixerunt, intra quos fines iu*ris* dicendi *ius* esset. deinde ut quisque uirtute colendi qu*i*d occupauit, arcendo [uero] uicinum arcifinale[m] dixit.

Horum ergo agrorum nullum ⟨est⟩ aes, nulla forma, quae publicae fidei possessoribus testimonium reddat, quoniam non ex mensuris actis unus quisque modum accepit, sed quod aut excoluit aut in spem colendi occu-
B 99 pauit. quidam uero | possessionum suarum priuatim formas fecerunt, quae nec ips*os* uicinis nec sibi uicinos obligant, quoniam res est uoluntaria.

Hi tamen finiuntur terminis et arboribus notatis et ante missis et superciliis uepribus uiis et riuis et fossis. in quibusdam uero regionibus palos pro terminis obseruant, alii iliceos, alii oleagineos, alii uero iuniperos. alii congeries lapidum pro terminis obseruant, et scorpiones [appellant], quidam in specie⟨m⟩ maceriarum congerunt

---

1—3 Comm. 53, 4 *sq.* **7** arcendo uicinum ⟨Hygin.⟩ 78, 7; *cf.* Frontin. 2, 12 ab arcendis hostibus **12** *u.* 101, 12—13 **16** *sqq.* Comm. 53, 8 *sq.*, Hygin. 89, 6—13, *infra* 106, 25 *sq.* **21** 149, 19 in speciem maceriae

---

1 autem dicuntur **B**, dicuntur enim **P** **2** *u. 101, 17—18* **5** publicauere *Goes.*] publicae autem **B**, publicae **G**, publice **P** **6** iuris dicendi ius esset *Mo.*] ius est dicendi uti essent **B**, ius dicendi esset **P** **7** ut quisque uirtute **P**, ius quib. q. et uirtus **B** | quid *La.*] quod **B**, *om.* **P** | uero **B**, *om.* **P** **9** Dicit postea in his agris formas ex mensuris datas mihi tibi *margo* **P** | nullum est aes *La.*] nullu est **B**, nullum aes **P** **11** quoniam **B**, quo **P** | quisque] miles *add.* **P** **12** spem **B**, spe **P** **14** ipsis **BP** | uicinis **P**] uinis **B** **15** obligauit **B** **17** superciliis et uepribus et uiis **P** *La., sed cf. 97, 24* et uallibus fossis fontibus **18** uero **B**, *om.* **P** | hic pali ipsae arbores intelleguntur *margo* **P** **20** scofiones **B** **21** appellant **P** *La., omisi cum* **B** | quidam *om.* **P**

lapides et attinas appellant, obseruantque pro terminis.
haec tamen omnia genera finitionum non solum | in di- B 100
uersis pluribusue regionibus, uerum etiam in uno agro
inueniri | possunt. nam ubi supercilia naturalia finem P 31ᵛ
praestant, deficientibus eis necesse est aut terminum aut
arbores aut aliquid ex supra dictis generibus obseruari.
quidquid autem horum fuerit, ex conuenienti ad conuenientem [uiderit similiter] rectus finis obseruari debebit.

Maxime autem intuendae erunt consuetudines regionum, et ex uicinis exempla sumenda. in quibusdam enim
regionibus alii terminos siliceos ponunt, alii diuersarum
materiarum: quidam uero curant | inuehere qualescum- B 101
que peregrinos lapides, ut manifestum sit, ex industria
terminos finales positos: quidam etiam politos, alii uero inscriptos, alii etiam numeris enotatos ponunt, alii tantum modo in coxis uel ⟨m⟩inimis, alii in longioribus spatiis, conplures alii etiam aequalibus interuallis. in quibusdam uero regionibus in uersuris omnibus binos
posuerunt ita, ut suos quisque rigores intueretur. ‖ ergo, B 129

2—4 Comm. 61, 19—20. Hygin. 91, 3—4 **9** *cf.* Hygin. 75, 1—9. 92, 13. 94, 9. Sic. Flacc. 106, 22. 107, 1 *saepius* **9—15** *ab* Hygino 90, 1—8 *pendet* **14—15** *cf.* 106, 21 **16** *sq. cf.* 106, 4 *sq.* 115, 14 **18** in uersuris *cf.* 104, 12. 108, 20

---

1 obseruantque pro terminis **B**, quae pro terminis etiam in uno agro obseruant **P** *(cf. u. 3)* **3** plurisue **B** **4** naturalia *om.* **P** **6** ex supra dictis putant obseruari **B**, ex s̅s̅ generibus incipiat obseruari **P** *(Glossa* putant *in* **B** generibus *extrusit, in* **P** *in* incipiat *mutata est)* **7—8** ex conuenienti ad conuenientem **P**] ex quo uenient uel a quo ueniente̅ **B** **8** uiderit similiter **B**, *om.* **P** *La.; an* ut derigat similiter? | debet **P** **10** sumenda] sunt *add.* **P** | enim *om.* **P** **12—13** qualescumque] Q. L. C. Q. **P**, *om.* **B** **15** inscriptos alii etiam **P**, *om.* **B**; *cf. 106, 21* notae aut litterae aut numeri | numeris enotatos *(cf. 73, 4)* ponunt **B**, numeri ordine notatos disponunt **P** *La.* **16** in coxis uel in imis **B**, inflexis uersuris **P**; *cf. 106, 4* omnibus angulis coxisque **17** conplures **P**] quam plures **B** | alii *om.* **P** **19** suum quisque rigorem **P** | intueretur] nam et uariis regionibus signa defodiunt pro terminis *add.* **P** *(ex* Hygino 90, 8 signa defodiunt pro terminis *sumptum)*; signa pro terminis defossa dicit *margo* **P**

ut supra dixi, consuetudines regionum maxime intuendae sunt.

Inspiciendum erit et illud, quoniam sepulchra in extremis finibus facere soliti sunt et cippos ponere, ne aliquando cipp*i* pro terminis errorem faciant: nam in locis saxuosis et in sterilibus etiam in mediis possessionibus sepulchra faciunt. omnia ergo, ut supra diximus, diligenti cura exquirenda erunt, ut et secundum consuetudinem
B 130 regionum | et fidem terminorum finis constet.

P 31v Aliquando etiam petras occurrentes in finibus notatas inuenimus, et quasdam, si perseueret rigor, notas habentes, in uersuris uero gammas, [sed et] spectantes suos rigores. aliquas etiam decus⟨s⟩atas inuenimus.

Quibusdam autem placet et uidetur, utique sub omnibus terminis signum inueniri oportere[t]. quod ipsud uoluntarium est. si enim essent certae leges aut consuetudines aut obseruationes, semper simile signum sub omnibus terminis inueniretur: nunc, quoniam uoluntarium est, aliquibus terminis nihil subditum est, aliquibus
B 131 uero aut cin⟨er⟩es aut car|bones aut testea aut uitrea fracta aut asses subiectos aut calce⟨m⟩ aut gypsum in-

---

10 *u.* Hygin. 89, 14 **12—13** *cf.* 108, 21 decus — — aut gammae **14** *cf.* ⟨Hygin.⟩ 76, 1—2 **14—21** Bo. 402, 15. 18—22

---

1 consuetudinem **B** | regionum maxime **B**, ⅂ **P** *La.* **1—2** intuendae] et ex uicinis exempla sumenda *add.* **P** *(ex p. 103, 10)* **3** illud] ne *add.* **P** **4** ne **P**, *om.* **B** **5** cippos pro terminis errorem faciant **B**, cyppus pro termino (o *ex* um, *ut uidetur*) errorem faciat **P** *La.;* cippi *scripsi* **9** et terminorum fidem constent fines **P** **10** petras notatas *margo* **P** **11** et quasdam — — notas *om.* **B** **12** sed et spectantes **B**, sed expectantes **P** *(qui semper fere* expect. *pro* spect. *scribit); seclusi; La.* et *secl.* **13** aliquas etiam **B**, aliquando enim **P** **14** autem *om.* **P** | utique **B**, uti **P** **15** terminis *om.* **P** | oporteret **B**, oporteat **P** **16** uoluntarium] non necessarium *add.* **P**; rationem reddit quare non sub omnibus terminis signum inuenitur *margo* **P** **18** terminis *om.* **P** **20** cineres *Turneb.*] cenes **B**, cinis **P**, cinus *La.* | carbo **P** | testea **B**, testae **P**, testa aut ossa *Bo.* **21** facta **P** | asses **B**, ossis **P**, assas ferri aut aes *Bo.*

uenimus. quae res tamen, ut supra diximus, uoluntaria est. carbo autem aut cinis quare inueniatur, una certa ratio est, quae apud antiquos est quidem obseruata, postea uero neglecta; unde aut diuersa aut nulla signa inueniuntur. cum enim terminos disponerent, ipsos quidem lapides in solidam terram rectos conlocabant proxime ea loca, in quibus fossis factis posituri eos erant, et unguento uelaminibusque et coronis eos [c]or[o]nabant. in fossis autem, in quibus eos | posituri erant, sacrificio B 132 facto hostiaque inmolata atque incensa facibus ardentibus, in fossa cooperti sanguinem instillabant, eoque tura et fruges iactabant. fauos quoque et uinum aliaque, quibus consuetudo est Termini[s] sacrum fieri, in fossis adiciebant. consumptisque igne omnibus dapibus, super calentes | reliquias lapides conlocabant atque ita dili- P 32r genti cura confirmabant. adiectis etiam quibusdam saxorum fragminibus circum calcabant, quo firmius starent. tale ergo sacrificium domini, inter quos fines dirimebantur, faciebant. nam et si | in trifinium, id est in eum locum B 133 quem tres possessores adstringebant, si termini ponerentur, omnes tres sacrum faciebant: quotque alii in confinio domini erant, omnes ex conuenientia terminos ponebant et sacrum faciebant, terminos autem conuenientia possessorum confirmabat. | nam in quibusdam (B)

Ex **16—19** Bo. 402, 23 *sq. quaedam excerpsit* **18—24** *secundum haec* Comm. 68, 10—15 *arbitrario conficta sunt*

---

1 dixi **B** **2** inueniantur **B** **3** ratio est **B**, ratio **P** **4** unde **B**, sunt **P** **5** inuenerimus **P** **6** rectos *om.* **P** **7** in *om.* **P** | posituri **B**, defixuri **P** *La.* | et *om.* **P** **7—8** unguende **B** **8** quare carbones sub terminis inueniuntur *margo* **P** **9** in quibus] in *om.* **P** *La.* | posituri eos **P** **10** inmolata adque incensa **B**, inmaculata caesa **P** **11** '*an* cooperta?' *La.* | sanguine **B** | eoque **P**] eis qui **B** **12** aliasque **B** **13** in fossa **P** **14** omnibus dapibus igne **P** **19** in trifinio **B** **20** attingebant **P** | si **B**, *om.* **P** *La.* **20—21** ponebantur **P** **21** quodque **B**, quique **P** **23—24** conuentia **B** **24** confirmabant **B**. *Sequitur in* **B** *109, 1* una re *etc.*

regionibus iubemur uertices amphorarum defixos inuersos obseruare pro terminis.

Ergo conuenientia, ut supra diximus, possessorum terminos consecrat. qui, ut ante dixeramus, omnibus angulis coxisque positi esse debent. in quibusdam uero regionibus saepe per longum spatium et inter multos possessores rigores dumique finem faciunt, ut aliquando tantum modo per singulorum possessorum spatia, id est a capite usque ad caput, positi inueniuntur termini, hoc est a fine incipiente usque ad finem deficientem, unde alterius possessionis finis incipiat obseruari. quidam uero in mediis spatiis plures interpositos habent. quorum si quisquam per longum spatium moueatur, inter longum tractum et inter plures possessores rigor durare debet: qui si non est, totae regioni errorem quendam incuti[t], P 32v nec ei tantum, intra cuius | fines ⟨terminus⟩ motus est, calumniam intro duci[t] sed ultro citroque confundi[t] fines necesse est.

Illa omnia, quae supra diximus, quae ad terminos lapideos pertinent, siue signa subdita requirantur, siue notae aut litterae aut numeri, quam maxime secundum consuetudinem regionum omnia intuenda sunt: tamen et noui[li]tat*e*s hae quae manu fiunt fidem habere debent, quo[nia]m intellegitur ea industria conuenientiaque possessorum fieri. si uero pali lignei pro terminis dispositi sunt, aut congeries lapidum aceruatim congestae sint, quos scorpiones appellant, aut in effigie⟨m⟩ maceriarum, quae attinae appellantur, aut uertices amphorarum defixi, aut petrae naturales notatae, aliudue quod

4 ante 103, 16   7 *sq.* rigores Hygin. 92, 3—6   19—25 Hygin. 94, 9—15

1 uertices amphorarum *margo* P   5 floxuositatibus dicit coxis *margo* P   7 ut P ('wie')] et *falso La.*   18 fines. Necesse est illa P   23 nobilitatis P, *cf. 94, 10* | manu fiunt P] manifestae sunt *frustra coni. La.; cf. 113, 32*   24 quom *scripsi*   27 sint *om. La., sed cf. 108, 4* (sint *post* sunt)

loco termini obseruari uidebitur, ex consuetudine regionis et ex uicinis exempla sumenda sunt.

Supercilia, de quibus mentionem habui, si finem facient, intuendum erit, in quantum spatium deuexitas supercilii extendatur, ne mons supercilium sit: intra paucos enim pedes supercilia uocabula accipiunt. quae tamen usque in planitiam ex superiori uergunt, ad superiores possessores pertinent. quidquid enim inferior possessor in solo suo agit, damno superioris fit. siue aret siue fodiat, detrahit pendentes ex superiori terras. si uero congerat aut adiciat quid, ad superiora non ascendit. ita haec causa efficit, ut superioribus possessoribus usque in planitia⟨m⟩ supercilia cedantu*r*.

Si arbores | finales obseruabuntur, uidendum erit quae P 33r
sint arborum genera. nam quidam in finibus naturales qualescumque arbores intactas finales obseruant: qu*i*d*am* cunctis ex*ci*sis arborum generibus unum tantum genus in finibus relinquunt, quo manifest*ius* apparea⟨n⟩t finales. alii diuersas *h*oc *animo* *s*erunt, ut materiae differentia argumento sit: qu*i*dam ex conuentione in ipsis finibus commune⟨s⟩ serunt. aliqui priuatim intra suum solum in extremis finibus ponunt; et, ut supra diximus, diuersa arborum genera: alicubi enim pinos inuenimus, alicubi cypressos, alibi fraxinos aut ulmos aut populos quaeque alia ipsis possessoribus placuerunt. et si inter cult*a* i*n* finibus aut prope fines, disponuntur spissi[orib]us et disconuenientes ordinibus arbustorum, si tamen arbusta

---

2 = **103**, 10 **3**—**13** Hygin. 91, 19—92, 2; *cf.* Agenn. 32, 11—18. Comm. 60, 5—11 **15**—**25** Hygin. 94, 3—8

5—**6** intra paucos] *Hygin. 91, 20* intra pedes — XXX **13** cedantur *scripsi*] cedant ius **P** *(cf. 18)*, cedant *Turneb. La.* | dicit in superciliis ius caedendum usque in planitia possessori *margo* **P** **16**—**17** quae de cunctis ex ipsis arborum **P** **18** manifestum ius **P**, *corr. Goes.* **19** alii diuersas *in* **16** *post* obseruant *habet* **P**, *huc duxit Rig.* | hoc animo serunt *La.*] loca munierunt **P**, *om. Rig.* **20** quidam *Goes.*] quaedam **P** **21** commune⟨s⟩ *Goes.* **25** culta in *scripsi*] cultis **P**, culta *La.*

sint. quae si communes sunt, semper utrimque intactas quidam seruant, quidam durantibus stirpibus earum summas frondes ac uirgulta communiter caedunt. si propri⟨a⟩e alterius partis sint, ut domino libuit aut caedit aut remittit: ex quibus tamen saepe et materia⟨m⟩ deiciunt et alias substituunt. hoc etiam in communibus arboribus saepe accidit: si enim utrisque possessoribus conueniat, ut finales arbores deiciant aut ut pretio taxent aut alterna sibi sorte habeant substituantque in deiectarum locum alias, aut si nihil placuerit substitu[t]i, differentiae [ae]qualitatum indicio erunt.

P 33^{v} Si uero notata*e* | arbores in regionibus finales obseruabuntur, intuendae sunt notae. si enim communes sint mediae, utrimque notatae per totas esse debebunt. si partium fron*d*es spectant in alios fines, plagis, id est latis cicatricibus, signatae inueniri debent, ut intellegantur eorum esse dominorum, in quas partes integrae e[run]t intactae reseruabuntur. signantur autem utrimque, id est ex utraque possessione, intra pedes quinos, ut legis Ma*m*iliae commemorationem habeant. in uersuris quae notatae sunt, aut decus in eis inueniuntur aut gammae, ut manifestum sit, uersura⟨s⟩ suis signis obseruari debere.

Quidam satis putant omissas intactasque pati crescere, si magnitudine ceteras superent. de qua argumentum capere quaestui d*u*cimus: ⟨si⟩ ceterae dissimiles sunt, uidetur aliquod his testimonium per eas praestari.

Praeterea siue in cultis siue in siluosis et in incultis locis agatur, respiciendum erit, utrum hae quae finales uidebuntur arbores habeant in alterutra[m] parte[s] si-

---

12—22 Hygin. 90, 19—24 **20** *sq. u.* 104, 12 **21** decus: 104, 13 decusatas

---

5 remittit **P**, relinquit *frustra coni. La.* **12** notatas **P** **15** frontes **P** **19—20** Maniliae **P** **20—21** arbores quae in uersuris sunt quomodo notatae sunt *margo* **P** **25** dicimus **P** **28** hae **P**, his *coni. La.* **29** in alterutrā (a-tras **P**[1]) partes **P**, *correxi;* alterutrae partes *La.*

miles, *an* utr*i*mque tales habeant. ‖ una re uidebuntur, B 133
si notatae sint. si uero altera pars habet, quo loco de-
ficient, ibi fines uidebuntur esse: hae autem ipsae eius
part*i*s uidebuntur esse [finales], in qua similes eis erunt.
si neutra parte ill*i*s al*i*ae similes et illae solae uideantur,
finales | communesque esse uidebuntur. si autem, ut saepe B 134
fit, unus possessor diuersum utrisque partibus genus ar-
borum per omnem finium suorum ambitum posuerit, ut
inter alios agros quo[s]que con|fines sibi, non solum P 34r
inter eum cum quo controuersia erit, finem faciat, dili-
genti cura uidendum erit, ne proprias alterius arbores
part*i*s communes sus*p*ice*m*ur. quidam tamen quotiens
circa extremos fines suos alicuius generis arbores dispo-
nunt, quae significante*r* differentes ab ceteris possint |
extremos fines demonstrare, incidunt per errorem [enim] B 135
intra uicinorum fines. de qua re diligentius aspicien-
dum erit, ut possessores suos fines teneant, ne alienos
lacessiant.

Viae autem si finem faciunt, adtendendum erit quales uiae et quomodo. nam et saepe incidunt in finibus, et saepe trans uiam aliquas possessores particulas habent. quaedam ergo uiae aliquando fines transeunt possessio-

19 uiae Hygin. 91, 7 **19—22** Z 80v

1 an *scripsi*] quae **P**, quae ⟨si⟩ *La.* | utrumque **P** | una re uidebuntur **B** (*sc.* finales esse), una res uidebitur **P** **2** altera **P**, aliqua **B** | habeat **P** **2—3** deficiant **P** **3** fines — — autem *om.* **P** | hae **P**, haec **B** **3—4** eius partes **B**, partes earum **P** **4** finales **P**, *om.* **B** | eis **P**, ei **B** **5** illis aliae *La.*] illae solae **B**, sunt **P** | et **BP**, sed *La.* **6** communalesque **B** **9** quosque **B**, quaque **P** | sibi *om.* **P** **10** inter eos in quibus controuersiae erunt **P** | faciant **P** **11** arborum **P** **12** partes **BP** | suspicemur *La.*] subscitentur **B**, ostendantur **P** **14** significanter *Goes.*] significant et **B**, significant **P** | differentes **P**, ferentes **B** **14—16** ob ceteris fines uicinorum. Nam et per errorem incidunt. De qua re **P** **16—17** inspiciendum **P** **17** ne **B**, non **P** **18** laces*s*iant **P**, lacesseant **B** **19** faciant **P** **21** aliquas **BZ**, aliqui **P** **22**—p. 110, 1 fines transeunt possessionum **P**, finiunt transitum possessorum **B**

num. quarum tamen non omnium una eademque est con-
dicio. nam sunt uiae publicae [regales], quae publice
B 136 muniuntur et auctorum nomina optinent. nam et cu|ra-
tores accipiunt, et per redemptores muniuntur. nam et
in quarundam tutela⟨m⟩ a possessoribus per tempora
summa certa exigitur. uicinales autem [uiae], de publi-
cis quae deuertuntur in agris et saepe ipsae ad alteras
publicas perueniunt, aliter muniuntur, per pagos, id est
per magistros pagorum, qui operas a possessoribus ad
eas tuendas exigere soliti sunt. aut, ut comperimus, uni
cuique possessori per singulos agros certa spatia ad-
signantur, quae suis inpensis tueantur. etiam titulos
B 137 finitis spatiis positos habent, qui indicent, | cuius agri
quis dominus quod spatium tueatur. ad omnes autem |
P 34v agros semper iter liberum est. nam aliquando deficien-
tibus uicinalibus uiis per agros alienos iter praestatur.
qui⟨dam⟩ etiam conueniunt specialiter uti seruitutem
praestent his agris, ad quos necesse habent transmittere
per suum. nam et his uerbis conprehenditur ITA VT
OPTIMVS MAXIMVSQVE EST. nam et aquarum ductus
solent per alienos agros iure transmittere. itaque, ut
B 149 diximus, uiae saepe necessario || per alienos agros trans-
eunt; quae non uniuerso populo itinera praestari uiden-

2—17 Z 80r–v 13—14 Bo. 402, 2

---

1 quorum **B** | non omnium **P**, *om.* **B** 2 regales quae publice **P**, *om.* **B**, regales *om.* **Z** 3 muniuntur per terminos quos itinerarios dicimus ut transiri eas uias intellegamus non posse *margo* **P** 4—5 nam et in] nam et **B**, et in **P** *La.; cf. u. 19 et 20* nam et 6 uiae **PZ**, *om.* **B** 7 in agris **B**, in agros **P** *La.* | ipse ad **Z**, ipsa ad se **B**, ad **P** 9 magistri pagorum magistrati dicuntur *margo* **P** | qui **PZ**, *om.* **B** 12 tuentur **PZ** 14 tueantur *Bo.* 16 uicinalibus uiis ⅂ **P** | uiis] suis *add.* **Z** 17 quidam *La.*] quid **Z**, qui **B**, quae **P**; qui⟨n⟩ *Goes.* | etim **B** | conueniant (conueniat **Z**) specialiter **BZ**, conueniunt precario **P** 19 per suum **B**, peruium **P** | nam et] in *add.* **P** | ita ut **P**, aut **B** 20 est **B**, sit **P** 23 qua *Turneb.* 23—p. 111, 1 itinera praestari (praestare **P**) uidentur sed eis ad quorum **BP**] **P** *per dittographiam addit* onera praestari uidentur. et eis ad

tur, sed eis ad quorum agros per eas uias peruenire necesse est. hae[c] ergo de uicinalibus solent nasci. nam et *commu*nes uiae [quae] ex uicinalibus nascuntur; quae aliquando inter binos possessores in extremis finibus, pari utri⟨m⟩que modo sumpt*o*, communique inpensa, iter praestant. priuatae itaque uiae ad finitiones agrorum non pertinent, sed ad itinera eis praestanda: *q*uae sub exceptione nominari in emptionibus agrorum solent. ergo uiae publicae et uicinales et commu|nes in finibus B 150 incidunt: non enim finium causa diriguntur, sed itinerum. ita tam fas est finem facere quam et transire uiam.

Vepres si finem facient, uidendum quales, et ⟨an⟩ tantum modo in extremis finibus sint, quoniam per neglegentiam colentium et in mediis agris solent esse uepres; et [ut] a*n* manu satae sint. nam etsi regio quaedam uirgulta non habeat, quae tutelam uineis aut hortis praestent, adferuntur ex | peregrinis regionibus et seruntur. et ar- P 35^{r} bores in uepribus solent ante missae inueniri.

Si fossis fines obseruabuntur, inspiciendum | utique B 151 ⟨i⟩n om[i]nibus, regionum quae sit consuetudo, et uidendum quales fossae, ne, siquis agrorum siccandorum

---

2—7 *et* **9—10** Z 80^{v} **12** uepres Hygin. 76, 7. 91, 17 **19** fossae, riui Hygin. 91, 5—11

---

quorum (*cf. 117, 9* oneribus *pro* itineribus); *qua re non perspecta Huschke et La. scribunt* it. pr. ui. sed eis ⟨ad quorum *o*pera et eis⟩ ad quorum

3 communes *Goes.*] omnes **BP** | quae *om. Turneb.* **4** binos **P**, uinos **B**, uicinos **Z** | in *om.* **B** **5** pari utriq. **B**, pariq. **P**, utrumque **Z** | sumpto **Z**, sumptu **BP** **6** iter *om.* **P** | priuatae uiae finem non faciunt *margo* **P** **7** quae *Turneb.*] duae **BP** **9** publicae *om.* **P** **10** incidunt **B**, incipiunt **P** **11** tam fa **B**, tamen fas **P** **12** uidum **B** | an *scripsi, cf. 113, 2*] *om.* **B**, si **P***La.* **13** finibus **P**, finium **B** **14** mediis solent esse agris **P** **14—15** uepres; et an *scripsi*] uepres et ut ab **B**, siue uepres **P**, uepres; et utrum *La.* **15** manu satae ˥L **P** **15—16** quandam uirgulam **P** **16** praestet **P** **18** solent antemissae in uepribus **P** **20** in omnibus *Turneb.*] nominibus **BP** **21** agrorum siccandorum ˥L **P**

causa fossas fecerit, finales esse uideantur. nam et intellegi potest aliquando ex ipsarum fossarum positione, utrum propriae an finales sint, quoniam transuersae quaedam aut obliquae a finibus recedunt. ita ut supra dictum est, ex ipsorum locorum necessitate et ex ipsorum positione colligi debebit, quae sint finales. aliae tamen quae finales sunt, cum uidentur esse communes, inspiciendum erit an ita sit. nam quidam in extremis finibus in solo suo faciunt fossas et ex superioribus uicinisque agris defluentes aquas excipiunt, ne inferiores terrae
B 152 laborent. ita quod | in solo suo quis fecerit, non statim communes sed circa fines esse uidebuntur. respiciendum ⟨hoc⟩ quoque erit. nam et in aliis lateribus similiter fines obseruabuntur. sed et proprias qui faciunt ad expediendas aquas, aliquid soli sui extra fossam solent relinquere. aliquando etiam terminos extra fossam positos inuenimus, qui et ipsas fossas et soli relicti partes decernant cuius domini sint. quidam uero etiam arbores ante missas finales extra fossas habent, et in contro-
B 153 uersiam saepe deducuntur, quod credatur fossas | finem facere debere. propter quod, sicut in aliis generibus |
P 35v.(B) finitio‖num, sic et in hoc quoque consuetudines regionum intuendae erunt. †etenim dum terminis aut arboribus fines obseruari consuetudo sit, non oportere fossas, quae prope fines erunt, finales obseruari; si uero substructionibus et maceriis finientur agri, uidere quales

1 fossas **B**, aliquando **P** 4—7 a finibus — — tamen quae **P**, *om.* **B** (*post* obliquae) 9 ex **B**, de **P** 12 communem **B**, c-ne **P** | uidebitur **P** 12—13 *addidi;* quod respiciendum **P** (*sscr.* P^2) | nam **BP**, num *Goes. La.* 14 proprias qui ⅂ **P** 15 sui **P**, ut **B** 16 extra fossam] solent relinquere et extra fossa (fossam **G**) eos *add.* **P** 17—18 ex soli relicti parte discernant **P** 19 et ⟨eae⟩ in *La.*, *sed cf. u. 11—12* 21 sicut **P**, in alii sicut quid **B** 22 finitio| **B**: *hic desinit Sic. Flaccus in* **B** *(sequitur 96, 14)* 23 etenim **P**] '*fortasse* est enim iustum' *La. (cf. 115, 4), an* ⟨eluc⟩et enim? | Si consuetudo est regioni t̄minib. aliisq. signis fines obseruari, non cito fossae finalis obseruari debere *margo* **P**

substructiones et maceriae, quoniam quid*a*m congestionibus lapidum, ripis, substructionibus terras, ne dilabantur, excipiunt. ita si ad tutelam terrarum extruantur, uidendum an et finitiones praestare debeant. nam quidam transuersas et obliquas macerias ripis substructionibus factas uolunt uideri finales. quod ex ipsa facie aliquando intellegitur, si [enim] proprias quis faciat in terris suis ad sustinendos seruandosque agros suos, non posse eos esse finales; nam quaedam, quae fines praestant, maiori opere extructae inueniuntur quam eae, quae priuatae sunt. nihilo minus et in hoc genere finitionum consuetudines regionum intuendae erunt. sed et ex ipsorum locorum ⟨qualitate⟩ aliquando aliquid colligi potest. si enim non expetent terrae, quarum sustinendarum causa uideatur maceria esse facta, poterit finalis uideri. sed in planis locis si saxuosus sit ager, repurgatur, et ex congestione maceriae fiunt. ita et ex ipsius loci qualitate aliquid colligi potest. si enim non sit ager saxuosus, cuius repurgandi causa congestio in speciem maceriae facta uideatur, poterit uideri finalis. ergo, ut saepe | diximus, quaedam ex con- P 36^{r}
suetudine regionum, quaedam ex natura loci colligi possunt.

Nam et de fossis idem sentimus. si enim non sit necessitas agri siccandi nec in uicinis fossae inueniantur, possunt uideri finales, non interuenientibus quer*ell*is, quibus ambigatur, secundum regionum consuetudinem esse finales. sed si in regione non sit consuetudo fossis finem obseruari, ea ergo, quae quasi nouum exemplum afferre uidebuntur, intuendum utrum ex necessitate loci agros siccent an finem praestent.

Maceriae quoque, et quae ex congestione lapidum fiunt et quae manu instruuntur, non semper aut terrarum

---

1 quidem **P** **10** eae **P** (hae G^1) **13** qualitate *addidi; cf. v. 17*] natura *add. Turneb. La.* **13—14** expetent] extent *Goes.* **25** querellis *Schulten*] quae erunt uiis **P**, qualitatibus *La.* **26** ambigantur *La.* **28—29** *malim* eae ergo — afferri excipiendarum causa aut repurgandi agri aut finem praestandi fiunt. aliquando enim per magnum spatium aut uiuaria aut pom*a*ria aut uineas aut oliueta aut arbusta maceriis supra dictis includunt et ab incursionibus bestiarum defendunt. ita diligenter omnia exquiri debebunt, ne qua ratione fallamur.

Riuis si fines obseruabuntur, qui non semper singulorum agrorum extremitates ambire possunt, sed per aliquod spatium lateribus quibusdam possessionum finem praestare, intuendum erit an sit consuetudo ultro citroque riuorum aliquas partes agrorum possideri ab his, qui trans riuum contrarios agros habebunt. quidam enim riui ab origine, id est a capite, donec in mari defluant, fines possessionibus praestant, quidam uero ultro citroque |
P 36ᵛ transmittunt possessores. quod ipsud requirendum erit an[quod] in consuetudine regionum sit. comperimus enim quibusdam locis per omnem tractum riui †finem aliquas particulas agrorum ab eis, qui econtrarios trans riuum habent agros, empt*as* iunct*as*que eis agris, qui riuo finirentur. quod ipsud non debet nocere exemplo, quoniam emptae particulae aliis agris iungantur. ita transeundi riui non debet haec condicio confundere possessores. quod etiam in fossarum condicione euenire potest, itemque uiarum.

Riuus autem quotiens finem facit, appellatur RIVO RECTO [curuoque]. qui si alicuius terras minutatim ex alia parte abstrahat et alii contrario relinquat, quod uocant a*b*luuionem et alluuion*e*m, repetitio finium ha⟨u⟩d datur: ind*u*cit enim necessitatem riparum tuendarum.

26 *sq.* Hygin. 87, 4—7

3 pomeria **P**, *corr. Turneb.* **13** in mare *La.* **16** an *Turneb.*] anquod **P**, numquid *La.* **17** finem **P**, finalem *Goes.*; *an* finalis? **18** econtrarios **P**, contrarios *La.*; *an* e contrario? **19** emptos iunctosque **P**, *corr. Turneb.* **22** possessiones *Goes.* **26** curuoque] *del. La.*; '*aut delendum hoc uoc. aut scr.* cursuque' *Mo.* **28** alluuionem et alluuionum **P** **28—29** haud datur *scripsi*] addatur **P**, non datur *La.* **29** indicit **P**

quod iuste uidetur prospectum, ut terrae possessoribus saluae sint, etiam publicae utilitatis causa. quod ⟨si⟩ ui[m] tempestatum riui torrent*e*s subito alue*um* cursu⟨m⟩que mu*t*ent, *ius*tum, ut nostra fert opinio, erit ut aluei ueteris fines suos quisque obtineat.

In aliquibus regionibus ita fines inter possessores ordinati sunt, ut rigores durent per longum tractum; in*ci*dentesque in uiis aut riuis aut in ⟨sub⟩structionibus aut rigoribus aliisque finitionum generibus defi*c*ient supra dicti rigores: inde in quo inc*i*derint genere fines obseruabuntur, donec et illud ipsud genus aliquo[d] inc*i*dat, quo finiantur agri. ergo et rigores et uiae | et riui et substruc- P 37r
tiones alii aliis inc*i*dentibus inter se inuicem succedunt. nam et in ipsis generibus sicubi coxae sunt, terminos inuenimus frequenter. sed et petras naturales, quae in finibus inc*i*dunt, saepe notatas inuenimus.

Omnia autem finitionum genera, quae in occupatoriis agris uidentur inueniri posse, in quaestoriis et diuisis et assignatis agris frequenter inueniuntur, quoniam emendo uendendoque aut cambiando mut⟨u⟩andoque similia finitionum genera inueniri possunt. sed et unius agri extremitas potest multis finiri generibus, cum ex uno latere finia*t*ur terminis, ex alio arboribus, ⟨ex⟩ alio supercilio, ex alio riuo, quaeque alia obseruabilia in finibus sunt. ita non uno genere, quasi lege data, fines obseruabuntur. quae etiam in omnibus agrorum condicionibus euenire possunt.

Illud uero inuenimus aliquibus locis, ut inter arua uicini ar*gu*antur confundere fines eoque usque aratrum perducere, ut in finibus solidum marginem non relinquant, quo discerni possint fines.

2—5 Hygin. 87, 19—88, 1 **14** coxae 103, 16. 106, 5

---

3 torrentis **P** **3—4** alueo cursuque munientes tum **P**, alueum cursumque mutent iustius est tum *Cuiacius* **7—8** inced. *semper* **P** **9** definient **P**, deficiant *Goes.* **11** ⟨in⟩ aliquo d⟨ein⟩ *Goes.* **29** arciantur **P**

Sed et in uineis aliisque culturarum generibus simile quid inueniatur. si enim duo possessores extremis finibus ui⟨ne⟩as habent, cum fodiunt, finem solidum relinquunt. nam et signa defodiunt [propter quaestorios agros].

Praeterea et in multis regionibus comperimus quosdam possessores non continuas habere terras, sed particulas quasdam in diuersis locis, interuenientibus compluri[m]um possess*ion*ibus; propter quod etiam complures uicinales uiae sint, ut unus quisque possit ad particulas suas iure peruenire. sed et de uiarum condicionibus lo-
P 37v cuti sumus. | quorundam agri seruitutem possessoribus ad particulas suas eundi redeundique praestant. quorundam etiam uicinorum aliquas siluas quasi publicas, immo proprias quasi uicinorum, esse comperimus, nec quemquam in eis caedendi pascendique ius habere nisi uicinos quorum sint; ad qu*a*s i*tine*ra saepe, ut supra diximus, per alienos agros dantur.

DE QVAESTORIIS AGRIS.

Quaestorii dicuntur agri, quos ex hoste captos p. R. per quaestores uendidit. hi autem limitibus institutis laterculis quinquagenum iugerum effectis uenierunt. quem modum decem actus in quadratum per limites demensi efficiunt; unde etiam limites decumani sunt dicti.

Horum uero agrorum paene iam oblit⟨t⟩erata sunt signa: nam aliquibus locis etiam lapides, qui in limitibus de*n*is actibus emensi⟨s⟩ positi erant, interciderunt,

---

20—p. **117, 4** Hygin. 78, 18—**79, 4**; *supra* 100, **7**—13 **23—24** decumani *cf.* Frontin. **11, 15.** Hygin. Grom. **132, 9**

1—5, *quae inter* **18** *et* **19** *habet* **P**, huc pertinere uidit *La.* **2** '*immo* inuenitur' *La.* **3** uias *in rasura* **P** (*prius* uineas, *ut uidetur*) **8—9** complurimum possessoribus **P**, *corr. Goes.* **15** quas **P**, quasi **G** **17** ad quas itinera] ad qui sint intra **P**, *corr. Rig.* **24** quare decumani dicti sunt *margo* **P** **27** denis *Goes.*] de nouis **P**

et limites ipsi, id est rigores, non parentibus lapidibus difficile inueniuntur. paene iam itaque fit, ut ⟨ad⟩ occupatoria⟨m⟩ condicione⟨m⟩ rec*i*dant. in quibus alia similia in finibus obseruabuntur.

Limites autem ab liminibus uocabula acceperunt, quoniam limina introitus exitusque locis praestant, limites agris similiter introitus exitusque. qui in agris | diuisis et assignatis semper peruii esse debebunt tam P 38r *iti*neribus quam et mensuris agendis. cum ergo omnes limites a mensura denum actuum decimani dicti sint, hi qui orientem occidentemque intuentur, qui⟨que⟩ meridianum et septentrionem tenent, unum uocabulum illis erat: decuman*i* nuncupabant⟨ur⟩ matutini et uespertini et meridiani et septentrion⟨al⟩*e*s [cardinem]. alii uero ob regionum positionem et naturam appellauerunt maritimos et montanos. postea uero cum agri diuiderentur et assignarentur, decimani quidem uocabulum permansit, ut hi qui orientem occidentemque intuentur decimani dicerentur: hi uero qui meridianum et septentrionem, quoniam cardinem mundi tenerent, cardines sunt appellati.

Et omnes limites dirimunt agros centuriasque designant. qui, ut supra diximus, in agris diuisis et assignatis semper peruii esse debebunt et itineribus et mensuris agendis.

Centuriis, quarum mentionem nunc facimus, uocabulum datum est ex eo, ⟨quod⟩ cum antiqui [Romanorum]

---

5 limites Frontin. 13, 6 8 *ibm.* 10, 7 14—16 *ibm.* 13, 7—12 20 *ibm.* 12, 2 26—p. 118, 3 *ibm.* 14, 1—5. Comm. 52, 25

2—3 *cf.* 118, 8 3 rec|cedant P, recedant G 9 itineribus *La.*] oneribus P; *cf. v. 24* | omnes *falso del. Mo.* 11 *addidi* 12 unum] kardinum *falso Salmasius exerc. Plin. p. 476 et Mo. Ges. Schr. V 97, qui versus 16—21 non respexerunt* 13 erat] sit *falso Mo.* | decumanum nuncupabant P, *corr. Mo.* 14 septentrionales *scripsi*] septentrionis P | *secl. La.; cf. v. 20* 15 ob G[1], ab PG agrum ex hoste captum uictori populo per bina iugera partiti sunt, centenis hominibus ducentena iugera dederunt: et ex hoc facto centuria iuste appellata est.

Ergo in quaestoriis agris adhuc in regionibus quibusdam manentibus lapidibus, quibus limites inueniri possunt, aliqua uestigia reseruant⟨ur⟩. sed, ut supra diximus, P 38v emendo uendendoque aliquas | particulas ita confuderunt possessores, ut ad occupatoriorum condicionem recederint. tamen, ut supra diximus, in aliquibus et lapides et rigores aliqui inueniuntur et fines praestant.

DE DIVISIS ET ASSIGNATIS.

Diuisi et assignati agri ⟨non⟩ unius sunt condicionis. nam et diuiduntur sine assignatione et redduntur sine diuisione. diuiduntur ergo agri limitibus institutis per centurias, assignantur uiritim nominibus.

Ergo agrorum diuisorum, qui institutis limitibus diuisi sunt, formae uarias appellationes accipiunt. quidam ⟨in⟩ arbore⟨i⟩s *tabulis*, alii in *a*enis, alii in membr⟨an⟩is scripserunt. et quamuis una res sit forma, alii dicunt perticam, alii centuriationem, alii metationem, alii limitationem, alii cancellationem, alii typon, quod, ut supra diximus, una res est, forma. quidam formas, quorum mentio habita est, in aere scalpserunt, id est in aereis tabulis scripserunt. hi tamen quidquid instituerunt curandum erit ut fide aestimetur, nequis uoluntario finem proferat ⟨aut⟩ illa tantum fides uideatur, quae aereis tabulis manifestata est. quod si quis contra dicat, sanc-

---

11 *cf.* Frontin. 1, 6. Hygin. 80, 14

4—6 fusos limites uel signa finalia dicit *margo* **P** **7** confu*n*derunt **P** **8—9** recederint **P** **12** *add. Rig.* **18** in *addidi* | arboreis tabulis *La.*] arbores finales **P** | uenis **P**, *sed* alii in aenis alii in membris id est alii in aere alii in membranis hoc ē in mappa uel in codicib. depinxert *margo* **P** **22—23** quorum *sic* **P** **25—26** finem proferat. **P**] fidem proterat *frustra La.; cf. Iuv. Sat. XIV 142* tuarium Caesaris respici solet. omnium enim agrorum et diuisorum et assignatorum formas, sed et diuision*um* et ⟨assignationum⟩ commentari*os*, et principatus in sanctuario habet. qualescumque enim formae fuerint, si ambigatur de earum fide, ad sanctuarium principis reuertendum erit.

Causam autem diuidendorum | agrorum bella fecerunt. P 39r captus enim ager ex hoste uictori militi ueteranoque [est] assignatus hostibus pulsis aequalis in modo manipuli datus est. nec tamen omnibus personis uictis ablati sunt agri; nam quorundam dignitas aut gratia aut amicitia uictorem ducem mouit, ut ei⟨s⟩ concederet agros suos. itaque limitibus actis cum centuriae eximerentur, eorum, quorum nomina continent, agri notabantur, quantum in quaque centuria haberent. inscriptiones itaque in centuriis sunt tales: DEXTRA aut SINISTRA DECIMANVM TOTVM, VLTRA CITRA[q]ue CARDINEM TOTVM ASSIGNATVM ILLI TANTVM; inde suscriptum est nomen, cui concessum est, inscriptione tali, REDDITVM ILLI TANTVM. praeterea scriptum est et REDDITVM ET COMMVTATVM PRO SVO. quod ideo fit, quoniam particulas quasdam agrorum in diuersis locis habentes duo, quibus agri reddebantur, ut continuam possessionem haberent, modum pro mod*o* secundum bonitatem taxabant; et in locum eius, quod in diuerso erat, maiorem partem accepit itaque, sicut supra diximus, qui hanc inscriptionem accepit, id est REDDITVM COMMVTATVM PRO SVO.

Inscriptiones ergo diligenti cura intuendae erunt, ut sciamus quantum dati assignati si[n]t, quantum redditi,

11—12 *et* 18—21 Hygin. 80, 16 13 *sq. cf.* Hygin. 73, 6 *sq.*

2 diuisionum et ⟨assignationum⟩ *scripsi*] diuisionem et P, descriptionem et *La.*, diuisionum *Rig.* 3 commentarius P 13 eximerentur P, exigerentur *frustra Rig. La.*; *cf.* Hygin. 73, 6 mensura peracta sortes diuidi debent 17 totus = τόσος 18 subscriptum G[1] 24 modum P | taxabant et P, taxabant: [et] *La.*

et quantum commutati, qua computatione facta quanto minus fuerit, quam centuriae modus esse debet, subseciuum uocatur. subseciuorum uero genera sunt duo. P 39v unum est quod a | subsecante linea mensura⟨e⟩ quadratum excedet. alterum est autem quod subsecant*e* assignationes linea[e] etiam in mediis centuriis relinquetur. euenit hoc autem ideo, quoniam militi ueteranoque cultura assignatur: si quid e⟨ni⟩m amari et incerti soli est, id assignatione non datur.

Inscriptiones in centuriis frequenter inuenimus tales, DATVM ASSIGNATVM singulis personis certum modum, aliquando uero compluribus unum modum. de qua re diligenter inquirendum erit, utrum aequaliter modus ille pluribus ascriptus diui⟨di⟩ deb⟨e⟩at, an aliquibus personis et alicui plus debeatur. non enim omnibus aequaliter datus, sed et secundum ⟨gradum⟩ militiae et modus est datus. manipulus ergo singulas acceptas accipient, aliqui gradus singulas et dimidias, aliqui binas. pluribus ergo, ut supra diximus, personis ⟨in⟩aequaliter assignatur modus. sed nec singulis acceptis modi[s] per omnes regiones aequalitas est; nam secundum bonitatem agrorum computatione facta acceptas partiti sunt: melior*is* itaque agri minorem modum acceperunt.

Ergo acceptiones in centuriis, ut coeperamus, explicandae sunt. diximus enim DATVM ASSIGNATVM compluribus aliquando unum modum adscribi; sed et RED- G 67 DITVM SVVM | aliquando pluribus personis unus modus adscribitur. quae *an* aliquando aliter partiri de-

1—6 Frontin. 2, 16—3, 2

4 a subsecante linea *i. e. 'von jener Linie aus gerechnet'* | mensurae *scripsi* 5 subsecante *scripsi*] subsecantis P 6 linea *scripsi* 8 siquidem P 14 diuidebat P, *corr. Goes.* 15 et] *an* uel? | alicui P, cui *Goes.* 16 *add. Rig.* 17 manipulus P, '*rectius* manipulares' *La.; cf. 123, 11* populo, dum — transeant 22 meliores P 25 DATVM *om. La. cum* G 28 quae an *La.*] quaedam P | aliter P (*cf. 98, 12* aliae = *15* diuersae); inaequaliter *La.*

beant, inde colligere poterimus, ut respiciamus professiones: si enim quibus agri *sui* reddantur, iussi | pro- (P) fessi sunt, quantum modum quoque loco possiderent. praeterea inuenimus suscriptiones tales, ⟨ut⟩ DATVM ASSIGNATVM adscriptum sit, subiectum REDDITVM SVVM uni aut duobus pluribus[q]ue personis, e[s]t modus nullus adscriptus; quod, ⟨ut⟩ nostra fert opinio, quod datum assignatum, computatum sit: reliqu*um* quidquid erit ex centuria, eius eorumue erit, quorum nomina sine modo inueniuntur. aliquando integras plenasque centurias binas pluresue continuas uni nomini redditas inuenimus; ex quo intellegitur REDDITVM SVVM, LATI FVNDI: ⟨hi⟩ per continuationem seruantur centuriis.

Inscribuntur quaedam EXCEPTA, quae aut sibi reseruauit auctor diuisionis et assignationis, aut alii concessit. inscribuntur et COMPASCVA; quod est genus quasi subseciuorum siue loca, quae proximi quique uicini, id est qui ea contingunt, pascua .... illud uero ...... auctores diuisionis assignationisque leges quasdam colonis describunt, *ut* qui agri delubris sepulchrisue publicisque solis, itiner*a* uiae actus ambitus ductusque aquarum, quae publicis utilitatibus seruierint ad *id* usque tempus, quo agri diuision*es* fierent, in eadem condicione essent, qua *a*nte fuerant, nec quicquam utilitatibus publicis derogauerunt.

In quibusdam regionibus fluminum modus assignationi

16—18 Hygin. 80, 1—6. 20 **18—25** *ibm.* 83, 12—18 **26—p. 122, 17** *ibm.* 88, 4—15

---

2 agris uiae **P** **4** subscriptiones **G**[1] **8** reliquum *Turneb.*] reliquo hominum **Gp** **14—15** Dicit aliquid se seruasse sibi agri auctorem diuisionis *margo* **p** **18** *Lacunas statuit La., qui confert Hygin. 83, 12* illud uero obseruandum, quod semper auctores etc.; *sed pro* pascua . . . *fort. cum Goesio scribendum* pascunt (= ius pascendi habent *116, 16*) **20** et **Gp** **21** solis] *sc.* seruierint | itinera *scripsi, cf. Hygin. 97, 23*] itineris **Gp**, item *La.* **22** aditusque **Gp** **23** diuisioni **Gp** **24** ante *Turneb.*] inter **Gp**

cessit, in quibusdam uero tamquam subseciuus relictus est, aliis autem exceptus inscriptumque FLVMINI ILLI TANTVM. ut in Pisaurensi comperimus DATVM ASSIGNATVMQVE ut VETERANO, deinde REDDITVM SVVM VETERI POSSESSORI, FLVMINI PISAVRO TANTVM, *IN* QVO ALVEVS; deinceps et ultra ripas utrimque aliquando ad-
G 68 scrip|tum modum per omnes centurias, per quas i*d* flumen decurret. quod factum auctor diuisionis assignationisque iustissime prospexit: subitis enim uiolentisque imbribus excedens ripas defluet, quo⟨a⟩d etiam ultra modum sibi adscriptum egrediatur uicinorumque uexet terras. cum ergo possessores hoc incommodum patiantur adsiduitate tempestatum, conte*n*toque flumine alueo ripisque suis aequum uideatur iniuriam pass*o*s subsequi terras usque ad alueum fluminis, has tamen terras Pisaurens*e*s publice uendiderunt, quas credendum est proximos quosque contingentes eas emisse uicinos.

Limitum quoque modus in quibusdam regionibus per amplum spatium exceptus est, in quibusdam uero modo assignationis cessit. ergo centuriae limitibus clausae, qui a limit⟨ation⟩ibus excipiuntur: a[d] praescripta lege latitudin*e* ⟨enim⟩ *ac*tae incipiant mensurae oportet [et] centuriarum; in his quibus non excipiuntur [ad praescripta lege latitudinis], ab linea mensurali per limitem omnis modus in mensuram centuriae cadit. qui tamen, ut supra diximus, semper [in] itineribus ⟨et⟩ mensuris agendis peruii oportet ut sint. spatium autem, intra quod sors solum uersari debeat, quasi dignationes dat: decimano uero et

18 — p. 123, 18 Hygin. 83, 22—84, 7

3 in pis$\overset{v}{a}$rensi G 5 IN] ne Gp 7 id] in Gp 8 decurre⟨re⟩t *Rig. La.*; *cf. 120, 5* 10 '*potius* diffluet' *La.* | *add. Goes.* 11 uicinorumque p, uinorumque G 13 contemptoque Gp 14 passus Gp 15—16 Pisaurensis Gp, *corr.* G^1 20 clausae, qui] clausae sunt: qui ⟨si⟩ *La.* 21 excipiuntur, *La.* 21—22 latitudine ⟨enim⟩ *scripsi*] latitudinis Gp, l-ne *Goes. La.* 22 actae] datae Gp 23—24 *secl. Goes.* 27 sors solum p, sors G *La.* 28 quasi dat dignationes p

cardini maximis maximus latitudinis modus praescribi debet, deinde quintam quamque centuriam includen*ti* per decimanos cardinesque; ⟨qui⟩ cum uiginti et quinque centurias includant, saltus appellatur. quibusdam regionibus, cum in ipsis inc*i*dant uillis, portas domini uillarum faciunt ianuasque inponunt et seruos huic negotio ad transmittendum populum applicant, quoniam utilissimum iter populo seruari debeat. datur autem uia a possessoribus, ut *l*imi*t*es occu*rr*ent; hac tamen | G 69 condicione, ut si ⟨u⟩illae in limitibus positae sint, id est limites in quibus inc*i*dunt, ⟨red⟩dant per agros suos iter populo, dum non deterius quam per ⟨u⟩illas transeant. sed quaedam ita positae sunt, ut quantumcumque de limite deflectere uelint, incommodum iter patiantur: ita necessario per ipsas transeunt uillas. limitem autem non puto quemquam occupare debere colendo, ut per agrum iter reddere mallet: alioquin deflexus illi, qui de limite detorquentur, multo maiorem occupant modum.

Centuriae autem non per omnes regiones ducenta iugera obtinent: in quibusdam ducentena dena inuenimus, in quibusdam ducentena quadragena. ita diligenti cura et haec erunt respicienda, quoniam et limitum non aequale spatium inter lapides sit oportet, si amplius quam ducentena iugera centuriae habent. ut puta si habet centuria iugera CCXL, si⟨n⟩t oportet per decimanum aut cardinem ab lapide ad lapidem actus XXIIII, et per alterum limitem actus XX: [aut] tot enim actus, quorum numer*os* per decimanum a*c* per cardinem datos inter se multiplica⟨n⟩t[os], facient CCCCLXXX. itaque dili-

20 Frontin. 14, 6; *cf.* Hygin. Grom. 135, 15—20

1 maximis *om.* p **2** includens **G** p, *corr. Goes.* **3** cardines quae cum **G** p, *corr. Goes.* **5** incedant **G** p **8** uia **G** p, ita *La.* **9** ut similes occupent **G** p **9—10** ille **G** p, *corr. Rig.* **10** quibus **G** p, *fort.* uillis | incedunt **G** p **20—21** inuenimus, in quibusdam ducentena p, *om.* **G** *La.* **22** aequalem p **26** ad lapidem p G^1, ab l-m **G** **27** quorum **G** p, *om. omnes editores* **28** numerus *ego,* n-rum **G** p | ac *Turneb.*] aut **G** p **29** multiplicant *scripsi*] multiplicatos **G** p genter id scrutandum, quanta per decimanum et quanta per cardinem spatia inter lapides obseruari debeant. comperimus in quibusdam perticis cum centuria⟨e⟩ ducenta iugera haberent, non uiginti actus aequaliter per limites inter lapides datos: in Beneuentano actus uiginti quinque per deciman*o*s, et actus sedecim per cardines; qua mensura iugera ducenta quidem includuntur, centuriae quadratae non exprimuntur.

Illud praeterea comperimus, deficiente numero militum ueteranorum agr*o* qui territorio eius loci continetur, in quo ueterani milites deducebantur, sumptos agros ex uicinis territoriis diuisisse et assignasse; horum etiam G 70 agrorum, qui ex uicinis populis | sumpti sunt, proprias factas esse formas. id est suis limitibus quaeque regio diuisa est, et non ab uno puncto omnes limites [f]acti sunt, sed, ut supra dictum est, sua⟨m⟩ quaeque regio formam habet. quae singulae praefecturae appellantur ideo, quoniam singularum regionum diuision*i* ali*os* praefe⟨ce⟩runt, uel ex eo quod in diuersis regionibus magistratus coloniarum iuris dictionem mittere soliti sunt. ac tamen omnes quarum coloniarum ciues acceperunt, p 42r eius | perticae appellabuntur: ergo praefectura illa dicitur, cuius territorio ager sumptus fuerit, pertica illa P 42r tamquam | colonia, ubi ciuis deductus fuerit. nec tamen semper uniuersa territoria, quotiens ager coloniae defecit, uicinis auferuntur, sed solum quod assignare necesse

---

9 *sq. cf.* Hygin. 81, 11 *sq.* 14 suis limitibus *cf.* Hygin. Grom. 136, 1 perticae fines, hoc est primae adsignationis, aliis limitibus, aliis praefecturae continentur *etc.* 21—24 pertica, praefectura Frontin. 15, 1—4

---

6 decimanas Gp 10 agrum Gp, *cf. v. 25* ager — deficit 14—15 regio diuisio (diuis$\overset{i}{\text{a}}$o p) diuisa Gp 15 acti *Goes.* 17 ////// praefecturae G 18 diuisioni alios *scripsi*] diuisiones alii Gp, d-es aliis *La.* 20 ⟨ad⟩ iuris dictionem *Rig.* 22 perticae appellabuntur G, appellabantur p 23—24 illam tamquam coloniam illam GP 25—26 defecit P, deficit G

fuit; quod ipsum legis praescriptio declarat. aliquando uero in limitat⟨ionib⟩us ⟨si⟩ ager etiam ex uicinis territoriis sumptus non suffecisset, et auctor diuisionis assignationisque quosdam ciues coloni⟨i⟩s dare uelit ⟨et⟩ agros e*i*s assignare, uoluntate⟨m⟩ sua⟨m⟩ edic*it* commentariis aut in formis extra limitationem, MONTE ILLO, PAGO ILLO, ILLI IVGERA TOT, aut ILLI AGRVM ILLVM, QVI FVIT ILLIVS. hoc ergo genus fuit assignationis sine diuisione; quoniam, ut supra dictum est, agri diuiduntur limitibus structis per centurias, assignantur uiritim nominibus. sunt uero diuisi nec assignati, ut etiam in aliquibus regionibus comperimus, quibus, ut supra diximus, redditi sunt agri: iussi professi sunt quantum quoque loco possiderent. aliquibus uero ita contigit, ut iussi aestimatione facta profiterentur; quibus secundum aestimationem *pecu*nia data est, pulsique agris suis sunt, ueteranusque uictor eo deductus est.

Illud uero quod saepe respicimus, quod similitudines culturarum comparemus, potest quidem fieri ut simil*i*s conuenient*i*sque culturae etsi ⟨sit⟩ una facies, plures tamen domini. nam cum pulsi *ess*ent populi †potestatique locupletiorum fuissent lati fundi, *qui un*ius ag*er* fuisse[n]t, plur*ibus* person*is* hic diuisus et assignatus est. ita quamuis ille habuerit culturae faciem, qu*e*m plures domini acceperunt, erit quidem | inter plures similis fa- P 42ᵛ
cies; tamen quisque suum secundum acceptas habere debebit. item contrario euenit, ut quod pluribus assigna-

---

9 supra 118, 14 **12** supra 119, 11 *sq.* 121, 2 **18—19** Hygin. 92, 20—93, 4. 76, 15

---

2 inlimitatus ager **P**, inlimitatibus **G**, *corr. La.; an* ⟨si⟩ inlimitatus ager? **5** eos **P** | sua edictis **P** (suae dictis **G**) **16** pecunia *La.*] qnm **P** **19—20** similes conuenientesque **P** **21** essent *scripsi, cf. 164, 4*] sint **P**, sunt **G** *La.* **21—22** potestatique] partitique ⟨qui⟩ *La.; an* potitique qui? **22—23** qui unius ager fuisset, pluribus personis hic *scripsi*] in cuius agro fuissent plures personae hic **P**, i. c. a. f. p. personae, his *La.* **24** quamuis **P** (= quamcumque?), quam *La.* | quam **P**

tum est ad unum perueniat dominum, et quam⟨uis⟩ dissimiles sint culturae, ut etiam finitiones appareant quae erant inter eos, id est quibus assignati erant agri, tamen [quoniam], ut saepe inuenimus, uni foco territoria compluri[m]um acceptarum adtribuantur. nihil ergo nocere debebunt uarietates et dissimilitudines culturarum; ex quibus, ut nostra fert opinio, nascuntur saepe controuersiae: et aes respicitur, id est quas quique acceptas defendant, quibusque personis redditum aut commutatum sit pro suo.

Saepe etiam unius eiusdemque *n*ominis duo domini acceptam sibi defendunt. quae res quamuis sit confusa, tamen modus minor in possessione maiorem modum sequitur. aliquando autem monumenta eorum, quibus assignati sunt agri, aut uocabula uillarum agrorumque quamuis iusta uidentur, tamen, ut supra et saepe commemorauimus, potuerunt aliquando aliqui aliquem numerum, id est aliquantas particulas, remisisse aut uendidisse.

Euenit aliquando, ut in Nolano comperimus, idem, qu*om* diuisio non ab uno puncto concessit, sed e*x* diuersis limitibus, qui oblique inter se concurrunt. ergo uidendum est qua significantia *line*arum regio dinosci possit, ut intellegi possit DEXTRA aut SINISTRA DECIMANVM DEXTERIOREM aut DEXTRA aut SINISTRA DECIMANVM SINISTERIOREM.

P 43r | Praeterea dic*i*tur et 'aes miscellum'. ita eueni[un]t ut qui a diuo Iulio deducti erant, temporibus Augusti militiam repetissent; consumptisque bellis uictores terras suas repetierunt; in locum tamen defunctorum alii agros acceperunt. ex quo fit ut his centuriis inueniantur et eorum nomina, qui deducti erant, et eorum, qui postea

---

3 [id est] *La.* **6** similitudines *La.* **8** '*malim* respicietur' *La.* **11** hominis **P** **19—20** idem, quom *scripsi* (*sc.* ut res sit confusa. *v. 12*)] idemque **P**, idemque . . . *La.* **20** concessit **P**, processit *La.* | ex] et **P** **22** linearum] quarum **P** **26** dicitur *scripsi*] dicuntur **P** | z *post* et *sscr. rec.* **P** (&^{z}) | euenit *scripsi* in locum successerunt. quod tamen hac suspicione nos inuenimus sic ⟨esse⟩. cum data assignata nos computaremus et excederent centuriae modum, reuer*s*i ad originem primam assignationis inuenimus postea adiecta esse nomina in hac condicione, qua supra opinati sumus.

Subseciuorum mentio repetenda est. auctores *enim* diuisionis assignationisque aliquando subseciua re⟨bu⟩s public*i*s coloniarum concesserunt: aliquando in condicione illorum remanserunt. quae quidam, id est coloni, sibi donata uendiderunt, aliqui uectigalibus proximis quibusque adscripserunt, alii per singula lustra locare soliti per mancipes redit*u*s percipiunt, alii in plures annos. quae ex monumentis publicis cognosci possunt.

Collegia sacerdotum itemqu*e* uirgines habent agros et territoria quaedam etiam determinata et quaedam aliquibus sacris dedicata, in eis etiam lucos, in quibusdam etiam aedes templaque. quos agros quasue territoriorum formas aliquotiens comperimus extremis finibus conprehensas sine ulla mensurali linea, modum tamen inesse scriptum.

Praeterea cum ex | aliis territoriis ager sumptus est, P 43ᵛ et subseciua et uacuae centuriae, quae in assignationem non ceciderant, redditae sunt eis, ex quorum territorio agri sumpti erant. quae et ipsi aut uendiderunt aut uectigalibus subiect*a* habuerunt; sicut et aliarum rerum publicarum comperimus, ut supra commemorauimus. non enim omnis ager centuriatus in assignationem cecidit, sed et multa uacua relicta sunt. qu*o*rum ea condicio est

6—13 Hygin. 96, 11—20 **14—20** Hygin. 80, 7—11 (*cf.* 77, 15—21) **19** *cf.* 77, 19 geometricae exercitationi subducunt **21—24** Hygin. 80, 23—81, 4 **24—25** *u.* 9—11

3 reuerti **P** **6** enim *Goes.*] finem **P** **7—8** res publica **P** **9** [id est coloni] *La.* **12** reditos **P** **14** itemque] item quos **P** **18** finibus] ⍭ (*i. e.* alibi) lineis *margo* **P** **19—20** inesse *sc.* formis, *cf. Hygin. 80, 8—10*] '*fortasse* in aes *uel* in aere' *frustra La.* **25** subiectum **P** **28** quarum **P**

quae subseciuorum. de quibus Domitianus finem statuit, id est possessoribus ea concessit.

Subseciuorum diximus hanc condicionem esse factam, quod siluae et loca aspera in assignationem non uenerunt. comperimus uero in aliquibus regionibus et pascua et siluas assignatas esse, adscriptumque in formis ita, ILLI [ET ILLE TOT] SILVAS ET PASCVA, IVGERA TOT.

Territoria inter ciuitates, id est inter municipia et colonias et praefecturas, alia fluminibus finiuntur, alia summis montium iugis ac diuergiis aquarum, alia etiam lapidibus positis praesignibus, qui a priuatorum terminorum forma differunt; alia[e] etiam inter binas colonias limitibus perpetuis diriguntur. de quibus, id est territoriis, si quando quaestio mouetur, respiciuntur leges ciui⟨tati⟩bus datae, id est coloniis municipiisque et praefecturis. nam inuenimus saepe in publicis instrumentis significanter descripta territoria: uocabulis enim aliquorum locorum comprehensis incipiunt ambire territoria.

P 44r Illud uero quod | compertum est, pluribus municipiis ita fines datos, ut cum pulsi essent populi, et deducerentur coloni[ae] in unam aliquam electam ciuitatem, multis, ut supra et saepe commemorauimus, erepta sunt territoria, et diuisi sunt complurium municipiorum agri, et una limitatione comprehensa sunt: facta est pertica omnis, id est omnium territoriorum, coloniae eius in quae coloni[a] deducti sunt. ergo fit ut plura territoria confusa unam faciem limitationis accipiant. aliquibus uero auctores diuisionis reliquerunt aliquid agri, *id* est quibus abstulerunt, quatenus haberent iuris dictionem: aliquos intra muros cohibuerunt. itaque, ut frequenter *iam* nimis diximus, leges datae coloniis municipiisque

1—2 Hygin. 97, 4 **9—16** *ibm.* 97, 15—18 **16—18** *ibm.* 74, 4—19 **27—30** *ibm.* 82, 24—83, 6

7 *secl. La., post* IVGERA TOT *posuit Rudorff* **19** *cf. 125, 18* **20** [et] *La.* **27** aliquibus] aliquando *Goes.* **28** agri, id est *La., cf. 126, 3*] agris eis **P** **31** iam nimis] inuenimus **P**, nimis *La.*

intuendae erunt, nam et compluribus locis certos dederunt fines, intra quos iuris dictionem habere deberent. cum non potuerit uniuersus ager in assignationem cadere propter aut asperitatem locorum aut praerupta montium, quamuis excederent fines lege datos, tamen, quoniam uacabant, concessi sunt his quorum finibus sumpti erant, nec tamen iuris dictio concessa est. saepe etiam r. p. ager donatus est. si quando ta*men*, ut supra diximus, quaestio de his moueatur, leges coloniarum ac municipiorum respiciendae erunt.

Sed et pagi saepe significanter finiuntur: de quibus non puto quaestionem futuram, quorum territoriorum ipsi pagi sint, sed quatenus territoria. quod tamen intellegi potest uel ex hoc, magistri | pagorum quod pagos P 44v lustrare soliti sunt, uti trahamus quatenus lustrarent. si uero de ipsis pagis quaestionem quis moueat, amplae rei negotium mouebitur. respiciendum tamen, ut saepe diximus, ⟨a⟩ quibus ex utrimque locantur. nam et quotiens militi praetere*un*ti aliiue cui comitatu*i* annona publica praestanda est, si ligna aut stramenta deportanda, quaerendum quae ciuitates quibus pagis huius modi munera praebere solitae sint. praeterea et regiones solent etiam diuersa sacra facere: ita uidendum erit, qualiter pagi[s] sacra faciant.

Gracchanorum et Syllanorum limitationum mentio habenda est. in quibusdam etiam regionibus, ut opinamur, isdem lapidibus limitibusque manentibus post assignationes posteriores, duces facti sunt. quibusdam autem, limitibus institutis, alii lapides sunt positi, etiam

3 *sq.* Hygin. 81,2 *sq.* 17 *p.* 127,11 28 *sq. cf.* Hygin. Grom. 142,12 *sq.*

6 '*usitatius* ex quorum' *La.* 8 tamen] tantum P 9 ac P, aut G *La.* 15 '*puto* ut intueamur quatenus lustrent' *La.; cf. 95,5* 17 saepe] supra *La., sed cf. Löfstedt Beitr. 43* 19 praeterea iuncti alii uel cui comitatus P, *corr. Turneb.* 26 etiam P *(cf. 118,4)*, enim *La.* 28 duces *def. Brugi Rendic. d. Lincei 1902, 337* ('presi a guida'); decus *uel* decusses *Rig.* 29 ⟨aliis⟩, alii *Goes.; an* limitibus ⟨nouis⟩ institutis? *cf. 142,13*

eis manentibus, quos Gracchani aut Syllani posuerunt. de qua re diligenter intuendum erit, ut eos lapides eosque limites comprehendamus, qui postremo per auctores diuisionis positi sunt.

Praeterea cum auctores assignationis diuisionisque, non sufficientibus agris coloniarum, quos ex uicinis territoriis sumpsissent, et assignauerunt quidem futuris ciuibus coloniarum, sed iuris dictio eis agris, qui assignati sunt, pe*nes* eos remansit, ex quorum territorio sumpti erant. quod ipsud diligenter intuendum erit et leges respiciendae.

5—11 Hygin. 82, 24—28

---

5 cum *falso secl. La.* **6** quos = aliquos (agros) **7** et = etiam, *secl. La.* **8** eis agris *cf. 82, 13* **9** penes *Salmasius*] per **P**
11 EXPLICIT SAECVLI FLACCI LIBER **P**

HYGINI GROMATICI. A 110 B 207

CONSTITVTIO ⟨LIMITVM⟩. La. 166, 1–14

Inter omnes mensurarum ritus siue actus eminentis- B 208
sima traditur limitum constitutio. est enim illi origo
caelestis et perpetua continuatio, cum quadam latitudi-
ne[m] recturae diuidentibus ratio tractabilis, formarum
pulcher habitus, ipsorum etiam agrorum speciosa de-
signatio. constituti enim limites non sine mundi ratione, |
quoniam decumani secundum solis decursum diriguntur, A 111
kardines a poli axe. unde primum haec ratio mensurae
constituta ab Etruscorum haruspicum [uel auctorum
habet, quorum artificium] disciplina; | quod illi orbem B 209
terrarum in duas partes secundum solis cursum diuise-
runt, dextram appellauerunt quae septentrioni subiacebat,

---

8 — p. 132, 5 Frontin. 10, 20—11, 8

1—2 INC. HYGYNI CONSTITVTIO **A** 110, EXP. KYGYNI GROMATICI CONSTITVTIO FELICITER **A** 161; INC. LIB. HYGINI GRO*MATICUS* **B** 207 (maticus *in litura. Praecedit subscriptio amissi cuiusdam libri* LIBER GROMATICVS HYGINI DE DIVISIONIB. AGRORVM EXPLICIT), LIBER HYGINI GROMATICUS EXP. **B** 288; INC. KYGENI AVGVSTI LIBERTI DE LIMITIBVS CONSTITVENDIS **P** 82ᵛ *(u. 132, 6), sed* EXPLICIT LIBER HYGENI CROMATICVS **P** 108ᵛ. *cf. v. 4* limitum constitutio, *140, 14* cum de constitutione disputemus, *142, 20;* LIMITVM *addidi secundum v. 4* **3** siue actus **A**, *sscr.* **B** *post* aeminentissima; *secl. La.* **6** recture **A**, recturesac **B** | diuidentibus **A**, diuidea**uos **B** **7** pulchre rei (r *ex* e) **B** | etiā **A**, et **B** **8** constitui **A** **9** *decursum* (*erasis litteris* de) **A** **10** rationēm̄sure *(signo transpositionis sscrto)* **A** **11** aruspicum **A** **12** *uncis inclusa erasit* **A**, *qui habuit* qu *pro* quorum **13** secundum *bis* **A**

sinistram quae ad meridianum terrae esset, ⟨ab oriente ad⟩ occasum, quod eo sol et luna spectaret; alteram lineam duxerunt a meridiano in septentrionem, et a media ultra antica[m] citra postica[m] nominauerunt. ex quo haec constitutio liminibus templorum adscribitur. (fig. 66.)

P 82^v Ab hoc exemplo antiqui mensuras agrorum normalibus longitudinibus incluserunt. primum duos limites con- B 210 stituerunt: unum, | qui ab oriente in occidentem dirigeret. hunc appellauerunt duo[de]cimanum ideo, quod terram A 112 in duas partes diuidat | et ab eo omnis ager nominetur. alterum a meridiano ad septentrionem; quem kardinem nominauerunt a mundi kardine[m]. (fig. 67.)

Duo[de]cimanum postea decimanum appellauerunt. quare a decem potius quam a duobus? sicut dipundium nunc dicimus duopondium, et quod dicebant antiqui duouiginti nunc dicimus uiginti, similiter duo[de]cimanus decimanus est factus.

P 83^r Reliquos limites | fecerunt angustiores, et qui specta- B 211 bant in | orientem prorsos, qui ad meridianum, trans- E 35 uersos appellauerunt. (fig. 68.) limites autem appellati A 113 a limo, id est antiquo uerbo transuersi: nam | et limum

---

6—17 Frontin. 11, 9—12, 4 **14** a decem Sic. Flacc. 116, 24 **18**—p. **133, 6** Frontin. 12, 11—13, 12

---

1 esse*t* et **B** (t *del.* **B**¹), esse **A** **1—2** *add. La.* **2** sole*n*t luna spectare **B** **3** in **A**, ad **B** | mediam **A** **5** limi*n*ibus (n *ex* t) **A**, limitibus **B** | scribitur **B** **6—20** *iterum habet* **P** 149^r, *sed deprauata* **6** mensuras **P**] mensores **AB** **6—7** normalis **P** **8** diriget **B** **9** *et* **13** duocimanum **P**] duodecimanum **AB** (**G** '*Die Hss.*' *64*) *La.* **10** partes diuidat (d-ant **B**) **AB**, ⌐L **P** **13** *u. 9* **14** quare] decimanus *add.* **B** | ad decem **P** | ad duobus **BP** | dipundium **B**, dup-m **A**, duo pundi **P** **15** duopondium **AB**, dupundium **P** **16** duocimanus **P**] duodecimanus **AB** (**G**) *La.* **17** decumanus *plerumque* **P** **18** fecerunt] uiginti erunt **B** **19** orientem] dicebant *add.* **B** | prorsos **P**, prorsus **AB** **P** 149^r **20—21** appellati a limo **P**] a limo appellati *a lima* **A**, appellati a limo alii **B**, a limo appellati **E** *(u. 'Die Hss.' 29)* **21** id est] ab *add.* **E** | et **P**, id **AB**, ad **E** | linum **E**

cinctum ideo quod purpuram transuersam habeat, item limina ostiorum. postea et prorsos et transuersos limites appellauerunt a liminibus, quod per eos agrorum itinera seruentur. postea apud quosdam nomina a loci natura acceperunt, et qui ad mare spectant maritimi appellantur, qui ad montem, montani. (fig. 69.) | omnis ergo huius B 212 E 36 [mensurae et] recturae longitudo rationaliter limes appellatur: nec interest quicquam, decimanum aut limitem dicamus.

Decimanus autem primus maximus appellatur, item kardo: nam latitudine ceteros | praecedunt. alii limites P 83v sunt actuarii, atque alii linearii. actuarius limes est, qui primus actus est, et ab eo quintus quisque; quem si numeres cum primo, erit sextus, quoniam quinque centurias sex limites cludunt. (fig. 70.) | reliqui medii limites A 114 linearii appellantur, in Italia | subrunciui. actuarii autem, B 213 extra maximos decimanum et kardinem, habent latitu-

---

2 postea] alii Frontin. 13, 6; *cf.* Sic. Flacc. 117, 16 3 a liminibus *ibm.* 117, 5 4—6 *etiam* Sic. Flacc. 117, 15 10—11 Hygin. 71, 6. 72, 24 13 quintus *ibm.* 72, 14 16—p. 134, 1 *ibm.* 71, 6—9

---

1 cinctum **P**] conclusum (conclusi **E**) hoc est concinctum **ABE** 2 et postea et **B** | prorsus **ABE** | transuersus **A** 3 a limitibus **E** 4 seruantur **P** | natura] nomen *add.* **AB** 5 quia ad **B**, quia **E** | spectabant **B** 5—6 maritimos, qui ad montem montanos appellauerunt **P** 6 ad monitem **B**, a monte **E** | omnes **AB** 7 mensurae et *om.* **P** | rationaliter **A**, rationabiliter **BE**, rationalis **P** 8—9 decumanum dicamus an limitem **P** 10 idem **P** 11 nam **P**, suam **A**, sua **BE** | latitudinem **A** | ceteras **ABE** | praecedit **E** 11—12 sunt alii limites **P** 12 actuarii] quaestuarii **B** | adque **B**, aquem **A**, *om.* **P** | linearii **P**, l-ris **B**, l-les **E**, liineales **A** | est limes **P** 13 et **AB**, *om.* **P** *La., sed cf. v. 16—17* | quisque (quisquam **B**); quem] quinquies in **E** | si **AP**, *om.* **BE** 13—14 numeres **AG**, numeris **BEP** 14 quinque **P**] *om.* **ABE** 14—15 centuriae **ABE** 15 senis limitibus **E** | cludunt **P**] cluduntur **A**, claud-r **BE**. *Rubris litteris add.* **B**: Lineari subrunciui subiunguntur, *quod ex nota marginali ortum est* 16 linearii *om.* **B** | Italiam **A** (Siciliam **A**^{4}) | subrunciui] *add.* subiunguntur **BE**, subiuntur **A** *(cf. v. 15)* 17 maximum **B** 17—p. 134, 1 habent lat-m ⅂L **P**

dinem ped. XII. per hos iter populo sicut per uiam publicam debetur: id enim cautum est lege Sempronia et Cornelia et Iulia. quidam ex his latiores sunt quam ped. XII, ut hi qui sunt per uiam publicam militarem acti: habent enim latitudinem uiae publicae. linearii limites a quibusdam mensurae tantum disterminandae causa sunt constituti, et si finitimi interueniunt, latitudinem secundum
B 214 legem Mamiliam | accipiunt. in Italia eti*am* itineri publico seruiunt sub appellatione subrunciuorum: habent latitudinem ped. VIII. hos conditores coloniarum fructus asportandi causa publicauerunt. nam et possessiones pro aestimio ubertatis angustiores sunt adsignatae: ideoque limites omnes non solum mensurae sed et publici itineris causa latitudines acceperunt. (fig. 71.)

A 115
P 84r Secundum antiquam consuetudinem limites diriguntur. quare non omnis agrorum mensura in orientem potius quam in occidentem spectat. in orientem sicut aedes
B 215 sacrae. | nam antiqui architecti in occidentem templa recte spectare scripserunt: postea placuit omnem religionem eo conuertere, ex qua parte caeli terra inluminatur. sic et limites in orientem constituuntur. (fig. 72.)

1—3 Frontin. 10, 7 **8—10** Hygin. 71, 8—9 **18—19** Frontin. 11, 4—5

---

1 hos **PE**, os **A**, eos **B** **2** id] ita **P** **2—3** et cornilia **A**, et concordia **E**, *om.* **B** **3** quam ped. XII] a XII pedibus **P** **4** ut hi **P**] uel hii **AB**, quam hi **E**, uelut hii *La.* | limitarem acti **AB**, limites. actum **E** **5** latitudines **P**, latum **E** **5—6** a quibusdam *om.* **P**, a *om.* **E** **6** determinandae **E** | causae **AE** **8** legemamilia **A**, legem amiliam **P**, legem aemiliam **E** | Italiam **BP** (m *eras.* **P**[1]), Sicilia **A**[4] | etiam *scripsi*] et in **AB**, et **E**, *om.* **P** *La. (u. Frontin. 12, 1)* | itineri publico] itineris ubi eo **B** **10** p VIIII **E** | hos conditores coloniarum *om.* **B** | conditiores **A** **10—11** exportandi fructus **B** | asportandi **P**, exportandi **ABE** **12** estimio **A**, extimio **B** **15** consuetudinem **AB**, constitutionem **PE** **16** non omnis **P**] nostri omnes **ABE** | mensuram **ABE** | in oriente **AE** **17** in occidente **BE** | expectat **P**, spectant (exp-t **E**) **AE**, spectanti **B** | in oriente **ABE** **18** nam] et *add.* **B** | in occidente **AE** **19** expectare recte **P** **20** eo °conuertere **P** *(u. 'Die Hss.' 62)* | terram **AE** *et pr.* **P** **20—21** in-

Multi ignorantes mundi rationem solem sunt secuti, hoc est ortum et occasum, quod *is* semel conprehendi ferramento non potest. quid ergo? posita auspicaliter groma, ipso forte conditore praesente, proximum uero ortum conprehenderunt, et in utramque partem limi|tes E 37 emiserunt, quibus kardo in horam sextam non conuenerit. (B) (fig. 73.) | et quidam, ne proximarum coloniarum li- A 116 P 84v mitibus ordinatos limites mitterent, relicta caeli ratione mensuram constituerunt, qua tantum modus centuriarum et limitum longitudo constaret. (fig. 74.) | quidam agri B 216 longitudinem secuti: et qua longior erat, fecerunt decimanum. (fig. 75.) | quidam in totum conuerterunt, et A 117 fecerunt decimanum in meridianum et kardinem in orientem, sicut in agro Campano qui est circa Capuam. (fig. 76.)

Modum autem centuriis quidam secundum agri amplitudinem dederunt; in Italia triumuiri iugerum quinquagenum, aliubi ducenum; Cremonae iuger*um* CCX; diuus Augustus in Veturia Emeritae iuger*um* CCCC, quibus diuisionibus decimani habent longitudinis actus XL, kardines actus XX, decimanus est in orientem. (fig. 77.)

---

1 Frontin. 14, 14 **7—10** *ibm.* 14, 17—19 **10—14** *ibm.* 12, 5—10 **15—17** *ibm.* 14, 4—8; *cf.* Sic. Flacc. 123, 19—124, 8

---

luminatur **P**, i-nabantur **A**, i-nabitur **B**, illuminabunt **E** p. **134, 21** in oriente **ABE***La.* | constituuntur **P**, c-entur **AE**, -erunt **B**

2 quod is *La.*] quod in **P**, quotiens **ABE** **2—3** conprehendi ferramento **AE**, ⅂L **P***La.*, ferr-tum conpraehendi **B** **3** qui **E** | posita *om.* **B**, postea **P** | auspicaliter] aut specialiter **B** **5** in utraque parte **AB**, partem **E** **6** emiserunt **ABE**, duxerunt **P** | quibus] quo **E** | ora (hora **E**) sexta **BE** | conuenerit **AB**, c-niret **E**, c-niet **P** **7—10** et quidam — — — constaret *om.* **B** **8** mitterent] intermitterent **E** **9** qua tantum **A**, quantum **E**, quibus tantum **P** **12** totum **P**, totam **AB**, toto **E** **12—13** et fecerunt *om.* **B** **13** in **BP**, et **AE** | et *om.* **B**, in **E** **14** circum **A** | capiam **A**, capua **B** **17** aliubi] alii **E** | ducenum **AP**, decentenum **B**, uicenum **E** | cremone **P**, c-a **ABE** | iugera **O**, iug. *La.* **18** beturiae meritae **P**, betunaemerita **A**, uetunae merita **BE** | iugera **O**, iug. *La.* | CCCC] CCC **E** **18—19** quib. soliuisionibus **B** **19** longitudinem **B**, l-e **E** **19—20** actus — — orientem] actos in orientem n̄ XL kardines actos XX **B** **20** in oriente **PE**

P 85r | B 217 Quibusdam deinde coloniis perticae | fines, hoc est
primae adsignationis, aliis limitibus, aliis praefecturae
A 118 continentur. in Emeritensium finibus | aliquae sunt prae-
fecturae, quarum decimani aeque in orientem diriguntur,
kardines in meridianum: sed in praefecturis Mullicensis
et Turgaliensis regionis decimani habent actus XX, kar-
dines actus XL. (fig. 78.) | nam et in alia praefectura
aliter conuersi sunt limites, ut habeant in aeris inscrip-
tionibus inter limitem nouum et ueterem iugera forte
CXX: haec sunt alterius partis subsiciua. (fig. 79.)

B 218 Hae deinde agrorum | diuisiones lapidum inscriptioni-
bus tam uariis continentur quam et limitum actibus.
alii uertices, alii latera, regionibus suis obsecundant⟨es⟩,
A 119 multi tantum decimani | maximi et kardinis lapides in-
scripserunt, reliquos sine inscriptione ad parem posue-
E 38 runt; quos ideo quod | nulla significatione appareat, a
quoto loco numerentur, mutos appellant. diuus Augustus |
P 85v in adsignationibus suis numero limitum inscriptos la-
pides omnibus centuriarum angulis defigi iussit: nam

1—3 Sic. Flacc. 124, 9—17 11 *sqq. cf. infra* La. 194, 17 *sqq.*

---

1 Quidam colonis **B**, Quidam de incolanis **E** 2 prime in- adsignationis **AB** 2—3 praefectura continetur **A** 3 amertensium **E** | ali·que (s *erasum*) **A**, aliis quae **E** 4 aeque *om.* **B** 5 multicensis **A**, mulliciensis **P** 6 turgalliensis **P** | regionis **A**, r-nes **B**, r-nibus **E**, r-num **P** 6 *et* 7 actos **B** 7 in *om.* **P** 8 habeat in aeris **P**, habeant itineris **ABE** 9 forte *om.* **E** 10 CXX **ABE**, septuaginta **P** | parti **A** 11 haec **A** 12 qu*a*m (a *ex* e) **A** | et *om.* **E** 13 uertices] amphorarum *add.* **E** 13—14 obsecundant multi tantum **AB** *La.*, obsecundamur tetrantum **P**; *correxi* 14 decimani maximi et kardines **AE**, decimani **B**, maxime decumano et k. **P**; et *add.* **E** 14—15 scripserunt **BE**; *sic saepe* scribere, scriptus, scriptio *pro* inscr. **BE** 15 scriptione **AE**, s-em **B** | ad parem **AP**, apparem **B**, et parem **E**, adparenti *Goes.* 15—16 apposuerunt **P** 16 quos ideo quod **AB**, quod ideo qui **P**, reliquos quoque ideo quod **E** | apparent **P** 16—17 a quoto] a toto **AB** *(i. e.* a coto, *u. p. 73, 14 et 18)*, toto **E**, quoto **P** *La.; cf. Mo. Ges. Schr. V 100, 1* 17 numerantur **B** | mutos **P**] mutus **A**, multus **BE** 18 in *om.* **P** | numerum **AE**, numeros **B** | militum **B** 19 omnes — angulos **E**

locatione operis huius non solum quod ad publicos li-
mites pertineret iniunxit, | uerum etiam inter acceptas B 219
ne robore*i* deessent termini cauit. inscripserunt quidam
uertices lapidum et limitum tantum numerum significa-
uerunt; alii ipsarum centuriarum, sic quem ad modum
qui in lateribus inscripserunt. u*el* in uertice lapides sic
inscripserunt, quem ad modum in decimano maximo et
in kardine solet (fig. 80): sic et ulteriores secundum nu-
mer⟨or⟩um suorum postulationem inscripserunt. uolue-
runt autem limites inscriptionibus claudi ita, ut cuius
centuriae essent lapides intelligere[n]tur. sic quoque
| haec inscriptio obscura est. lapis autem in regione s. B 220
et u. hac ratione sic inscribitur [quemadmodum supra];
| quarta enim illi lapid*i* portio clusaris uacat ab inscrip- A 120
tione; est ergo talis inscriptio s. d. u. k. (fig. 81.) in re-
gione dextra et ultra ⟨e⟩idem numeri sic inscribuntur.
[sic et] in regione sinistra et citra, in regione dextra et
citra eidem numeri sic inscribuntur (fig. 81a). | com- P 86r

3 roborei: Hygin. 72, 17

1 locationem **E** | ad] a **A** 2 inter] in **E** 3 roborei *Rig.*] roboret **A**, robores **BP**, robur et **E** 3—4 termini — — — limitum *om.* **P** 3 terminos **B** | cauit *om.* **B**, cauis **E** 4 uertices] et *add.* **B** 5 alii **BP**, ali alii **A**, alia **E** | centuriarum *sc.* numerum, *u. Barthel Bonn. Jahrb. Heft 120, 1911, p. 43, 2. Falso La.* litteras, *Mo. Ges. Schr. V 101* appellatione *suppl.* 6 uel *scripsi*] ut **ABE**, *om.* **P**, aut *La. (cf. 134, 4)* | in uertice **P**] in uertices **B**, inter uertices **AE**, per uertices *Mo.* 7 inscripserant **P**, inscripserunt: *La.* | admodum *om.* **B** 7—8 et in **A**, et **BPE** 8 solent **E** 9 suum **P** | postulationes **E** 11 lapides intellegerentur **AB***La.*, lapis intelligeretur **P** 12 in regionem **AB** | s. *La.*] I **AE**, primam **B**, *om.* **P** 13 u. **AEP**, quintam **B** | quemadmodum supra **ABE**, *om.* **P** 14 quartam **AB**, quadrata **P** | illi⟨c⟩ *La.* | lapidi *scripsi*] lapides **ABE**, *om.* **P**, lapidis *La.* | uacat **P**] uocas **A**, uocatur **BE** 14—15 inscriptionibus **E** 15 talis] aliis **B** | s. d. u. k. *om.* **B** 16 dextra et ultra **AB**, extra ultra **E**, dextratae et ultratae **P** | idem] inde enim **E** 17 sic et **P**, *om.* **ABE***La.* | sinestra **A**, ultra **E** 17—18 in regione dextra et citra **P**, *om.* **ABE** 18 eidem **P**, eisdem **AB**, eis **E** | numeris **B**, *om.* **E** | sic *om.* **EP** | scribuntur **B**, describuntur **E** 18—p. 138, 1 Comparamus **P**, conperimus **A**; ergo *add.* **E**

paremus nunc omnes quattuor lapides in unum, et intueamur eorum quartas partes uacantes, quae in suis regionibus centurias litteris intra cludunt. (fig. 82.) sic et in suo interuallo distantes centurias his inscriptioni-
B 221 bus cludunt. inspiciamus a maximo | decimano et kar-
A 121 dine [singulorum] lapidum inscriptiones. (fig. 83.) | latera autem lapidum recte inscribuntur, quoniam ampliores numeros capiunt; nam [in] uerticibus inscribi non facile [omnia] possunt. inscribitur [enim] lateribus D.
E 39 D. LXXXXVIII V. K. LXXV. | quae inscriptio si ratione ponatur, est optima; licet et quomodo cumque inscripta sit, perito mensori non latebit, quoniam certus est lapis, quo centuria cluditur. (fig. 84.)

P 86v Multos limitum constitutiones in errorem deducunt,
B 222 dum aut inscriptionem parum | intellegunt aut aliter limites numerant. uolunt esse quidam decimanum alium primum, alium maximum: et cum exierunt a decimano maximo, peractis centuriae actibus primum limitem numerant qui est secundus. deinde ad agrum de quo agitur cum perueniunt, nouam controuersiam inueniunt et de

---

6—7 latera *u.* La. 194, 20. 195, 12 14 *sq.* Hygin. 72, 18—24

1—2 intuamur **A** 2—3 partes — — regionibus *om.* **E** 3 intra cludunt **BP**, includunt **AE** 3—5 sic — — cludunt *om.* **B** 4—5 distante centurias in his scribtionibus cludunt **A**, distant centuriae in his inscriptionibus **E** 5—6 kardi **B** 6 singulorum **P**, *om.* **ABE** | inscriptionem **B** 7 recta **E** 7—8 ampliorem numerum **E**, a-s numerus **A** 8 in **P**, *om.* **ABE** | non **P**] nostri **AB**, tres **E** 9 omnia **P**, *om.* **ABE** | enim **BP**, *om.* **AE** *La.* 10 XCVIIII k. **B**, XCVIII u. k. **P**, LXXVIII u. k. **E** | quae **PE**, qua **AB**; *add.* finis **AE**, fines **B** 11 est **ABE**, erit **P** | licet **P**] aliquid **ABE**, *La.* '*fortasse* alioquin' | et] det **E** 11—12 inscripta sit **AEP**, i-tum sit *La.*, i-tus sit lapis **B** 12 non **P**] nostro non **ABE** (*cf. v. 9 et 134, 16* nostri *pro* non) | lapide **P** 15 dum aut **P**] dum **ABE** | inscriptione **B**, i-onibus **P** 16 uolant **P**, uolent **B** | alium. alium **B** 17 exierint **EP** 18 peractis (p-tus **AE**) centuriae] peracturiae **B** 19 ad *om.* **P** | agrum] *add.* uenerunt **AB**, ueniunt **E** 20 cum perueniunt *om.* **AE** (*glossa v. 19* uenerunt *haec uerba* extrusit) | contr. inu. ⅂L **P** aliis quam de quibus agitur acceptis litigant, dum uolunt esse primos decimanos duos et duos kardines. hoc si esset, inter decimanum maximum et quem uolunt primum et centuria aliter appellaretur: forte diceretur 'inter | decimanum | maximum et primum'. B 223 A 122 sed quoniam is ipse primus est qui et maximus, continuo a decimano maximo et kardine centuria inscribitur D. D. I V. K. I, et S. D. I V. K. I, et D. D. I K. K. I, et S. D. I K. K. I. erit ergo nobis is primus qui et maximus. (fig. 85.) Sed et de limitibus quintariis quintum quemque quintarium uolunt. porro autem inter quintum et quintarium interest aliquid: quintus est qui quinto loco numeratur, quintarius qui quinque centurias cludit. hunc uolunt esse quintum, qui est sextus. nam et legum lat⟨i⟩o*n*ibus, quem admodum perlatum est, | sic cauerunt, [ut] 'a decimano maximo quin- P 87[r] tus | quisque spatio itineris ampliaretur'. | (fig. 86.) B 224 | A 123 erat sane interpretatio legis huius ambigua, nisi eorum temporum formae sextum quemque limitem latiorem

---

7—8 Hygin. 71, 10—72, 13 9—13 *ibm.* 72, 14—17; *cf. infra* La. 191, 16 *sq.*

---

1 de quibus **B**, de quo **AE**, quibus **P** 1—2 uolent **AB** 2 primus **B** | decimanos **AE**, d-us **B**, D̓. D̓. **P** | cardines **B**, K̓ K̓. **P** 3 si **ABE**, si sic **P** | esse **A** 4 et **AE**, *om.* **BP** | appellaretur **P**, a-atur **AB**, a-antur **E** | discerneretur **E** 5 is **A**, his **B**, *om.* **EP** 6 et maximus **P**, est m-s **ABE** | a *om.* **E** 7 cardine scribuntur centuriae **E** | cardines **B** | centuri*ae* **A** 7—8 D. D. I. U. K. I. et S. D. I. K. K. I. **P**, deinde primum .U. K. IT. IS. (I. T. I. S. **E**) D. P. U. K. **AE**, DD. primum .U. K. SD. T. U. K. P. **B** 8 ET. D. D. I. K̄. K. I ET. S. D. I. K. K. **A**, E. T. D. D. I. K. KIETISDIKK **E**, E. T. D. D. I. K. K. I est D. I. K. I **B**, *om.* **P**; *sed in fig. 85 omnia recte habent* **AP** 9 nobis his **P**, duobus **ABE** | qui et (est **AE**) maximus] quis **B** | Sed **ABE**, Sic **P** | et *om.* **B** 11 et quartarium **B** 12 qui — — numeratur] quinto loco quem numerant **E** 13 qui quinque — — esse **P**] *om.* **ABE** | quintum **P**, q-s **AB**, q-s est **E** 14 lationibus *scripsi*] latoribus **BEP** *La.*, lateribus **A** | quem admodum *om.* **B** 15 ut **P**, *om.* **ABE** *La.* 16 ampliaretur **P**] appellaretur **AE**, appellatur **B** 17 nisi **P**, enim **AE**, *om.* **B** 18 temporum *om.* **P** | sextum VI quemquem **B**

haberent significatione qua solent minores. tractemus
nunc diligentius quid dixerint. A DECIMANO MAXIMO
QVINTVM QVEMQVE LATIOREM. a decimano: quoniam
decimanus erat, positi sunt deinde quinque limites, quo-
rum nouissimus factus est latior; his quom decimanus
accessit, sex fiunt. (fig. 87.) eandem obseruationem et
in reliqua limitum parte esse uoluerunt: quem ad modum
B 225 a decimano | maximo quinque limites ducebantur, quo-
rum esset summus latior, sic et ab eo quintario, cui iam
spatium definitum erat, quinque adiectis limitibus summo
(E 40) latitudinem suam seruari placuit. | (fig. 88.)

A 124 E 41 Quem ad modum ab antiquis acti sint limites, tractare
coepimus: itaque persequi omnia non alienum iudico.
foeda est enim culpa neglegentiae, cum de constitutione
disputemus, praeterire tot operum exemplaria.

Finitis ergo ampliorum bellorum operibus, augendae
rei publicae causa inlustres Romanorum uiri urbes con-
B 226 stituerunt, quas aut uictoribus | populi Romani ciuibus
aut emeritis militibus adsignauerunt et ab agrorum noua |
P 87v dedicatione culturae colonias appellauerunt. uictoribus

16—18 *et* **20**—p. **141, 2** Bo. 395, 22—23. 396, 10—12

1 habere **BE** | significationē **AE** | solent (solet **B**) minorem **ABE**, et minores **P** | tractamus **B** **2** quid **AP**, quidquid **B**, qui **E** | dixerint **P**] d-im **AB**, duxerint **E** **2—3** a decimo maximae V **B** **3** a *om.* **P** | quoniam **O**, quom *Turneb. La.* **4** erat positi **ABEP**, erat positi positi **G**, erat positus, positi *Turneb. La. (u. 'Die Hss.' 64)* | deinde quinque] dd V **B** **5** est *om.* **AE** | cum **P**, quam **AE**, qua **B** **6** et *om.* **P** **7** reliquam **B** | partem **A**, p-es **B** | uoluerunt] ut *add.* **P** | quem admodum ⅂ **B** **9** sic] sit **B** | et *om.* **A** | cui iam **AB**, cuiusquam **E**, cum **P** **10** quique adiecti **B**, V abiectis **E** **12** ab *om.* **B** | sunt limitis **B** | tractere **A** **13** coepimus] incipimus **P** | ita **E** | alienum iudico **P**] alieno iudicio **ABE** **14** fida **B** | culpae neglegentia **ABE**, neglegentiae culpa **P** **14—15** constructione disputamus **E** **15** exempla **P** **16** ampliorem **B** | augendae] auget de **B** **17** rei publicae **B**, rei **AE**, .R̄.P̄. **P** | causa] ex *add.* **B** **18** .P̄R̄. ciuibus **P**, praecibus **AE** **19** aut **P** | meritis **E** | nouae **P** **20** culturae colonias] culturas **B** **20**—p. **141, 1** colonias appellauerunt uictoribus autem adsignatas autem adsignatae coloniae his qui temporis causa arma acceperant: non enim tantum militum incremento r(ei) p(ublicae) p(opulus) R(omanus) habuit; erat tunc praemium terra et pro emerito habebatur. multis legionibus contigit bella feliciter transigere et ad laboriosam agri culturae requiem primo tirocinii gradu peruenire: nam cum signis et aquila et primis ordinibus ac tribunis deducebantur, modus agri pro portione officii dabatur. | ferunt quidam postea indictum modum belli, et expleta B 227 centesima hostium congressione ad colendarum *d*eductos terrarum agros. diuus Iulius, uir acerrimus et multarum gentium domitor, tam frequentibus bellis militem exercuit, ut dum uictorias numeraret, | congressionum multi- (A) tudinem obliuisceretur. nam milites ultra stipendia emerita detinuit, recusantes deinde ueteranos dimisit, mox

8 *cf.* Sic. Flacc. 120, 16 *sq.* **11—13** Bo. 395, 21—22

colonias appellauerunt uictoribus autem adsignate coloniae his qui **A**, *ex qua dittographia prouenit lectio codicis* **E**: colonias appellauerunt uictoribus colonias adsignatas appellauerunt hi qui

2 acciperant **P** (accep-t **G**), acceperunt **B**, coeperunt **A**, ceperunt **E** | non **P**] nostri **ABE**, *cf. 138, 9 et 12* | incrimento **A**, incrementa **E** **2—3** $\bar{\mathrm{R}}$ $\bar{\mathrm{P}}$ $\bar{\mathrm{P}}$ $\bar{\mathrm{R}}$. **P**] R IMP. (RES P. $\mathbf{A}^1$) P. R. **A**, res publica populi romani **E**, res priuatae **B** **3** habuit: erat tunc] habuerant Tunc **B**, habuit erat enim tum **E** **4** terrae **B** | emerito **P**] merito **AB**, praemiis uel meritis **E** | habebatur **P** (*sc.* victor)] habebant **ABE**; *deinde trium litterarum spatium in* **A** **4—5** milites legiones contegit **B** **5** bellum **P** **6** culturae requiem **P**] c-re qui in **AB**, c-ram quin **E** | tyrocinio gradu peruenerint **B**, tir-io graditer ueniret **A**, tir-ie grauiter uenire **E** | nam *om.* **B** **7** signes **A** | et primi **E**, primis **B** | tribuni **B** **9** postea indictum ˥L **P** **10** centesima **P**] gentisima **A**, gentissima **B**, *om.* **E** | congressionem **AE**, consensione **B** | ad] ab **A** | deductos *La., cf. 142, 2*] reductos **AP**, reductus **BE** **11** terrarum agros **P**] *om.* **ABE** | diuus iulius caesar *Bo.* **12** dominator **E** | tam *om.* **AE** (*sscr.* $\mathbf{A}^2$) | frequentius **B** **13** dum **P**] num **A**, non $\mathbf{BA}^2$, non nostrorum **E** | uictorias munera **E**, uictor innumerat **P**; *deinde unum folium excisum in* **A** | et congestionum **B** **13—14** multitudines **P** **14** militem intra **BE** **14—15** emerita] merito **E**, *om.* **B** **15** demisit **P**

E 42 eosdem | ipsos ueniam commiliti*i* rogantes recepit, et
post aliquot bella parta iam pace deduxit. aeque diuus
B 228 Augustus [in] adsignata orbi terrarum | pace exercitus,
qui aut sub Antonio aut Lepido militauerant, pariter et
suarum legionum milites colonos fecit, alios in Italia,
alios in prouinciis: quibusdam deletis hostium ciuitatibus nouas urbes constituit, quosdam in ueteribus oppidis deduxit et colonos nominauit. illas quoque urbes,
P 88r quae deductae a regibus aut dictatoribus fuerant, | quas
bellorum ciuilium interuentus exhauserat, dato iterum
coloniae nomine numero ciuium ampliauit, quasdam et
finibus. ideoque multis regionibus antiquae mensurae |
B 229 actus in diuersum nouis limitibus inciditur: nam tetrantum ueterum lapides adhuc parent. sicut in Campania finibus Minturnensium; quorum noua adsignatio trans fluuium Lirem limitibus continetur: citra Lirem postea adsignatum per professiones ueterum possessorum, ubi iam opportunarum finium commutatione relictis primae adsignationis terminis more arcifinio possidetur. (fig. 89.)

Multis ergo generibus limitum constitutiones inchoatae sunt. quibusdam coloniis kardo maximus et decimanus

---

5 Bo. 396, 5 **6—7** *et* **10—11** Bo. 396, 3—5 **12—13** *cf.* Sic. Flacc. 129, 28 *sq.*

---

1 eodem **BE** | ueniam] conueniat **E** | commilitii *La.*] cum militi **P**, commilitọṇes **E**, humiliter **B** | recepit] repetit **B** **2** parta iam pace *La.*] paria iam pacem **B**, pacem iam puram **E**, facta in pace **P** **3** in **P** *La.*, *om.* **BE**; *an* iam? *cf. v. 2 et La. 195, 6* | assignata **P**, a-tum **E**, adsignauit **B** | orbi *om.* **B** | pacem **BE** **4** aut *prius om.* **E** | antoniṇo **P** | militauerunt **BE** **6** prouinciis] his *add.* **B** **7** in **P**] *om.* **BE** **8** illis quoque urbibus **E** **9** quae] et *add.* **B** | erant **E** | quas **P**] qui **BE** **10** interuentis **B**, i-tum **E** **11** nomine numero **E**] ⌐L **P**, nomen numerum **B** | ampliauit] humiliabit **B** **13** actus in diuersum **P**] aliae in diuersis **BE** | militibus incidetur **B** **13—14** tetrantum **P**] et tantum **BE** **14** ueteres **E** | campaniae **E** **16** continentur **P** | citra **PE**, contra **B** **17** professionem **BE** | possessorum **E**] possessionum **BP** **18** commutationem relectis **B** **21** colonis **B** | . K̇ . Ṁ . et . Ḋ . Ṁ . **P**

non longe a ci|uitate oriuntur. nam in proximo esse B 230 debe⟨n⟩t, immo, si fieri potest, ex ipsa colonia inchoari: sed quo[nia]m uetusta municipia in ius coloniae transferuntur, stantibus iam muris et ceteris moenibus | li- P 88v mites primos nisi a foris accipere non possunt. (fig. 90.)

Multi facilitatem agri secuti: et ubi plurimum erant adsignaturi, ibi decimanum maximum et kardinem constituerunt. antiqui enim propter subita bellorum pericula non solum erant urbes contenti cingere muris, uerum etiam loca aspera et excelsa *saxis* eligebant, ubi illis | B 231 maximum propugnaculum esset et ipsa loci natura. haec uicina urbibus rupium multitudo limites accipere propter loci difficultatem non potuit, sed relicta est, ut aut siluas | rei publicae praestaret, aut, si sterilis esset, uacaret. E 43 his urbibus, ut haberent coloniarum uastitatem, uicinarum ciuitatium fines sunt adtributi, et in optimo solo decimanus maximus et kardo constituti; sicut in Umbria finibus Spellatium. (fig. 91.)

8—11 Bo. 396, 7—10

---

1 non longe **P**] noster **BE** | oritur **BE** | nam] et *add.* **P** | proximos **B** 2 debent **G**, debet **BEP** | immo] hommo **B** | ex ipsa **P**, insta **B**, ista **E**, in ipsa *La.* 2—3 incoaris et **BE** 3 quom *La.*] quoniam **BE**, qm̄ **G**, quotiens **P** | uetustata **E**, uersuta **B** 4 iam] etiam **E** 5 primus **B** | a foras **B** 6 facilitate agri **B**, agri f-tem **P** 6—7 erat ad signandum **E** 7 .D.M et .K.M **P**, decimanum et kardinem **E** 9 erant contenti urbes muris cingere **P**, erunt muris cingere **E** 10 excelsa saxis] factis **BE**, excelsa **P**, confragosa factis *Bo.*, confragosa saxis *cum rec. codd. Boetii La. (cf. La. 198, 21)* | eligebant **P**, allegabuntur **B**, allegabantur **E** | ubi illis **P**] ut milex **B**, humiles **E**, ut illis *Bo.* 11 maximum **B**, m-mo **E**, m-me *Bo.*, amplissimum **P***La.* | propugnaculo **E***Bo.* | et ipsa **B**, ipsa **P**, ista **E***Bo.* 12 ruptum **BE** 13 non potuit sed **P**] nostri potuissent **BE** | est *om.* **B** 13—14 silua **P** 14 aut sestelis essent bacarent **B** 15 ut haberent **P**] haberet **BE** 16 ciuitatum **PE** | solo *om.* **B** 17 .D.M. et .K.M. **P** | et kardo] est kardo **B** | constitutus **BE** 17—18 Umbriae **E** 18 spellantium **B**, hispellatium **E**

P 89r Quibusdam coloniis decumanum maximum ita constituerunt, ut uiam consularem transeuntem per coloniam B 232 contineret; | sicut in Campania coloniae Axurnati. decimanus maximus per uiam Appiam obseruatur: fines qui culturam accipere potuerunt, et limites acceperunt: reliqua pars asperis rupibus continetur, terminata in extremitate more arcifinio per demonstrationes et per locorum uocabula. (fig. 92.)

Quibusdam coloniis postea constitutis, sicut in Africa Admederae, decimanus maximus et kardo a ciuitate ori⟨un⟩tur et per quattuor portas in more⟨m⟩ castrorum ut uiae amplissimae limitibus diriguntur. haec est constituendorum limitum ratio pulcherrima. nam colo- B 233 nia omnes | quattuor perticae regiones continet et est colentibus uicina undique, incolis quoque iter ad forum ex omni parte aequale. sic et in castris groma ponitur P 89v in tetrantem, qua uelut ad forum conueniatur. | (fig. 93.)

Hanc constituendorum limitum rationem seruare debebimus, si huic postulationi uel locorum natura suffragabit. saepe enim propter portum colonia ad mare ponitur. cuius fines aquam non possunt excedere, hoc est litore terminantur; et cum sit colonia ipsa in litore,

---

1 Quibus iam colonis **B** | ita *om.* **E** 2 consularem *om.* **BE** 3 exornati **BE**, axurnas **P** 5 culturam **P**] cultum **B**, cultas **E** 6—7 extremite **B** 7 et per **B**, per **E**, et **P** 9 Quib. colonis **B** 10 admedera **B**, a-re **P**, ad me dederat **E** | maximus *om.* **BE** | et kardo] ex his *add.* **P**, ex his actum ita *add.* **E** 11 oritur **EP**, orioritur **B** | in more **BP**, more **E** 12 ut **B**, et **E**, *om.* **P** | amplissime **B**, a-mis **EP** | diriguntur **P**] d-gantur **B**, d-gatur **E** 13 pulcherrima. nam **P**] pulchrainmane **B**, pulchra inmanem **E** 13—14 colonia — — continet **P**] coloniae — — continent **BE** 14 est] ex **B** 15 incoles **B** | iter ad **P**] et erat **BE** 17 in tetrantem qua **P**] in petrantem aquam **B**, intret item aquam· | conueniatur **B**, c-nitur **EP** 18 Haec **B** 18—19 debemus **EP** 19 si] sic **P** | uel **BE** *(cf. 129, 14)*, et **P** *La.* 19—20 suffragauit (subfr. **B**) **BP** 21 aquam **B**, ad quam **E**, ad aquam **P** | non **P**] nostri **BE** | excidere **B** | hoc est **O**, hae et *frustra La.* 22 et cum sit colonia ipsa **BE**, cum et ipsa colonia sit **P**

fines a decimano maximo et kardine in omnes | quattuor B 234
partes aequaliter accipere non potest. (fig. 94.) | quaedam P 90r
propter aquae commodum monti applicantur; quarum
aeque decimanus maximus aut kardo relictis locis inter-
ciditur ita, si trans montem coloniae fines perducuntur.
(fig. 95.) | multas colonias et ipsi montes finiunt; propter E 44
quod quattuor regionibus aequaliter pertica non potest
diuidi, sed in alteram partem tota limitum rectura ser-
uetur. (fig. 96.)

Itaque si loci natura permittit, rationem seruare A 125 P 90v
debemus: sin autem, proximum rationi; non quo | minus B 235
aliquid de finibus fiat aut amissionis periculum habeat:
si aliter egerimus, mensura sua uni cuique constabit,
decimani suo nomine appellabuntur, tantundem kardines,
fines terminis obligabuntur, nihil operi deerit nisi ratio,
habebit tamen inter professores existimationem. nam nec
illis coloniis hoc nomine quicquam iniuriae factum est,
quod kardines loco decimanorum obseruantur, decimani
loco kardinum: omnis limitum co⟨n⟩nexio rectis angulis
continetur, extremitas mensuraliter obligata est, nihil res
pu|blica, nihil possessor de finibus queritur; constat illis B 236

---

1 in *om.* **P** **2** accipere non possunt **P**, a-e nostri potest **B**, erunt **E** **4** aut K̇. Ṁ. **P**, et kardo **BE** | relictus **P** **5** perducantur **E** **6** et *om.* **BE** | finiunt] efficiunt **P** **7** quod] quos **P** | regionibus **P**] regiones ob **BE** | non potest **P**] nostra id est **BE** **8** diuidi sed] diuidisset **B** **8—9** seruetur **O**, uertetur *La.; cf. 155, 16. 168, 1* **10** loco **B** | ratione **B** **11** rationis **E** | non quo **P**] nostrae quod **ABE** | minus] ad nos **B** **12** aut amissionis **P**] Fiat autem admissionis **AE**, Fiat admissi in his **B** | habeas **B** **13** ⟨t⟩aliter *La.* | quique **A** **14** decimani (i *in litura*) **A**, decimi **B** | sui **AE** | nomine (e *ex* is) **A** | appellabuntur **P**] a-uitur **A**, a-batur **E**, appellantur **B** **14—15** tantundem K̇. fines **P**] tantum de kardinis (c-is **B**, k-ibus **E**) sine (siue **E**) **ABE** **15** obligabantur **A** | nimhil **A**, si nichil **E** | opere **BE**, opore **A** **16** habebit] ferbebit **B** | professiores **A** **17** colonis **ABE** | quicquam hoc nomine **P** | iniuria **A**, i-am **BE**, incuriae **P** | est **P**, erit **ABE** **18** obs-r] et **P** | decimani **A**, d-i uero **B** **19** loci **A** | omnes **ABE** | conexo **B** **20** mensurali per **B** **20—21** res p̄ **P**, rei publice **AE** **21** constat] enim *add.* **E**

ratio mensurae, limitum ratio non constat, et potest dici mensura *o*rbis alterius aut certe sinistra, hoc est inuersa. cum ipsa kardinum appellatio a kardine mundi nominetur, quare ab oriente in occidentem dirigatur, nulla est ratio. quid ergo? licet exitum decimanus maximus non habeat oppositis montibus aut mari, habeat tamen rationem, et ab eo in eam partem qua defecerit aeque suo
A 126 P 91r interuallo centuriae nominentur. | (fig. 97.)
B 237 Quaerenda est ergo | huius rationis origo. multi ita ut supra diximus solis ortum et occasum conprehenderunt, qui est omni tempore mobilis nec potest secundum cursum suum conprehendi, quoniam ortus et occasus signa a locorum natura uarie ostenduntur. sic et limitum ordinatio hac ratione conprehensa semper altera alteri
A 128 B 239 E 45 P 91v disconuenit. || hos qui ad limites constituendos hac ratione sunt usi, fefellit mundi magnitudo, qui [se] ortum et occasum peruidere crediderunt: aut forte scie-
B 240 runt errorem | et neglexerunt, ei contenti tantum regioni ortum et occasum demetiri. immo contendisse feruntur

---

10 supra 135, 1

---

1 dici] deci **A**, decimani **E** **2** orbis *scripsi, cf. 147, 7 et 151, 15—19*] urbis **0** *La.* **3** appellatio a **P**] appellationem a **B**, a-ne **AE** | kardinem mundi **BE**, mundi cardine **P** **4** quare **ABE**, quae **P** | est] ergo *add.* **B** **5** *post* licet *tres litteras erasas* **A** | decumanus ·M· exitum **P** | non **P**] noster **ABE** **6** oppositis **P**, o-tus **AE**, o-tos **B** | maximus *bis* **B** | habet **B** **7** *a*b eo (a *ex* u) **A** | in eam] ineam ad **P** | deferit **E** | suo **B**, sua **AE**, in suo **P** **8** interual **A** **9—10** multi ita ut] multis ut **B** **10** ortu et occasu **AE**, ortus et occansus **B** **11** mobiles **A**, *om.* **B** | nec] ne **B** **12** et] *est* **A** **13** a *om.* **E**, a^d **P** | naturam **P** | uariae **A**, uarias **B**, uan*ae* **P** **14** altera alteri **P**] aliter **AE**, alteri ·I· **B** **15** *post* disconuenit *in omnibus codd. sequitur 155, 17—156, 16* si uero in propinquo — — ordinata AC, *cum unum folium archetypi huc falso uenerit* **16** sunt usi] sunt ut sisi **A**, sunt Sise **B**, sunt . ut si **E**, usi sunt **P** | se **P**, *om.* **ABE** **17** ortu **A**, ortus **E** | et occasus **E** **17—18** scierunt **P**] insciret **A**, sciret **B**, scire **E** **18** et contenti **ABE**, contenti ei **P** | regionis **E** **19** ferunt **E**

ortum eum esse singulis regionibus, unde primum sol appareat, occasum, ubi nouissime desinat: hactenus dirigere mensuram laborauerunt. quid quod nec illa ipsa regione solis conspectus recte potest deprehendi, nisi aequalibus ab ortu et occasu diastematibus | ferramentum P 92r ponatur; quod in qua parte sit scire difficile est, quoniam in diuersis orbis terrarum partibus mensurae aguntur. et illa ipsa regione, ⟨si⟩ sit illi forte ex altera | parte B 241 campus per multa milia, mons ex altera et propior ferramento, necesse est ex illa parte apertiore sol longius conspiciatur, ex hac deinde, qua mons inminet, parere cito desinat. et si kardo a monte non longe nascatur siue decimanus, quomodo potest cursus conprehendi recte, cum ferramento sol occiderit et trans montem sol adhuc luceat et eisdem ipsis adhuc campis in ulteriore parte resplendeat? | (fig. 98.) A 129

Quaerendum est primum quae sit mundi magnitudo, quae ratio oriundi aut occidendi, quanta sit mundo terra. aduo|candum est nobis gnomonices summae ac diuinae B 242 artis elementum: explicari enim desiderium nostrum ad uerum nisi per umbrae momenta non potest. ortum enim

---

1 cum esset **B** | singulis regionibus eum esse **P** 2 apareat **A**, aperiat **BE** | desinat **ABE**, descendat **P** 3 quid quod **PE**, quidquid **AB** | nec *om.* **BE** 4 conspectum **B** 5 aequali **ABE** | diastimatibus **B**, dea-s **A** 6—7 quoniam] quia **P** 7 urbis **AB**, orbe **E** | anguntur **A** 8 et] et in **B** | ipsa *om.* **B** | si *add. Turneb.* | illi] illa **P** 9 propior (i *ex* ri) **P**] prior **A**, priore **BE** 10 apertiori **P**, apertior **E** | sol] sut **B**, sub **E** 11 conspiciatur] con *erasum* **A** | pareret **A**, parire **B** 12 non longe a monte **P** 13 decum **P** | cursu **ABE** 13—14 conprehendi recto **AB**, comprehenso recto **E**, recte comprehendi **P** 14 sol **ABE**, *om.* **P** *La.* 15 hisdem **B** | ulteriori **P**, u-rem **B** 16 partem **B** 17 Quaerenda **AEP** | magnitudo] quae solis *add.* **P** 18 retio **A** | oriendi **B**; mundi *add.* **ABE** | quanti **AB**, quod **E** | mundi **E** 19 gnomonicae **A**, .VI. nominicae **B** (G = VI), non modicae **E** 20 elementum **P**] flumentum **B**, frum-m **A**, fructum **E** | ad **P**] ac **ABE**; *cf. 171, 3* 21 nisi] ac **B** | umbrarum **B**

aut occasum ne ab extrema quidem parte orbis terrarum peruidere quisquam potest, cum a sapientibus tradatur
P 92^v terram punctum | esse caeli et infra solem amplo diastemate spiritum sumere. nam et Archimeden, uirum praeclari ingenii et magnarum rerum inuentorem, ferunt scripsisse, quantum arenarum capere poss*e*t mundus,
E 46 | si repleretur. credamus ergo illum diuinarum rerum
B 243 magnitudinem ante oculos habuisse. qua ratione |, dicamus, tot saeculis unus mortalium hoc scire potuerit? unus propter hoc laborauit et per incrementa umbrarum deprehendit.

A 130 Caeli autem punctum terram esse [certam] | sic describunt, quod dicant a polo ad Saturni circulum interuallum esse quod Graeci hemitonion appellant; a Saturno deinde ad Iouem hemitonion; ab hoc deinde ad Martem ton*on*; a Marte deinde ad solem ter tantum esse quantum a polo ad Saturnum, hoc est trihemitonion; a sole deinde tantum esse ad Venerem, quantum a Saturno ad Io-
B 244 uem, | hemitonion; a Venere deinde ad Mercurium hemi-

---

1 aut **P**] aut in **AB**, et **E** | quidam **A**, quaedam **B** | orbis terrarum parte **P** **2** traditur **AB** **3** terra **B** | caeli] .CAP. **E** **3—4** diastaematae **A** **4** spiritus **P** | sumerẹ **AE**, substernere **B**, sustineri **P** | arcimedem **A**, archimidem **B**, a-medum **E** | uerum **A** **5—6** ferunt (fuerunt **A**) scripsisse (-bs- **A**) **ABE**, ˥L **P** **6** posset *La.*] possit **P**, potest **AE**, donec **B** **7** si repleritur **A** **7—8** credamus — — habuisse *post* saeculis *v. 9 habet* **B** *praeposito uerbo* unum **8** oculus **A** | quam rationem **E** **9** mortalium hoc ˥L **P** **10** increm. umbr. ˥L **P** **12** terram (terra **B**) esse certam (certa **B**) **ABE**, esse terram **P** *La.* **13** dicant **PE**, dicam **AB** | a polo **P**] apollo **ABE** **13—14** interuallum — — Graeci *om.* **B** **14** emitonion **ABE**, *item v. 15* | appellant a Saturno *om.* **B** | a *om.* **AE** **15** emitonion ad iobem (Iov. **E**) **AE** | hoc] hac **B** **15—16** ad Martem tonum; a Marte deinde *om.* **B** **16** tonum **P**, ponum **A**, ponunt **E**; *cf. 149, 3* | tantum **P**] tantundem **A**, t-mdem **B** **17** a polo **P**] apollo **ABE** | trihem-ium **A**, triaem-ion **B**, triem-ium **EP**; diuinarum rerum magnitudinem habuisse *add.* **E**; *cf. supra 7—8* | a solem **B**, ad solem **AE** **19** emitonion **B**, he-ium **AP**, e-ium **E**; ergo *add.* **B** **19**—p. **149, 1** aemitonion **B**, he-ium **A**, e-ium **E**

tonion; a Mercurio deinde ad lunam tantundem, hemi-
tonion; a luna ad terram tantum quantum a polo ad
Iouem, tonon. sic terram punctum caeli esse ostendunt:
nam et ars musica per haec diastemata constare fertur.
| (fig. 99.) P 93r

Solem autem ampliorem aliquot partibus quam terram
describunt, et quod palam est ab eo inluminari diem,
noctem esse in dimidium ipsius terrae obumbrationem.
polum | ipsum quinque circulis diuidunt in sex partes. A 131
sicut ait Vergilius:

quinque tenent caelum | zonae. quarum una corusco B 245
semper sole rubens et torrida semper ab igni.
quam circum extremae dextra laeuaque trahuntur
caeruleae, glacie concretae atque imbribus atris.
has inter mediamque duae mortalibus aegris
munere concessae diuum, et uia secta per ambas,
obliquus qua se signorum uerteret ordo.

Quinque ergo circulis haec nomina adsignant. sum-
mum, frigidissimae partis finem, septentrionalem appel-
lant; secundum ab eo solistitialem; ab hoc deinde qui
medium polum diuidit, aequi|noctialem, quod in eum sol B 246

11—17 Verg. Georg. I 233—239

1—2 hemetion **A**, aemitonion **B**, he-ium **P**, e-ium **E**; *ante* tantundem **B** **2** a lunam **AB** | apollo **ABE** **3** tonon **P**, tinon **A** (triemitonion **A**[1]), emitonion **B**, *om.* **E** | sic *om.* **E** **4** nam *om.* **P** | artes musicas **ABE** | diastimata **A** **6** terra **B** **7** inlum. diem ⅂L **P** **8** obumbr-e **P** **9** ipsum] ipsius **A** | circuli **B** **10** ait *om.* **P** | uirgilius **EP** **11** caelus **A**, caelos **B** | uno **A** | coruscus **B** **12** rubet **ABE** | igni] est *add.* **B**, et citera *add.* **A** **13** extrema **B** | trahantur **A** **14** caeruleae **BEP**, c-lea **A** | glaciae **AP**, hac gregiae **B** | atris] utris es **B**, diris siue hatris **A** **15** duae *om.* **B** **16** diuum *om.* **B** | per umbras **AB** **17** obliquos (oblicus **B**) est qui nec signorum uertitur ordo **AB** | uerterit **E** **18** haec] hae **B** **18—19** summe **B** **19** finem **P**] primae **A**, prime **B** | septentrionale **A**, Septrione **B** **20** solistitialem **AB**, sol stitialem **P**, solsticialis **E** | ab koc **A**, ad hoc **B** **20—21** ab koc — — aequinoctialem *paruis litteris capitalibus sscr.* **A** **21** diuidit et **AB**, diuidet **E** | in eum *sic* **O**

P 93v diei et noctis | horas aequet. ab hoc deinde qui est aequi- E 47 noctiali proximus, | brumalem appellant: nam et solistitiali est ordinatus. septentrionali deinde se‹s›contrarium austrinalem appellant. circulus autem zodiacus, cuius fines sol negatur excedere, ex circulo aequinoctiali ad brumalem per diagonum *ex*tenditur ita, ut meridianum circulum ex utraque parte medium secet. per hunc sol, hoc est in*t*ra, ire fertur et orbem terrarum uiginti et quattuor B 247 horis circumire. | harum ferunt XXIIII horarum iunctarum semper unum esse interuallum: nam increscendi aut de- A 132 crescendi inter ipsas horas alternam esse mutationem. | hoc ipsum per umbrarum motus ostenditur. nam cum sol orbem medium conscendit, umbras omnium rerum in hoc nostro tetartemorio meridiano axi facit ordinatas. ab hoc enim exemplo sescontrariae partis, quae uidetur eisdem horis inluminari, umbra describitur. (fig. 100.) dubium fortasse esset de parallelo[n] nostri tetartemorii,

---

1 nocti ora se aequet **B** 1—2 qui est aequinoctiales **A**, aeq-es qui est **B** 2 proximos **A** 2—3 solistitiale **AB**, solstitialis **PE** 3 se contrarium **P**, sicontrarium **A**, contrarium **B**, est contrarius **E** 4 zoziacus **AB** 4—5 cuius zoziacus sol fines **B** 5 excidere **AB** | aequinoctiali *falso pro* solstitiali *(sic Turneb.)* | ad **P**, a **B**, per **AE** 6 brumali **B** | '*nonne* diagonium?' *La.* | extenditur *Goes.*] ostenduntur **AB**, ostenditur **P**, *om.* **E** | ita ut meridianum *om.* **E** 7 ex utraque] extraque **B** | ex utraque parte *ante* meridianum circulum **P** 7—8 secet (sed et **E**) hoc est per hunc ^{sol}intrare fertur id est hoc eis infra ire (ire *om.* **E**) fertur **AE** 8 intra *Schulten*] infra **O** | et *om.* **AB** 8 uiginti et quattur XXIIII **B** 9 circuire **A** | feruntur **P**, *om.* **E** 10 seper **A**, per **E** | Nam crescendi **P** 11 inmutationem **B** 12 ostenditur] deprehenditur **P** 13 conscendet (e *ex* i) **P** | rerum *om.* **P** | in hoc (hac **E**)] *glossam* forte parte nostri et artemono *add.* **ABE** 14 tetartemori **P**, tretantemorio **A**, tetrantem monorio **E**, cetarmonos **B** | axi] .XXI. **AE** 15 sescontrariae **P**, sisc-ae **A**, sit c-ae **B**, si c-ae **E** | partes **ABE** | uidentur **E** 15—16 hisdem **B** 16 inlumari **B** | umbrae **B**, umbras **E** | describuntur **E** 17 esset **P**] orbi de caelo uel **AE**, *om.* **B** | parallelo nostro **E** | tetartemori **P**, itetrantemoris **A**, tetrantem oris **B**, tetrantem horis **E**

si | secundum zodiaci circuli cursum oceanus meridianus B 248
interueniret: nam totius terrae quattuor partes mari di-
uiduntur, nec ultra hominibus | quartae partis ire per- P 94[r]
mittitur. sed quoniam oceanus meridianus subiacet cir-
culo meridiano, quem zodiacus medium secat, apparet,
inter aequinoctialem et meridianum circulum a media
terra quidquid est in oriente, ultra cursum solis esse,
quam regionem quidam sescontrariae partis appellant; et
quidquid a media terra in occidente inter brumalem et |
me|ridianum circulum subiaceat, nostrae esse partis, si B 249. A 133
solis cursum sequamur; quoniam omnibus terris in hac
parte in occidentem spectantibus umbras in dextrum emit-
tit, exceptis illis quae sunt ab Aegypti fine usque ad ocea-
num, qua finit circulus aequinoctialis. has terras ferunt in-
habitare Arabas Indos et alias gentes. apud hos in occiden-
tem spectantibus umbrae in sinistrum emittuntur; ex quo
apparet eos ultra solis cursum positos. sicut ait Lucanus:

> inuisum uobis, Arabes, ue|nistis in orbem, B 250
> umbras mirati nemorum non ire sinistras.

---

18 Lucan. 3, 247

---

1 zoziaci **AB** | ocaeanum **A**, Oceanum **B**, *om.* **E** | meridianum^{or} **B** 3 hominum **B** | quartae] IIII. **E** | partis **BP**, partes **AE** 3—4 ire permittitur **P**, praetermittitur **AB**, p-untur **E** 4 meridiano **P** 5 zoziacus **B** | medium secat ⅂ **P** 6 a **P**, *om.* **ABE** 7 quidquid] quod **B** | orientem **B** | cursus **A**, cursu **B**, concursus **E** 8 quam] quod **E** | regionem **P**] regioni **ABE** | sexcenturiae **B**, asses contrariae **E** | partes **ABE** 9 in occidentem **P**, ab occidente **E** 10 subiacet **EP** | partes **AB** 11 cursu **A** | hac **P**] *glossam* VII. ma numero **A**, VII. numeria **B**, septem milia annorum numero **E** 12 occidente **AB** | spectantibus *om.* **B** 12—13 dextram demisit **B** 13 excepto **P** | quae **P**] qui **ABE** 14 qua **P**] quae **AB**, quia **E** | ferunt **BE**, feruntur **A**, fertur **P** 14—15 inhabitare arabus (arab. **B**) indos (i-us **B**) **AB**, habitare arabes indos **E**, inhabita*biles*///indos **P** (biles *in litura*) 15—16 occidente **AE**, oriente **B** 16 expectantibus **BE** | in sinistro alii demittunt emitricuntur **B** 17 cursu **AB** | posito **A**, positus **B** 18 inuisum] ignotum *codices Lucani 3, 247* | arabis **AB** | urbem **AB** 19 miratio nemorum **A**, miratione horum **E** | sinistris **AE**, s-tra **B**

nam et Aegypto medio die umbra consumitur. ex hoc
ibidem mediam terrae partem esse conprehendimus.
P 94v (fig. 101.)

Optimum est ergo umbram hora sexta deprehendere
E 48 et ab ea limites inchoare, ut sint semper | meridiano or-
dinati: sequitur deinde ut et orientis occidentisque linea
A 134 huic nor|maliter conueniat. primum scribemus circulum
in loco plano in terra, et in puncto eius sciotherum po-
nemus, cuius umbra et intra circulum aliquando intret:
B 251 certius | est enim quam orientis et occidentis deprehen-
dere. adtendemus quem ad modum a primo solis ortu
umbra cohibeatur. deinde cum ad circuli lineam per-
uenerit, notabimus eum circumferentiae locum. similiter
exeuntem umbram e circulo adtendemus, et circumferen-
P 95r tiam notabimus. (fig. 102.) | notatis ergo duabus circuli
partibus intrantis umbrae et exeuntis loco, rectam li-
neam a signo ad signum circumferentiae ducemus, et
mediam notabimus. per quem locum recta linea exire
B 252 debebit a puncto circuli. per quam lineam | kardinem
dirigemus, et ab ea normaliter in rectum decimanos emit-
A 135 temus: et ex quacumque | eius lineae parte normaliter
interue*rt*erimus, decimanum recte constituemus. (fig. 103.)

11—15 Z 79v

---

1 consumetur **A** **2** ibidem] ibi **AE** | terrae partem ⅂ **B** **4** umbra **B**, u-ae **A** | horae sextae **EP** **5** limitem **P** | incoare **ABE**, orae *add.* **A** **6** deinde *om.* **P** | et orientis] et *add.* **B** **7** primum scribimus **ABE**, scribemus primum **P** **8** in terram loco plano **P** | scioterum **P**] scioterum et iterum **A**, scio iterum **E**, si iterum **B** **8—9** ponamus **ABE** **9** umbram intra **E** **10** certus **P** | et *om.* **B** **10—11** deprehenderunt **AE** **11** adtendemus **P**, a-dimus **B**, tendimus **A**, ostendimus **E** | a *om.* **ABE** | primum **BE** | hortum **B**, ortum **E** **12** cogebatur **B** | dein **P** | at circul*i* (i *ex* um) **A** **14** attendemus **A**, adtendimus **E**, adpraehendimus **B** **15** notantes ergo duobus **AE** **16** intrantes **B** | exientis **A**, e-tes **B** **17** a signo *om.* **ABE** | ducimus **BE** **17—18** sed media **ABE** **19** debet **P** **20** dirigimus **AE** | decumanos **P**, decimanus **A**, d-m **BE** **20—21** emittimus **BE** **22** interuerterimus *La.*] interuenerimus **AB**, inter-

Est et alia ratio, qua tribus umbris conprehensis me-
ridianum describamus. loco plano gnomonem consti-
tuemus AB, et umbras eius qualescumque tres enotabimus
CDE. has umbras normaliter conprehendemus, quanta
latitudine altera ab altera distent. si ante meridiem con-
stituemus, prima umbra erit longissima: si post meri-
diem, erit nouissima. (fig. 104.) | has deinde umbras P 95ᵛ
| pro portione ad multipedam in tabula describemus, et B 253
sic in terra seruabimus. sit ergo gnomon AB, planitia B.
tollamus umbram maximam et in planitia notemus | sign*o* A 136
C: secund*a*m similiter in planitia notemus signo D; sic
et tertiam signo E; ut sint in basi pro portione longi-
tudinis suae BE ⟨B⟩D ⟨B⟩C. eiciamus hypotenusas ex C
in A et ex D in A. nunc puncto A et interuallo E cir-
culum scribamus. ordinatas deinde lineas basi, hoc est
planitiae, eiciamus in cathetum ex praecisuris hypotenu-
sarum et circum|ferentiae, ex F in G et | ex B 254. (Hic desinit E)
I in K. longissimam deinde lineam GF maximae um-

---

ueniremus **E**, inuene*ri*mus (*ex* inueniremus) **P** | dec. recte const. *om.* **B** | constituimus **AE**

1 conpreh.] *add.* contraexeassit **A**, contra ex ea sint **E** 2 describemus **P**, d-bimus **E** | gnomon **BE**, ingnomon **A** 3 A . B . et **P**, habet **BE** | qualiscumque **A**, q . L C q **P**, ab aequali qualecumque **B** | tres enotauimus **AP**, praesentamus **B** 4 conprehendimus **ABE** 5 alter ab **B**, ab **E** | distent] dicet **B**, distendi **E** | si *om.* **BE** | angem **B** 5—6 constituimus **P**, c-tuuntur **E** 6 pos **B** 7 erit *om.* **P** 8 murtiperas **A**, mortiferas **B**, mortiperas **E** | describimus **ABE** 9 in terram **P** | AB] ad **BE** 10 planitiam **A**, p-tiem **B** | notimus **B** 10—11 signum . C . Secundum similiter in planitia (p-iam **A**) notemus (notimus **B**) **AB**, *om.* **EP** 11 signum . D . **ABE** 11—12 sed et **B** 12 tertia **AE**, terram **P** | signum **AE**, signum scribamus **B** | in uasi **BP**, em basi **A** *La.*, in lineas **E** | pro portionem **AB**, ipso portionem **E** 13 eiciamus **P**] etsciamuss **A**, etscimus **B**, sed sciamus **E** | ex *om.* **A** 13—14 C in A **P**, . C . N . A . **AB**, CHA **E** 14 D in A] D **B** | A *om.* **B** 14—15 circulum] circum **B** 15 ordinatos **B** | uasis **B** 16 planitia . E . **B** | chatetum **BP**, catecto **E** 17 et] id **A**, item **E** | ex . F . in . G . E . et . ex . I . N . K . **A**, ex finge et exiin **B**, signo . F . HGE et **E** 18 . G . F . **AB**, *om.* **P**; *lege* BF 18—p. 154, 1 maxime umbras **B**

brae inprimemus, et ab signo B notabimus GF; secundam lineam umbrae secundae, notabimus KI. deinde ex signo F et I rectam lineam eiciemus; itemque ex C D, finibus umbrarum. hae duae lineae altera alteram conpraecident signo T. eiciemus deinde rectam lineam ex T et E; quae erit ortus et occasus. ex hac in rectum rectam lineam eiciemus, hoc est normaliter: haec erit me-
P 96r. A 137 ridiano ordinata. | (fig. 105.) | eisdem signis ⟨t⟩et⟨rantem⟩ ipsum constituemus, et intuebimur quattuor
B 255 | caeli partes, quibus limitum ordinatio hac ratione constituta omni tempore conuenit. (fig. 106.)

Si locus, in quo colonia constituitur, cultus erit, ex ipsa ciuitate maximum decimanum et kardinem incipie-
A 138 mus, ita si colonia ab solo | constituetur. decimanum m(aximum) autem et kardinem optimi mensores agere de-
B 256 bebunt, | idem et quintarios ad singula claudere, ne quis error operi fiat, quod post amplum actum emendare sine rubore difficile est. quod si aut ferramenti uitium aut conspiciendi fuerit, ua*na* contemplatio in uno quintario statim paret et tolerabilem habet emendationem. sub-

---

16 Hygin. 72, 14—16

---

1 ab] a **BP**, .A.B. **A** | GF] *lege* BF 1—2 secundam **P**] s-dum **AB** 2 .K.I. **P**, K.C. **A**, K.T. **B**; *lege* BI | ex **AP**, et ex **B** 3 F et I] .F. et in .I. **P**, .F.I. **A**, si **B** 4 haec **A**, ue **B** | alter alteram **AB** 5 signum **AB** 6 et E] at .E. **P**, E.T.E. **A**, et ae **B** | qui **B** | ex] et ex **B** 7 haec erit] accidet **B** 8 *Spatium octo uersuum figurae relinquit* **P** 8—9 tetrantem *La.*] et **AB**, id **P** 10 ordinatio hac ratione] ordinatione **B** 11 *hic* **AB** *habent quae sequuntur p. 155, 3—7. Figuram 106 habet solus* **P**. 12 cultus **P**] cuius **AB** 14 ab **A**, a **BP** *(cf. 1)* | sole **AB** | constituitur **P** 14—15 .D.M. **P**, decimanum **AB** 15 optime **A**, o-mum **B** | mensuraes **A** 16 eidem **P** | quintarius **AB**, q-ium **P** | ad signa *Goes.* 17 operis **AB** 17—18 emendare sine rubore] finem rubore emendare **P** 18 quod si autem **AB** | uitium] uictum **P** 19 uana *Itali*] uaria **A**, uaria uaria **B**, una **P** 20 instatim apparet **B** | emendationes **A**

runciui minus erroris habent periculum. hos tamen aeque diligenter agere oportet, ne quam et hi recorrigendi moram praestent. (fig. 107.) | multi perpetuos limites ege- P 96v runt et in illa operis perseueratione peccauerunt, sicut in ueterum coloniarum finibus inuenimus, frequentius in prouinciis, | ubi ferramento nisi ad interuersuram non utuntur. (fig. 108.) | lineam autem per metas extende- A 139 mus, et per eam | ad perpendiculum cultellabimus. actuarios palos suo quemque | numero inscriptos inter cen- B 257 tenos uicenos pedes defigemus, ut ad partitionem acceptarum mensura acta appareat. (fig. 109.) limitibus secundum suam legem latitudines dabimus, et aperiri in perpetuum cogemus. plurimum enim agentibus praestat acti limitis perpetua rectura: ex hoc deuerti nisi per neglegentiam non potest. cultis locis limitem sulcis optime seruabimus. prensis tamen in conspectu longinquo signis limitem agemus. (fig. 110.) ‖ si uero in propinquo A 126 B 237 sint duo signa quae ex recta linea normaliter con- E 44 P 91r spici possint, ut excussis longitudinibus longiorem lineam ad breuioris longitudinem signo posito aequemus,

---

3 perpetuos limites *cf.* 97, 17. 128, 13 7—9 Frontin. 16, 16—17, 2. 20—22 11 *cf.* 133, 10 *sq.* 15—p. 156, 3 Z 77v

---

1 errores **AB** | hoc tamen neque **AB** 2 agere **A**, agi **P**, habere **B** | hii recorrigendi **P**] hic hae (haec **B**) corrigendi **AB** 3 praestet **AB** 3—7 multi — — utuntur *et fig. 108 uide 154, 11* 3—4 elegerunt **B** 4 peccauerunt *om.* **P** 5 finifus inueniamus **A** | freq.] recentius **AB** 5—6 in prouinciis] in prouantis **A**, inprobandi **B** 7 utantur **AB** 7—8 moetas extendimus **B** 8 eum **B** 8—9 actuarius **A** 9 quemque **P**, *om.* **AB** | scriptos **B** 10 defigimus **P** | ut **P**] et **AB** | appartitione **A**, ad partionem **B** 13 cogimus **B** 14 acti] actituarii **B** | limites **AB** | hac **B** | diuerti **P** | nisi **P**] ne **AB** 15 culti **A** | sulci **B** 16 prensis **P**] praesens **AB** | in **B**, ins **A**, *om.* **P** 17 augemus **B** 17—p. 156, 16 *u. supra 146, 15* 18 quae *om.* **B** | ex *om.* **AE** | recta] relicta **BP** 19 excusis **A**, excursis **B**, ex suis **E** 20 ad **E**] ab **A**, a **B**, *om.* **P** | brebiores **B** | longitudinem **AP**] longiorem **B**, lineae rectam **E** | opposito **P** | aequimus **B**, aequauimus **E**

B 238 ex quo ad interuersuram breuioris | lineae rectam lineam
iniungamus, quae sit duorum signorum conspectorum
E 45 A 127 | lineae ordinata, ferramento | explicabimus. (fig. 111.)
P 91v | sit ergo forma conspectus ABCD. nunc ex linea primum constituta, quae est inter B et D, conspiciamus signum quod est inter B et A. prolato exiguum per rigorem ferramento normaliter paucas dictabimus metas ex signo E. prolato iterum exiguum ferramento in signum F, signum conspiciemus ita ut rigorem ex E missum secet signum G, et quicumque numeri fuerint sic
B 239 obseruabimus. quomodo | *fu*erit FE ad EG, si et FB tractabimus, erit longitudo conspectus inter B A. eadem ratione et alteram partem conspiciemus. quanto deinde longior fuerit, signo notabimus H, et ex hoc signo in B rectam lineam iniungemus, quae erit ordinata AC. (fig. 112.)
A 139 B 227 P 97r || Si limites post urbem constitutam inchoabimus, ex proximo decimanum maximum et kardinem in-

1 breuioris] *uerba* quae sit duorum signorum conspectorum *et hic addit et suo loco v. 2 habet* **P** | rectam lineam] recta **B** 2 sit **P**] sunt **ABE** 3 ordinatae **AE**, o-te **B** | explicabis **P**, explicuimus **E** 4 .A.B.A.B.C.D **ABE** | ex **AE**, est **B**, *om.* **P** 5 et **AB**, EL **E**, *om.* **P** | conspicimus **BE** 6 et *om.* **P** | prolatum **B** 6—7 rigore **A**, r-res **B** 7 dictabis **P** | moetas **B** 8 in] et **B** 8—9 signo .F. **ABE** 9 conspicimus **BE**, *om.* **P** | ita ut] aut **E** *et pr.* **A** 9—10 ex emissum **P**, exemissum **AB**, ex se missum **E** 10 secet **P**] setet **A**, sedet, sed et **E** | numerum **E** 11 fuerit **E**, fecerit **ABP** | FE ad EG si et FB] .F.EADG. si GFEB. **P**, .F.A.E.D. et .G.Sic.EB. **A**, .F. eadem et.G.Sic.E.et.B. **B**, FAEDETG.Sic et B **E** 12 conspectui **B** | inter BA] haec **E** 13 et **P**] si **ABE** | altera parte **B** | conspiciemus *om. hic sed v. 14 post* notabimus *add.* **ABE** | quando dd. **B**, quando deinde **E** 14 signo **P**] sic **A**, .F. **B** | et *om.* **P** | hoc signum **B**, signo hoc **P** 15 iniungimus **BE** | .A.C. **AP**, hac **B** *qui add. ex v. 7—8* normaliter paucas dictauimus moetas exigno et prolato iterum exiguum ferramentū, *deinde in noua linea nil nisi* h. s. *Sequitur in omnibus codd. 146, 15* hos qui etc. 17 limitem **AB** | conditam **P** 18 proximo *om.* **P** | decumano M. primum et K. **P** | decimanus **A** 18—p. 157, 1 inspiciemus **P**

ci|piemus, eisque latitudinem secundum legem suam da- B 258
bimus. | (fig. 113.) A 140

Si propter locorum difficultatem prope urbem limites inchoari non poterint, tunc in ea regione, ubi adsignaturi erimus, decimanum maximum et kardinem [sic] constituemus sic, ut decimani ordinationem ortus et occasus teneant, kardines meridiani et septentrionis. (fig. 114.)

Limitibus latitudines secundum legem et constitutio- P 97ʳ
nem diui Augusti debemus, | decimano maximo pedes XL, A 141
kardini maximo pedes XX, actuariis [autem] limitibus omnibus decimanis [et] kardinibus pedes XII, subrunciuis
pedes VIII. [limitibus | omnibus] in mediis tetrantibus B 259
lapides defigemus ex saxo silice aut molari aut ne deteriore, politos, in rotundum crassos pedem, in terram ne minus habeant pedes II ς, supra terram sesquipedem. (fig. 115.)

Inscribendi nobis una sit ratio. hanc itaque ex omni opere certissimam eligamus, et hac potissimum utamur. decimano maximo et kardine maximo omnes lapides in frontibus inscribamus, reliquos in lateribus clusaribus.

9—13 Hygin. 70, 6—9; *cf.* 133, 10 *sq.* **13—14** *cf.* Hygin. 72, 16 **18** *sqq. cf.* 136, 11—138, 13

---

1 eisque **P**] est qua **A**, ex qua **B** | suam] quam **B** | latitudines **P** **3** prope] propter **A** **4** tunc] nunc **B** | in eam regionem **AB** **6** sic *om.* **P** | constituimus **B** | sicut **AP**, si **B** **7** kardinem **A**, cardinis **P** **9** latitudinem **B** *(cf. 134, 14)* **9—10** constitutionem **P**] consuetudinem **A**, consecrationem **B** **11** autem *om.* **AB** **12** et *om.* **AB** **13** pedes .VIII. in **P**] pedes VIII. limitibus pedes .VIII. omnibus in **A**, limitib. ped. VIII. omnib. tamen **B** **13** testantibus **B** | defigemus] designemus **B** **14** molari **P**] molarum **A**, malario **B** **14—15** deteriori **A** **15** in rotundum crassos] rotundos grasso **B** **16** habeant **P**, habeat **AB** | II ς] duo semis *add.* **B** | supra **AB**, super **P** **18** In scribendis **A** | nobis **AB**, nominis **P** **19** hac potissimum **P**] ac (ad **B**) potissima **AB** **20** .D.M.O. et **P** | kardine **A**, k-ni **B**, c-ni **P** | maximo **A**, *om.* **BP** **20—21** in frontes **A**, *om.* **B** **21** in *om.* **P**

omnes enim centuriae singulos angulos habent clusares.
incipiamus ergo ponere lapides a decimano maximo et
B 260 A 142 kardine, | inscriptione qua debet: | DECIMANVS MAXIMVS.
KARDO MAXIMVS : DECIMANVS MAXIMVS. KARDO TOTVS.
P 98r (fig. 116.) | applicemus nunc singulas centurias maximo
decimano siue kardini. hae omnes quattuor ternos lapides iam positos habent: sequitur ut illis unus tantum clusaris angulus uacet, hoc est singuli; quibus debebit inscribi D.D.I V.K.I, et S.D.I V.K.I, et D.D.I K.K.I, et S.D.I K.K.I. sic et in ceteris obseruare de-
A 143 bebimus. (fig. 117.) | his angulis lapides defigamus, quibus centuriarum appellationes [in] lateribus adscribemus
B 261 ad terram deorsum uersus. | S.D.I V.K.I in ea parte lapidis inscribemus quae erit s.d.I, aeque ultra ⟨k.⟩ primum. [quod quoniam in *la*titudinem exponi in hac planitia non potest, inscripturam lapidi adplicabimus, qua[m] in re ipsa lapis habere debebit.] sic et D.D.I

3—18 *cf.* Hygin. 71,10—72,13 *qui* sursum uersus *inscribi iubet*

---

1 centuria **A** | angulos *om.* **BP** | habeant **B** 2 a decimano maximo et kardines (kardinis **A**) **AB**, . A . D . M . O . et K . **P** 3 inscriptiones **B**, i-nis **A** 3—4 *sic* **AB** *nisi quod* kardo totus *bis* **A**] decumanus maximus decumanus totus . K . M . K . totus **P**; *u. Mo. Ges. Schr. V 100;* totus = τόσος 6 siue **AB**, et **P** | haec **B** | ternos] quaternos **P** 7 iam positus **A**, inpositos **P** 8 uacet **P**] haec et **AB** | singulis **B** | debet **P** 9 scribi **A** | D . D . I] dextro decimanum . I . **A** | V. K. I] V. I . K . K . I . **B** | et S.D.I V.K.I *om.* **B** 9—10 et D.D.I.K.K. et **B** 11 his] ad *add.* **A** 12 in **P** *La., om.* **AB** | adscribimus **A**, describemus **P** 13 a terram diosum **A** 14 lapidis **P**, l-des **AB**; *del. Mo. Ges. Schr. V 103* | inscribimus **B**, scribimus **A** | quae **AP**, qua **B** | aeque] '*fortasse* atque' *La.* 14—15 ultra primum **AB**, V . I **P**, ⟨k⟩ *add. Goes. La.* 15—17 quod quoniam — — debebit *interpolatoris esse credo, qui uerba 14* deorsum uersus *explicare uoluerit.* 15 quoniam in] non iam **B** | latitudinem *Mo. l. l.*] altitudinem **ABP** 16 planitiam **A** | inscriptura **B**, scriptura **A**, inscriptionem **P** 17 qua *scripsi* (= ubi); *cf. 169, 8* | lapis] lapides **B**; amplicauimus quam in re ipsa lapis *per dittographiam add.* **A** 17—p. 159, 1 D D I . V K I . **P**, *om.* **AB** | *post* K . K . I . *adde cum La.* sic et D . D . I K . K . I

V. K. I; sic et S. D. I K. K. I. (fig. 118.) | quoniam ab uno P 98^{v} umbilico in quattuor partes omnis centuriarum ordo conponitur, ab unius primae centuriae incremento omnes inscriptiones singulis angulis cluduntur: quidquid enim ultra primum kardinem nominatur, perseuerat usque ad extre|mum finem ultra primum uocari. sic et k(itra); si- B 262 militer d(extra) aut s(inistra). et cum d(ecumano) m(aximo) siue kardine[s] omnes lapides positi fuerint, per successionem singulis centuriis | quartus lapis deerit, A 144 cui posito centuriae appellationem inscribere debemus. (fig. 119.) his deinde cum quartum lapidem posuerimus, sequenti loco centuriae quartus angulus tantum uacabit, quo numerus inscribatur ipsius. ad summam omnes clusares angulos centuriarum lineis diagonalibus conprehendemus. (fig. 120.) | sic et in toto opere | exteriores P 99^{r}. B 263 anguli centurias cludunt ab inscriptione decimani maximi | et kardinis maximi. (fig. 121.) A 145

Cum centurias omnes inscriptis lapidibus terminauerimus, illa quae rei publicae adsignabunt, quamuis limitibus haereant, priuata terminatione circumibimus, et in forma ita ut erit ostendemus, SILVAS siue PASCVA PV-

---

4—6 *cf.* Hygin. 72, 25—26 **21** *ibm.* 73, 4. Agenn. 46, 16—17

---

2 omnes **AB** **3** ab] ad **B** | incrimento **A**, adinpraemente **B** | omnium **P** **4** quidquid **P**] quisquis **AB** **5** nominatur **A** *Mo. Ges. Schr. V 101* (*cf. 6* uocari), numerantur **B**, numeratur **P** *La.* **6—8** sic et . K̓ . similiter . D̓ . aut . S̓ . et cum . D̓ . M̓ . siue cardini **P**] sic et kardo similiter decimanus aut secundum . M . (secum decimanus maximus **A**) siue kardines **AB** **8** fuerant **B** **9** deerit **P**] debebit **AB** **10** cui] sui **B** | centuriarum appellationes **P** | debemus **P**, debebit **AB** **11** His deinde cum **P**] Hisdem id es cum **B**, Hisdem in decimanum **A** (*in archetypo* deĩde) **12** loco] loci **A** **12—13** zantum uocabitur quod **AB** **13** inscribatur ipsius **AB**, ⅂L **P** *La.* **14—15** conprehendimus **AB** **16** centuria **B** **17** et kardinis maximi *om.* **B** | *Fig. 121 ex* **A** *excisa est* **18** inscriptis **PA**^{2}, insẹ??ṛtis **A**, inseincertis **B** **19** quae] et *add.* **B** **20** circuibimus **BP** **21** formam **AB** | erit] ere **B** | ostendĩmus **AB** | silua **A** **21—p. 160, 1** siue pascua publica *om.* **P**

BLICA siue utrumque. quatenus erit, inscriptione replebimus, ut et in forma loci latitudinem rarior litterarum dispositio demonstret. harum siluarum extremitatem per omnes angulos terminabimus. (fig. 122.)

A 146 B 264 Eadem ratione terminabimus fundos exceptos siue concessos, et in forma sicut loca publica inscriptionibus demonstrabimus. (fig. 123.)

P 99v Concessos fundos aeque similiter ostendemus, ut FVNDVS SEIANVS CONCESSVS LVCIO MANILIO SEI FILIO. in adsignationibus enim diui Augusti diuersas habent condiciones fundi excepti et concessi. excepti sunt fundi bene meritorum, ut in totum priuati iuris essent, nec ullam coloniae munificentiam deberent, et essent in solo populi Romani. concessi sunt fundi e*i* quibus indultum
B 265 est, cum | possidere uni cuique plus quam edictum continebat non liceret. quem ad modum ergo eorum ueterum possessorum relicta portio ad ius coloniae reuocatur, sic eorum quibus plus possidere permissum est: omnium enim fundos secundum redit*us* coemit et militi adsignauit. inscribemus ergo concessos sic, ut in aere
(A) permaneant. | (fig. 124.)

Aeque territorio siquid erit adsignatum, id ad ipsam

22—p. **161, 8** Agenn. 46, 20—25

1 utruque **A**, utrimque **P** | erit] fuerit **P** | inscriptionem **A**, terminationem **B** **3** demonstrat **B** **6** sicut **P**] sic **AB** **7** *Fig. 123 ex* **A** *excisa est* **8** ostendimus **B**, inscribemus **P** **9** alucio **A** | sei filio **A**, *om.* **B**, C . F . I . L . (*i. e.* C. fil.) **P** **12** bene **P**, pene **A**, poene **B** | in tuto **A** **12—13** nec coloniae ullam **P**, inhaec ullae coloniae **A**, inhae coloniae **B** **13** deberent **P**] haberent **AB** | et **B**, *om.* **AP** **14** ei *La.*] et **AB**, e **P** **14—15** indultum est **A**, ⅂L **BP** **15** cum *om.* **B** | edictum] reditum **P**, peditum **B** **16** quem admodum] Quam **B** **17—18** reuocabitur **B** **18** sic eorum **P**] citerorum **A**, ceterorum **B** | permissum] commissum **B** **19** fundos] ceterorum quib. plus possidere commissum est omnium enim funeros *per dittographiam add.* **B** | reditos coemit **AP**] meritum **B** | et militiam **B** **20** scribimus **B** | concessos **AB**, fundos **P** | . Sic . ut **A**, sicut **P** | in *om.* **P** | aere] re **A** **21** permaneat **P** | *Unum folium deest in* **A** **22** id ad ipsam **P**] et adiectam **B**

urbem pertinebit nec uenire aut abalienari a publico licebit. id DATVM IN TVTELAM | TERRITORIO adscribemus B 266 sicut siluas et pascua publica. (fig. 125.)

Quod ordini coloniae datum fuerit, adscribemus in P 100r forma SILVA ET PASCVA, ut puta SEMPRONIANA, ITA VT FVERVNT ADSIGNATA IVLIENSIBVS. ex hoc apparebit haec ad ordinem pertinere. (fig. 126.)

Aeque lucus aut loca sacra aut aedes quibus locis fuerint, mensura conprehendemus, et locorum uocabula inscribemus. non exiguum uetustatis solet esse instrumentum, si locorum insignium mensurae et uocabula aeris inscriptionibus constent. (fig. 127.)

Siqua regio in extremitate limites non acceperit, | eum B 267 locum uacantem significabimus hac inscriptione: LOCVS EXTRA CLVSVS. et extremitatem deinde terminis lapideis obligabimus, interposito ampliore spatio, et aris inscriptis conditoris nomine et coloniae finibus. | (fig. 128.) extra P 100v clusa regio ideo, quod ultra limites finitima linea cluditur. linea autem finitima si limitibus conprehensa non fuerit, optimum erit extremitatem ad ferramentum rectis angulis obligare et sic terminos ponere. (fig. 129.) | si A 147 fuerit mons asper et confragosus, per singulas petras finitimas notas in|ponemus et ubi potuerit inscriptiones: B 268 sic et in forma significabimus. [praeterea in Sicilia, ubi

---

8—**12** *cf.* Hygin. 77, 15—21. 80, 6 *sq.* Sic. Flacc. **127, 14**—**20** **17**—**19** Frontin. 3, 14—15

---

1 uenire **P**] biniri **B** **2** id datum **P**] sed dum **B** | territorii **B** **2**—**3** adscribimus **B**, adscribi **P** **3** siluis **B** **4** Quod ordini **P**] Quo hordine **B** | adscribimus **B** **5**—**7** pascua remota sempronia ut ait fuerat adsignata iuncte axibus et ex hoc apparebit ita et ordine pertinere **B** **8** Aeque **P**] Ae habet **B** **9** mensuram conpraehendimus **B** **10** inscribimus **B** | uetustatib. **B** **11** mensurae *om.* **B** **12** aeres **B** | constet **B** **13** in *om.* **B** | acceperit **P**] adpeteres **B** **14** hanc inscriptionis **B** **15** et **B**] *om.* **P** *La.* | deinde **P**] eamq. **B** **16** ampliori **P** | areis **B** **18** ultra **P**] intra **B**, *ut in Frontino 3, 14* **A** **19** non *om.* **B** **21** et sic terminos ponere *om.* **P** **23** inponimus **AB** **24**—p. **162, 1** praeterea — — asperitas est *om.* **P**

montium altitudo et asperitas est.] (fig. 130.) nam in
planis quamuis omnium centuriarum subsiciua lapidibus
inscriptis conprehendantur, certis tamen locis aras lapi-
P 101r deas ponere debebimus, quarum inscrip|tio ex uno la-
tere perticae applicato finem coloniae demonstret, ex al-
tero, qua foras erit, adfines. ubi fines angulum facient,
ternum angulorum aras ponemus. sic et in locis mon-
A 148. B 269 tuosis. (fig. 131.) | et has utraeque ciuitates | consti-
tuant: adfines enim eisdem locis nomine imperatoris et
finium earum inscriptione aras consecrare debebunt.
(fig. 132.)

Agro limitato accepturorum comparationem faciemus
ad modum acceptarum, quatenus centuria capere possit
aestimabimus, et in sortem mittemus. solent enim culti
agri ad pretium emeritorum aestimari. si in illa pertica
centurias ducenum iugerum fecerimus et accipientibus
dabuntur iugera sexagena sena besses, unam centuriam
tres [homines] accipere debebunt, in qua illis tres partes
B 270. P 101v aequis frontibus determinabimus. | omnium nomina
sortibus inscripta in urnam mittemus, et prout exierint

---

12 *sqq. cf.* Hygin. 73, 6 *sqq.*

---

1 *Fig. 130 excisa ex* **A** 2 planitiis **P** | quamuis] in *add.* **AB** 5 applicato *La.*] applicate **AB**, applicito **P** | fine **A**, sine **B** | demonstras **A**, demostres **B**, demonstrat **P** (d-et *pr.* **G**) 5—6 altero **P**] a-ra **A**, a-ram **B** 6 fines **P**] finiet **AB** | facient et **P**, facies **B** 7 ternum] terminum **B** | angulum **P** | ponimus **B** | et *om.* **P** 8 utrasque **AB** 9 et] nec **B** 10 earum i-ne] suarum i-nibus **P** 12 acceptorum **B** | conparationum **AB** 13 adceptorarum **B** | quotenus **A** | centuriam **AB** | possis **AB** 14 sorte **AB** | mittimus **B** 15 emeritorum **P**] mementorum **A**, momentorum **B** | in *om.* **B** 16 centurias **P**, c-ia **A**, c-iae **B** | ducentenum **BP** | faceremus **B** 17 dabitur **AB** | sexagena sena besses **P**] LXVI · ς · **A**, sexagina et sex semis **B** 18 homines *om.* **AB** | in qua] in quid **B** 18—19 partes aequis *om.* **A** 19 frontibus **P**] partibus **AB** | omnium] ergo *add.* **P** 20 mittimus **B**, deiciemus **P** | et prout exierint **AB**] et mota primo quoque ternos comparauimus. qui primi exierint **P**

primam sortem centuriarum tollere debebunt. eodem exemplo et ceteri. quod si illis conuenerit, ut conternati sortiri debeant, | qui tres primam centuriarum sortem A 149 accipere debeant, conternationum factarum singula sortibus nomina inscribemus. ut si conuenerit Lucio Titio Luci filio, Seio Titi filio, Agerio Auli filio, ueteranis legionis quintae Alaudae, ex eis unum sorti nomen inscribemus et quoto loco exierit notabimus. si conternationem urna faciet, singulis sortibus singulorum nomina inscribemus, et a primo usque ad tertium qui exierit erit prima conternatio. sic et ceterae. has conternationes sublata sorte | quidam tabulas appellauerunt, quoniam B 271 codicibus excipiebantur, et a prima cera primam tabulam appellauerunt. peracta deinde conternationum sortitione omnes centurias sortibus per singulas inscribemus et in urnam mittemus: inde quae centuria primum exierit, ad primam conternationem pertinebit. sit forte centuria D . D . XXXV V . K . XLVII: hanc ex prima tabula tres accipere debebunt. quod in aeris libris sic inscribe-

---

1 centuriam **A** | primam sortem centuriarum] *deinde* **1—3** tollere — — primam centuriarum sortem *om.* **B** | tollere] ducere **P** **2** exemplo *om.* **A** | conuenerit ut **AB**] permissum erit ut inter conuenientes conternentur **P** **3** debeant] debebunt **P** | primam **P**, p-um **A**, unam *mauult La.* | centuriam **A**, c-iae **P** **4** conternatione **A**, c-em **B** **5** scribimus **B** | si] id **B** **5—6** . L . T . L . F . **P** **6** seio tito filio **B**, titi filio **A**, et . P . SEIO t F . **P** | agerio bullo filio **B**, et AGGERIO A F . **P** **6—7** legionis **A**, legionariis **B**, leg. **P** **7** quintae alaude **P**] quinta a*l*lauel **A**, quinto ala quinto **B** | eis] his **P** | sorti nomen **P**] sortium nomina **AB** **7—8** inscribimus **B** **8** quoto] qui quinto **B** | si **P**] sic **AB** **9** urna] unā **B** | faciet] facies **P** **9—10** singulis — — a primo **P**] dum **AB** **11** erit *om.* **AP** | prima **P**] una **AB** | ceteri **AB**, reliquae **P***La.* | Has **A** **12** quidem **A** | appellauerant **A** **13** codicibus] iudicibus **P** | ad primam ceram **B** **14** conternatione **A** **14—15** sortitione **P**] sortitorum **A**, sortiorum **B** **15** sortibus *om.* **B** **15—16** scribimus **B** **16** mittimus **B** **17** sit] si **A** **18** XLVII . **P** (*et rec.* **A**), LXVIII **A**, XXXVII . **B**. *Deinde* **18—p. 164, 1** hanc ex prima — — — V . K . XLVII . **P**] *om.* **AB** *Mo. Ges. Schr. II 111, 2* mus: TABVLA PRIMA . D . D . XXXV V . K . XLVII L. TERENTIO L. FILIO POL(LIA) IVGERA LXVIςz, G. NVMISIO G. F. STE(LLATINA) IVGERA XLVIςz, P. TARQVINIO CN. F. TER(ENTINA) IVGERA LXVIςz. eodem exemplo et ceteras sortes.

P 102r. B 272 Adsignare | agrum secundum | legem diui Augusti eatenus debebimus, qua falx et arater exierit; nisi ex hoc conditor aliquid immutauerit. primum adsignare agrum circa extremitatem oportet, ut a possessoribus uelut terminis fines optineantur; ex eo interiores perticae partes. siqua compascua aut siluae fundis concessae A 150 fuerint, | quo iure datae sint formis inscribemus. multis coloniis inmanitas agri uicit adsignationem, et cum plus terrae quam datum erat superesset, proximis possessoribus datum est in commune nomine compascuorum. haec B 273 in forma | similiter conprehensa ostendemus. (fig. 133.) haec amplius quam acceptas acceperunt, sed ut in commune haberent. multis locis, quae in adsignatione sunt concessa, et ex his compascua fundi acceperunt. haec

---

6—7 Hygin. 73, 3 *et infra* 166, 11 *sqq.* **12—13** Frontin. 9, 10—11 **13—16** Sic. Flacc. 121, 16 *sqq.*

1—2 lucio terentio luci filio **B** **2** POL. **AP**, pollioni **B** | IVG. *semper* **P** | LXVI · ς · **A**, LVIςz **B**, LXVIΓ **P** **2—3** gaio numisio filio **B**, C . N . C . F **P** **3** STE.] iste **P**, *om.* **AB** **3** *et* **4** ςz. **B**, .ς. **A**, Γ **P** **3—4** P. tarquinio C . N F. ter. **P**] ollo numerio . filio . stil. **A**, ullo numerio filio o stellioni **B**. *In* **AB** *glossa ad secundum nomen pertinens locum tertii nominis occupauit, ut uidit Ioh. Schmidt. La.* **AB** *secutus est* **4** et *om.* **AB** **4—5** cetere **B** **6** signare **A** | secū **B** **7** . e . atenus **A** | felx (fals **B**) et arater **AB**, fal*se* *t*aratrum **P** (se t *in rasura*) | ierit *puto, ut 166, 13* | ex **P**] ea **AB** **8** cond*i*tor (i *ex* e) **A**, conditori **B** **11** conspicua **B** | fundos **P** **12** fuerit **B** | data **P** | inscribimus **B**, inferemus **P**; *add.* .C. **B**, centum .C. **A** **13** colonis **B** | immunitas **P** | uicit **P**] uicti **AB** **15** nominum **AB** **16** formam **B** | similiter **AB**, mensuraliter **P** | conprehensam hostendimus **A**, compraehensa ost-s **B**, comprehendimus **P** **18** in adg . signatione **A** **19** concessa et ex **P**] concesse lex **AB**, c-a ex *La.*; et *cf. 165, 14* beneficio coloniae habent, in forma COMPASCVA PVBLICA IVLIENSIVM inscribi debent: nam et uectigal quamuis exiguum praestant. (fig. 134.)

Subsiciuorum omnium librum facere [scire] debebimus, A 151 P 102v ut quando uoluerit imperator, sciat quot in eum locum homines deduci possint: aut si coloniae concessa fuerint, CONCESSA COLONIAE in aere inscribemus. | ita B 274 si rei publicae concessa fuerint, in aere SVBSECIVA CONCESSA ut IVLIENSIBVS inscribemus.

Omnes aeris significationes et formis et tabulis aeris inscribemus, data adsignata, concessa, excepta, reddita commutata pro suo, reddita ueteri possessori, et quaecumque alia inscriptio singularum litterarum in usu fuerit, et in aere permaneat. libros aeris et typum perticae totius lineis descriptum secundum suas determinationes adscriptis adfinibus tabulario Caesaris inferemus. et siqua beneficio concessa aut adsignata | coloniae fuerint, (A) siue | in proximo siue inter alias ciuitates, in libro bene- B 275 ficiorum adscribemus. et quidquid aliud ad instrumentum mensorum pertinebit, non solum colonia sed et ta-

---

11 Sic. Flacc. 119—121   15—p. 166, 2 *Bo.* 400, 8—15

---

1 formam **AB** 2 tuliensium **B** | nam *om.* **AB** 3 praestat **AB** | *Fig. 134 excisa ex* **A** 4 facile **B** | scire **AB**, *om.* **P** 5 scias **A** | quod **AB** 6 concessae **P** 7 concessae **BG**, concensae **P** | coliniae **A** | inscribimus **B**, *pr.* **P** 7—8 ita si] ita **AB**, si **P** 8—9 fuerint — — CONCESSA **P**] eodem facies **AB** 9 Ut et iuliensium **B** | inscribimus **B**, scribemus **A** 10 aeris **AB**, *om.* **P** *La.* | sign-em **AB** | formis et tabulis aeris (aereis **B**)] formas aeris tabulis **P** 11 inserimus **B** | adsign.] et signata **A** | reddita *om.* **P**, *ante* pro suo **AB** 12—13 quascumque **A** 14 fuerint **B** | et = etiam. *La. frustra* ut 14—15 in aeris permaneant libris Et pertice typum **B** | perticae totius ⅂L **P** 15 lineis **AB**, linteis **P**. Linteis dicit scriptum *margo* **P** 15—16 terminationes **P** 16 inferimus **B** *Bo.* 17 adsignatae **B** 19 adscribimus **B** *Bo* | et] ut **B** | ad *om.* **B** 20 coloniae **B** *Bo.* 20—p. 166, 1 tabulario **B**

bularium Caesaris manu conditoris subscriptum habere
A 152 P 103v debebit. | (fig. 135. 135 a.)

A 153 P 104v Agrum rudem prouincialem sic adsignabimus, quem ad modum supra diximus. si uero municipium in colonia*e* ius transferetur, condicionem regionis excutiemus
B 276 et secundum suam postu|lationem adsignabimus. multis locis conditores uniuersum locum coemerunt, multis male meritos fundorum possessione priuauerunt. ubi tamen aliquid concessum est et gratiae, in eius modi condicionibus interuenit C.V.P. ET REI PVBLICAE. hunc agrum secundum datam legem aut si placebit secundum diui Augusti adsignabimus eatenus QVA FALX ET ARATER IERIT. haec lex habet suam interpretationem. quidam putant tantum cultum nominari: ut mihi uidetur, utile⟨m⟩ ait agrum adsignare oportere. hoc erit ne acci-
B 277 pient*i* siluae uniuersus modus adsignetur | aut pascui. qui uero maiorem modum acceperit culti, optime secundum legem accipiet aliquid [et] siluae ad inplendum [acceptae] modum. ita fiet ut alii sibi iunctas siluas acci-

---

4—5 *cf.* 143, 3   11 *supra* 164, 6   19 Frontin. 6, 5

---

1 subscripta **B** 2 debet **P**. *Deinde in* **P** *finis huius paginae et pagina* 103r *uacant, quia figurae 135 a duae paginae continentes opus erant* (103v *et* 104r). *In summa hac figura manu designatoris scripta uerba leguntur, quae La. falso in textum recepit:* TVTVM (*l.* typum) TOTIVS PERTICA (*l.* perticae) IN HVNC MODVM ORDINARE DEBEMVS VT OMNES MENSVRAE LIMITES ET SVBSECIVORVM LINEAS OSTENDAMVS 4 dixi **P** | coloniam eius **O**, *corr. Rudorff* 5 transfertur **B** | excutemus **A**, excutimus **B** 6 suam *om.* **B** 7 condores **B** | coemerint **A**, coemerit **B** | multos **AB** 8 possessiones **B** 9 concessum est aliquid **P** | in eius modi enim assignationibus **P** 10 C.V.PE.TRP.SVP. agrum **P** | hunc] nouum hunc **B**, *om.* **P** 12 assignare debebimus **P** | eatenus *om.* **B** 12—13 quas false taratrum exierit **P** 12 falix **B** 13 hiierit **B** | habet *om.* **P** 14—15 utile ait **P**] alii **AB** 15 oportere *om.* **AB** 15—16 accipiente **P**] accipiet **AB** 17 uero *om.* **A** | acceperint (accip-t **A**) culti **AB**, culti acciperit **P** 18 et **P** *La.*, *om.* **AB** 18—19 acceptae **P**, *om.* **AB** 19 ita fiet — siluas] hoc ipsud euenit ut alii siluas sibi iunctas **P**

piant, alii in montibus ultra quartum forte uicinum.
primum [ergo] agrum limitibus includemus, hoc est cen-
turiabimus. deinde acceptas terminabimus: quicumque
modus limitem excedit, commalliolari debet et sic in
aere incidi. sortes [autem] sic inscribes, ut si una ac-
cepta | duas tres pluresue centurias continebit, has cen- A 154
turias et quantum ex accepta habeant in una sorte in-
scribemus. ut si dabitur LXVI ς ⟨z⟩ et | per tres centu- P 105r
rias separabitur, d.d.I k.k.I iugera VI ς z, d.d.I k.k.II
iugera XV, et d.d.II k.k.II iugera XLV, has una sors
continere | debebit. sub hoc exemplo et cetera fient. B 278
sortitos in agrum deducemus et fines assignabimus. fini-
bus assignatis et ceteris mensuris parti*tis* formas et
quaecumque ad mensuras pertinebunt ita ut supra dixi
⟨a⟩ conditor*e* ordinata r(ei) p(ublicae) ⟨in⟩feremus.
| (fig. 136. 136a.) P 105v—106r

| Agrum arcifinium uectigalem ad mensuram | sic P 106v. A 155
redigere debemus, ut et recturis et quadam terminatione

---

14 supra 165, 19—166, 2 **17**—p. **171, 4** *uide Mo. Ges. Schr. II 104 sq. Schulten Bonn. Jahrb. 103, 17 sq. Barthel ibm. 120, 46 sq.*

---

1 quattuor **AB** | fori **A** | uicinos **B** **2** ergo **P**, *om.* **AB** | includimus **B** **2—3** centur.] separabimus *add.* **P** **3** deinde] . d . d . **B** | terminibus **A**, et terminauimus **P** **4** excedet **P** | commallorari **A**, conmallari **B** | debebit **P** **5** autem *om.* **AB** | inscribes] inscribere debebimus **P** | ut *om.* **A** | si *om.* **AB** **6** duas] aut *add.* **P** **7** ^accepta **A**, acceptam **B**, cepta **P** | in **AP**, et **B** **7—8** inscribimus **B** **8—12** dabitur — — — has una *om.* **B** **8** LXVI . ς . **A**, LXVII . si **P** **8—9** centurias **P**] uias . uias **A** **9—10** deinde I K . K . I iugera VI ς C deinde I K . K . II iugera XV et deinde I . I . K . K . I . I iugera XLV has **A**, A D I K K I IVG. VI K et D D I K K I IVG. XV et D D K K IVG. XXXV. Haec **P** **11** et **P**] *om.* **AB** | cetera fient **AB**, reliqua **P** *La.* **12** sortitos — — adsignabimus **P**, *om.* **AB** **12—13** finibus adsignatae et ceteris mensoris partibus **A**, finibus adsignatis haec et aeris mensuris partibus **B**, *om.* **P** *La.; correxi, cf. p. 166, 17—18* **13—14** formas — — supra dixi **P**, *om.* **AB** **15** conditori ordinatam praeferimus **B**, conditor⁝ *(una littera erasa)* ordinae praeferemus **A**, *om.* **P** *La.; correxi, cf. p. 165, 19—166, 2* **17** debebimus **B** **18** quaedam terminationem **B**

in perpetuum seruetur. multi huius modi agrum more colonico decimanis et kardinibus diuiserunt, hoc est per centurias, sicut in Pannonia: mihi [autem] uidetur huius soli mensura alia ratione agenda. debet [enim aliquid] interesse inter [agrum] inmunem et uectigalem. nam quem ad modum illis condicio diuersa est, mensurarum B 279 actus dissimilis esse | debet. nec tam anguste professio nostra concluditur, ut non etiam per singulas prouincias priuatas limitum obseruationes dirigere possit. agri [autem] uectigales multas habent constitutiones. in quibusdam [prouinciis] fructus partem praestant certam, alii quintas alii septimas, alii pecuniam, et hoc per soli aestimationem. certa [enim] pretia agris constituta sunt, ut in Pannonia arui primi, arui secundi, p*ra*ti, siluae glandiferae, siluae uulgaris, pascuae. his omnibus agris (AB) uectigal *est* ad modum ubertatis | per singula iugera con-

---

1 huius modi agrum **AB**, huius agro (agri **G**) mensuram **P**; in **B** 281 *alieno loco scriptum* huic agri mensuras more colonico decimanis et kardinib. diuiserunt *(uide p. 169, 16)* 2 kardinibus] K D B **P** | per *om.* **B** 3 centurias **P**] uias **AB** *(ex* Crias *credo ortum)* | in parinota **B** | autem **P**, *om.* **AB** 3—4 huius soli mensura **P**] huius modi **AB** *(cf. v. 1)* 4 agendum **AB** 4—5 *inclusa om.* **AB** 5 immunera **B** | num **B** 6 quem ad m.] quam **B** | mensurarum] mensurarumque **P**, cum **AB**, mensurarum quoque *La.* 7 actos **B** | disimilis esse debent **A**, debet esse dissimilis **P** 7—8 possessio concludetur **A**, possessor sic cluditur **B** 8 ut *om.* **B** 9 priuatis **P** | posset **A** 10 autem **P**, *om.* **AB** 11 prouinciis **P** *La.*, *om.* **AB** | fructum parem **B** | praestant certam **AB**, constitutam prestant **P** 12 alii quintas alii septimas **P**] aliquis acias aliis etiam **B**, aliqui acias alii sepias **A** | ali pecuniam **A**, nunc multi p-m **P** | et hoc **AB**, et hanc **P** | soli **P**] solitam **A**, asolata **B** 13 enim **P**, *om.* **AB** | agri **B** 14—16 arui primi — — ad modum ubertatis **P**] *horum loco glossam habent* **AB**: singulas (s-is **B**) species culturae uel siluarum et (moetu **B**) ubertatem alii (alia **A**); *lege* sc (= secundum) ubertatem; *glossam indicat* alii *(cf. 151, 16. 96, 2)* 14 prati *Rig.*] partis **P** 16 uectigal est *La.*] uectigalis **P** 16—p. 169, 2 per singula — — diligentia. nam *om.* **B**; 16—p. 169, 1 per singula — — per falsas *deest in* **A**, *infima parte paginae recisa*

stitutum. h*o*rum aestim[at]io *ne*qua usurpatio per falsas
| professiones fiat, adhibenda est mensuris diligentia. nam A 156
| et in Phrygia et tota Asia ex huius modi causis tam B 279
frequenter disconuenit quam in Pannonia. propter quod
huius agri uectigalis | mensuram a certis rigoribus con- B 280
prehendere oportet ac singula terminis fundari. quibus-
dam interuersuris lapides politos quadratos in|scriptos P 107r
lineatos defigere in eam partem qua res exiget oportebit.
omnium rigorum latitudines uelut limitum obseruabimus:
interstitione limitari mensuras per strigas et scamna
agemus. sicut antiqui latitudines dabimus, decimano
maximo et k. pedes XX, eis limitibus transuersis, inter
quos bina scamna et singulae strigae interueniunt, pedes
duodenos, itemque prorsis limitibus, inter quos scamna
| †quattuor et quattuor strigae cluduntur, pedes duodenos, B 281
reliquis rigoribusieariis ped. octonos. (fig. 137.) omnem
mensurae huius quadraturam dimidio | longiorem siue A 157

---

10 *et* **17—p. 170, 2** Frontin. 1, 10—16 **16—p. 170, 2** *Bo.* 397, 20—23

---

1 harum **P** | aestimio *Rig.* | nequa *Turneb.*] inqua **P** *(cf. p. 96, 9)* **2** professiones fiat **P**] opiniones sint **A** **3** et in **P**] etiam **B**, et **A** | frygia **A**, frigiae **B** | causis tam **AP**, causa acta **B** **4** in **AB**, et in **P** **5** a certis **AP**, apertis **B** **6** ac *La.*] ad **AB**, et ad **P** **7** interuersuras **AB** | quadratos **P**] ut hos **AB** | inscriptus **A**; et *add.* **P** **8** defigerent **A** | quae **B** | rex **A** | exigit **B** **9** rigorum **P**] agrorum **AB** | limitem **AB** | seruabimus **P** **10** interstitionem **AB**, interstitioni **P** | mensuras] uersuras **AB** *Mo.*, mensura **P**, m-am *La.* | et per scamna **B** **11** agimus **AB** | sicut antiqui] ut antiquis **B** **11—12** d. m. decimano. maximo. **A**, d. m. **B**, D M O **P** **12** p. **A**, pedes **B**, ped. **P** | eis **AB**, et **P** **13** singula **B** **13—14** ped. duodenos **P**, pedes XII **A**, ped. XVII **B** **14** item qui **AB** | prorsus **B** | inter quo **A**, in quos **B** **15** et quattuor *om.* **A**; ped. *add.* **P** | includuntur **B** | ped. **B**, *om.* **P** | duodenis **P**, XII **A**, XVII **B** **16** lineares ped. VIII **B**, *qui add.* huic agri mensuras more colonico decimanis et kardinib. diuiserunt *(cf. p. 168, 1); recisa ex* **A** *simul cum fig. 137 (cf. p. 168, 16)* **16—p. 170, 5** *iterum habet* **P** 149r, *sed deprauata* **16—17** omnium mensure huius cultura demedio **B**, *recisa ex* **A** *praeter finem* io;

latiorem facere debebimus: et quod in latitudinem longius fuerit, scamnum est, quod in longitudinem, striga.
P 107ᵛ (fig. 138.) | primum constituemus decimanum maximum et kardinem maximum, et ab his strigas et scamna cludemus. | (fig. 139.) | actuarios [autem] limites diligenter agemus, et in eis lapides inscriptos defigemus adiecto scamnorum numero. primum a d. m. et k. incipiemus
B 282 | inscriptiones uelut in quintariis ponere. primo lapidi
A 158 inscribemus D M. K. M. (fig. 140.) | ab hoc deinde singulis actuariis limitibus similiter per ipsos inscribemus D. M. LIMES II, K. M. LIMES SECVNDVS. hac significatione omnium quattuor regionum limites conprehende-
P 108ʳ mus. | (fig. 141.) his deinde quartis quadrarum angulis lapides eius generis ponemus sub hac inscriptione litteris singularibus D. D. V STRIGA PRIMA SCAMNO II. et hoc in lateribus lapidum. in fronte autem regionis indicium D. Ð. V. K. (fig. 142.) nunc quadrarum angulis

omnem mensuram huius culturae medium *Bo.*, omne mensurae cuius quadratura dimitio **P 149ʳ**

1 facere debebis **B**, f-e debebi **A**, f-e debes *Bo.*, antiquo agrimensores fecerunt **P 149ʳ** | quod] quid **A** | in lat-ne **B** **P 149ʳ** **2** est **A** *Bo.*, fit **B**, appellare **P**, appellauerunt **P 149ʳ** | quod uero in longitudinem longius fuerit *Bo.* | strigam **B**, strigas **P 149ʳ** **3** constituerunt **P 149ʳ** **4** maximum] sicut supra diximus *add.* **P 149ʳ** | et ab his **B**, et hab is **A**, et ab eis **P** *La.* **4—5** cludimus **B**, uocauerunt **P 149ʳ** **5** Acturios **A** | autem **P**, *om.* **AB** | diligentissime **P** **6** agimus **AB** | eis] eos **B** | scriptos **A**, d. inscriptos **B** | defigimus **B** | numerum **AB** **7** primum *om.* **B** | A Ḋ Ṁ O · et K̇ **P**, a d. et k. **A**, adet k. **B** | incipimus **AB** **8** uelut] uel **B** **9** inscribimus **B** | K. M.] K. mus **A** | Ad hoc **P** **9—10** singulae **AB** **10** similiter] si limites **P** | ipsos] ipso **A** | inscribes **A** **11** k. m. limes secundus **AB**, K̇ Ṁ . L̇ Ṁ . II . **P** | hac *om.* **AB** **11—12** sign-em **AB** **12** limitem **B** **12—13** conpraehendimus **AB** **13** deinde] .d.d. **B** | quartis quadrarum **P**] partis (p-es **B**) quadratum **AB** **14** eius⟨dem⟩ *La.*, clusaris *Mo.* | ponimus **B** **15** Ḋ Ḋ V̇ **P**, deinde quinta **A**, D . D .V. ⟨K.⟩ *recte Barthel* | strigam primam **P** | scamna **B**, SCAMNVM *puto* **16** et hoc **A**, hoc **BP** | frontes **B**, f-em **P** **17** Ḋ Ḋ V̇ K̇ **P**, deinde quintus . k. **A** | quadrarum **P**, posituram **A**, cohituram **B**

lapides inscriptos inspiciamus. (fig. 143.) | intra has strigas et | scamna omnem agrum separabimus, cuius totam positionem ad uerum formatam inspiciemus, secundum quod rei praesentis formam describamus. (fig. 144.) (ABP) A 159 P 148v B 283

HYGINI

B 207

LIBER GROMATICVS DE DIVISIONIBVS AGRORVM.

---

1 lapideis **AB** | Inter **P** 2 et et **B** 3 ad ueram **P** | inspiciamus **P** 4 rei quod **AB** | forma **P**

Deinde Legem Mamiliam (La. 263—266, sine titulo **B***) et post eam subscriptiones p. 131, 1 allatas habent* **AB**; EXPLICIT LIBER HYGENI CROMATICVS **P**

5—6 *Subscriptionem solam seruat* **B** 207 LIBER GROMATICVS HYGINI DE DIVISIONIB. AGRORVM EXPLICIT *(cf. 131, 1). Opus ipsum periit simul cum fine operis anonymi et akephali* 'De munitionibus castrorum' (**B** 164—207 nunc papilionum tensionem — — — si uitari non potuerunt), *quod sine causa Hygino ascriptum est (ed. Lange 1848, Gemoll 1879, Domaszewski 1887; u. 'Die Hss.' 22).*

IVLIVS FRONTINVS.

Fig. 1. A 61. p. 1,12.

Fig. 2. A 61. p. 1,14.

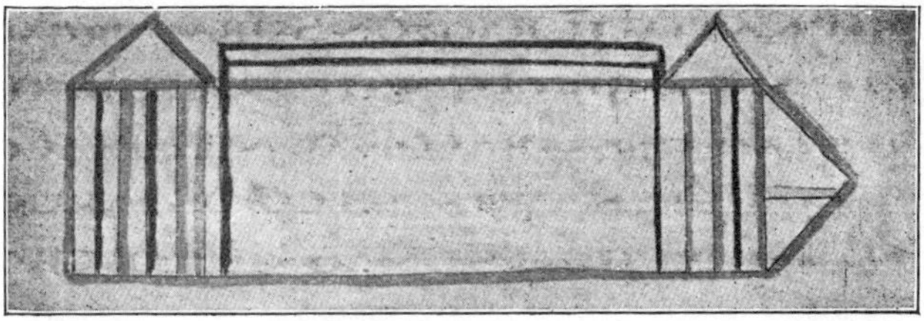

Fig. 3. A 62. p. 1,17.

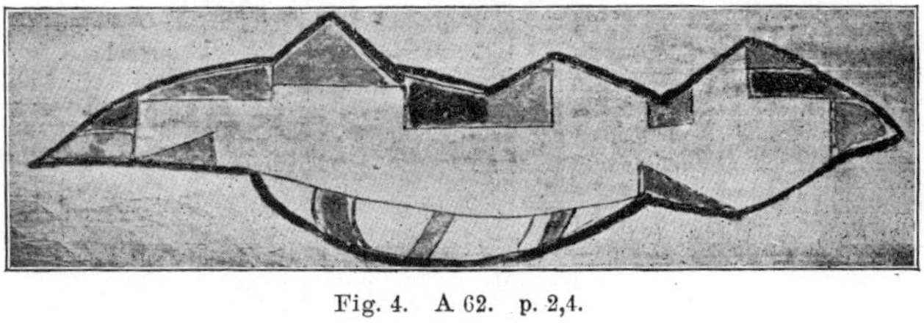

Fig. 4. A 62. p. 2,4.

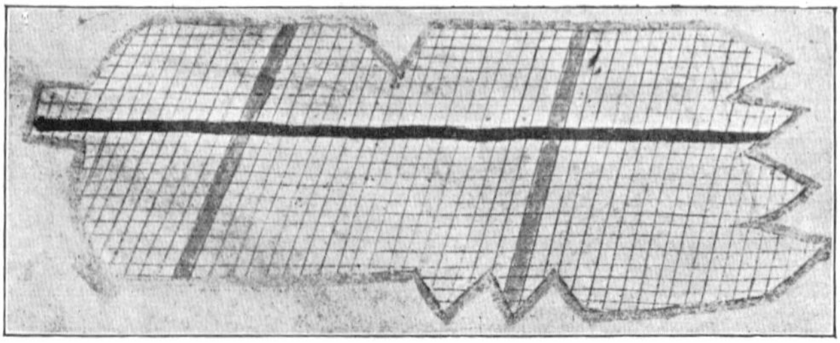

Fig. 5. A 62. p. 2,7

Fig. 6. A 63. p. 2,15.

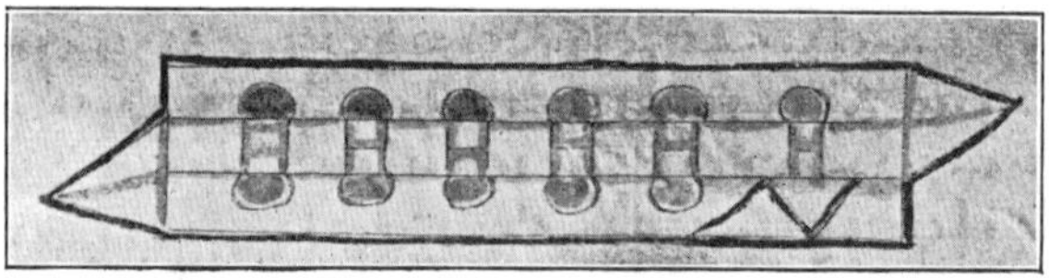

Fig. 7. A 63. p. 2,19.

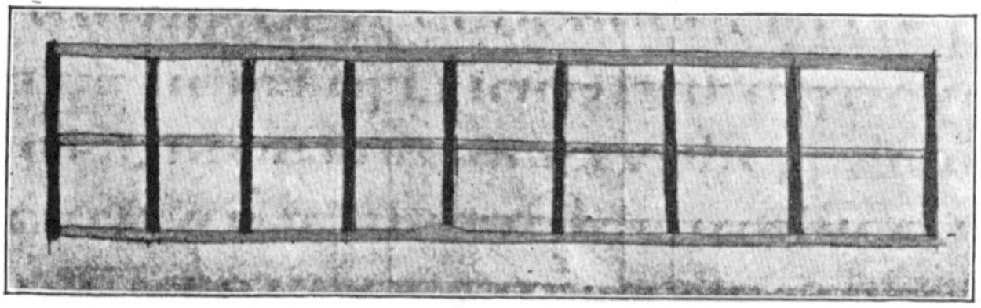

Fig. 8. A 64. p. 3,2.

Fig. 9. A 64. p. 3,5.

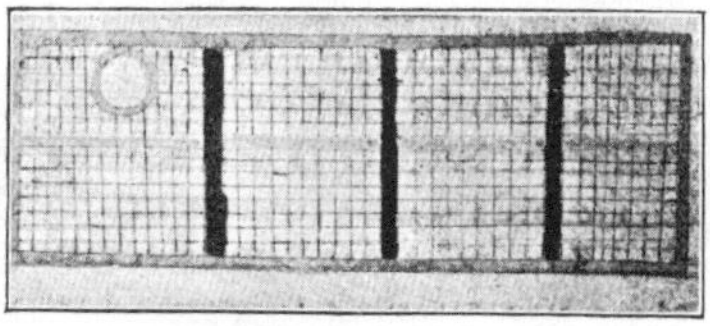

Fig. 10. A 64. p. 3,12.

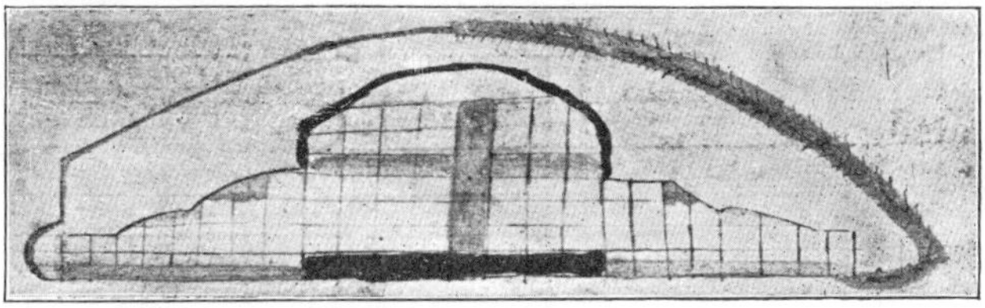

Fig. 11. A 65. p. 3,15.

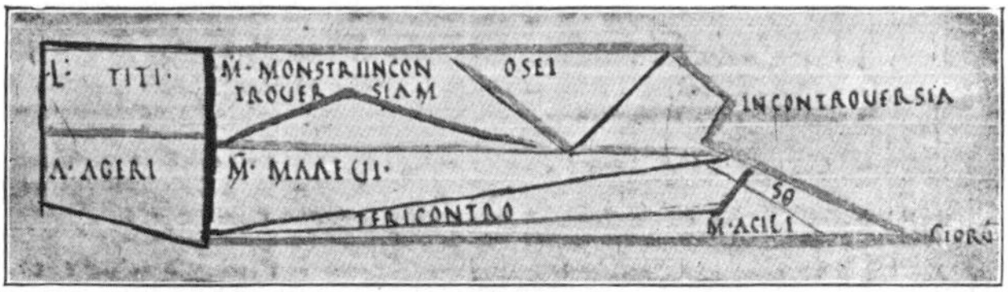

Fig. 12. A 66. p. 4,19.

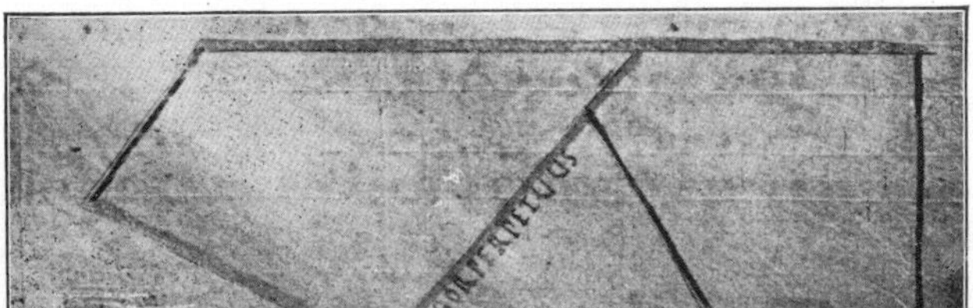

Fig. 13. A 66. p. 5,2.

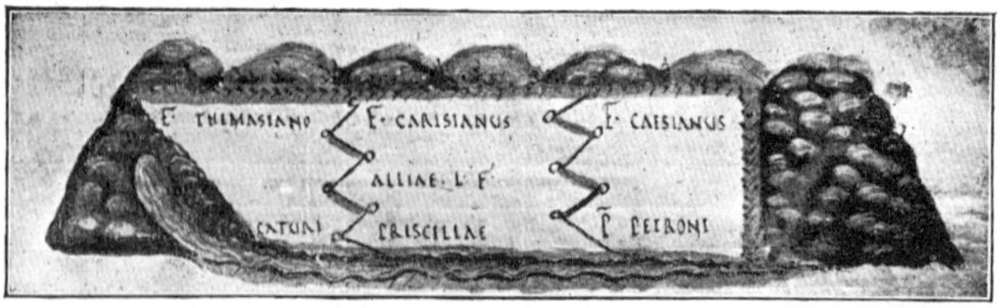

Fig. 14. A 67. p. 5,9.

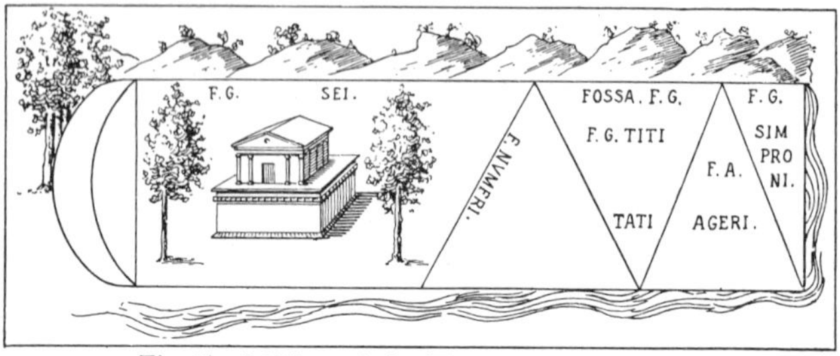

Fig. 15. J 76 v. p. 5,15. (Fig. 16 uide post fig. 27.)

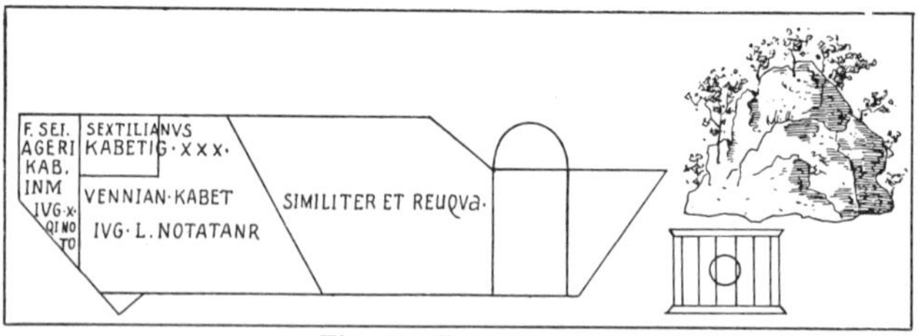

Fig. 17. J 77 r. p. 6,7.

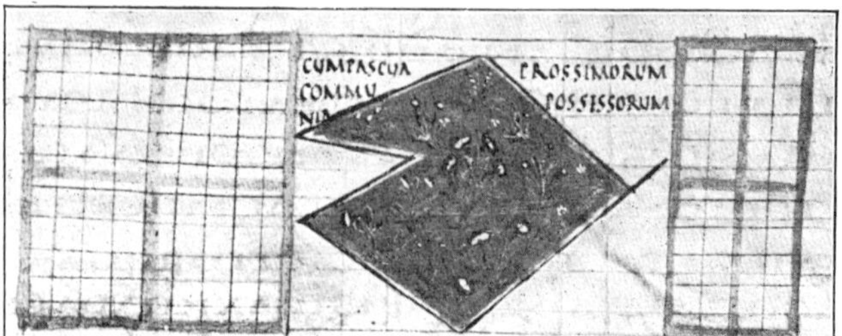

Fig. 18. A 69. p. 6,10.

Fig. 19. A 71. p. 8,11.

Fig. 20. A 71. p. 8,20.
MONS MVTELA REI PVB. POPVLI ROM. | F. SEPTICIANVS | INSVLA F. SEPTICIANI.

Fig. 21. A 72. p. 9,2.

Fig. 22. A 72. p. 9,6.

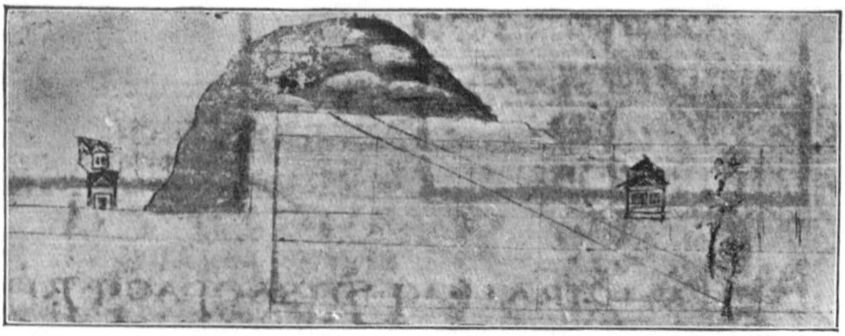

Fig. 23. A 73. p. 10,13.

Fig. 24. A 73. p. 10,19.

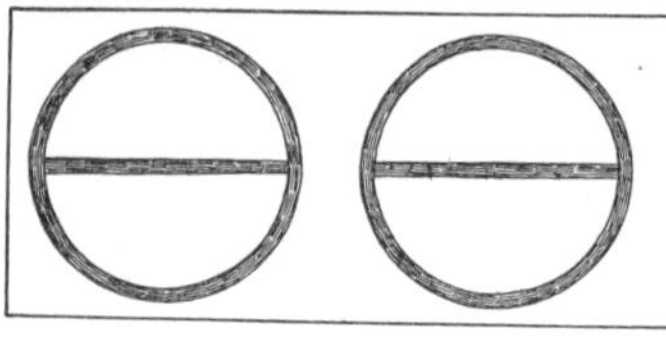

Fig. 25. A 75. p. 12,2. (La. fig. 27.)

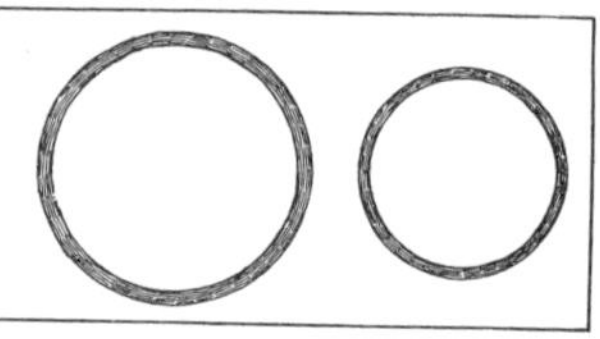

Fig. 26. A 75. p. 12,10. (La. fig. 28.)

Fig. 27. A 76. p. 13,2. (La. fig. 29.)

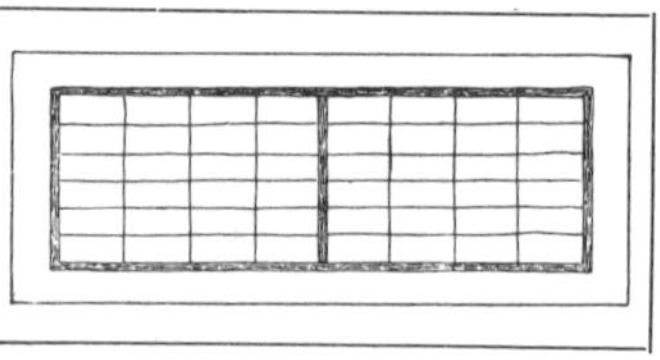

Fig. 16. J 76 v. p. 6,2.

Fig. 28. A 77. p. 13,12. (La. fig. 30.)

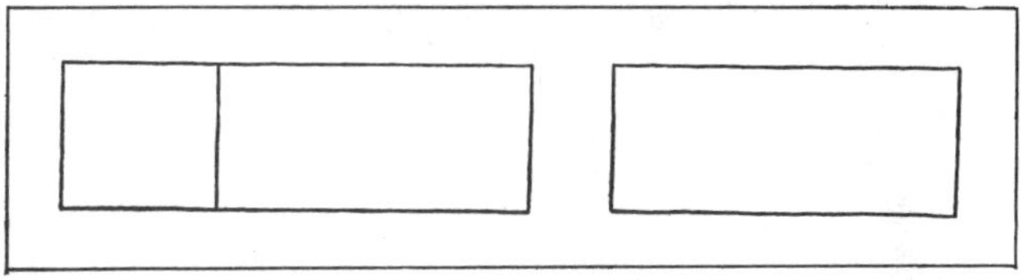

Fig. 29. A 77. p. 13,20. (La. fig. 31.)

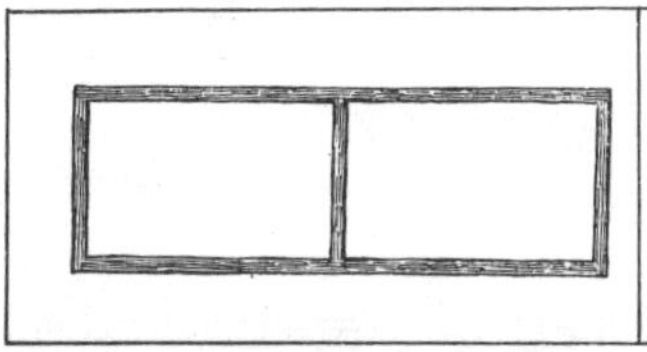

Fig. 30. A 77. p. 14,3. (La. fig. 32.)

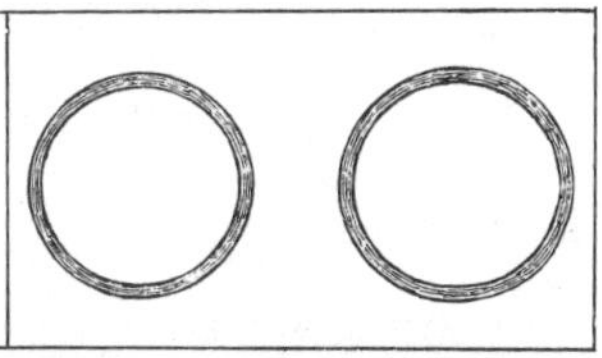

Fig. 31. A 78. p. 14,21. (La. fig. 33.)

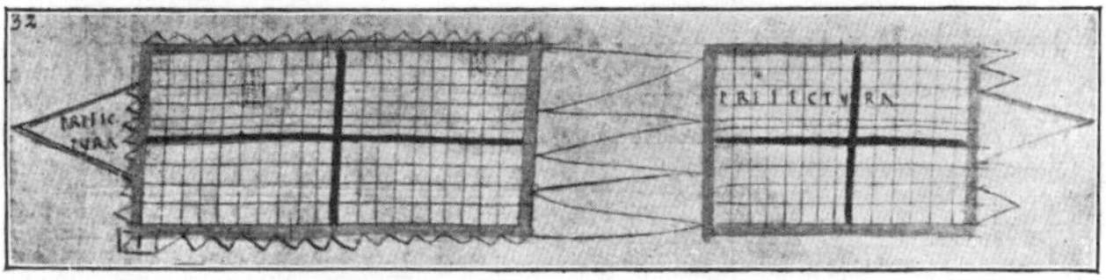

Fig. 32. A 74. p. 15,4. (La. fig. 25.)

Fig. 33. A 74. p. 18,15. (La. fig. 26.)

AGENNIVS VRBICVS.

(Fig. 34 textui praeposita est.)

Fig. 35. A 166. p. 40,16. (La. fig. 36.)

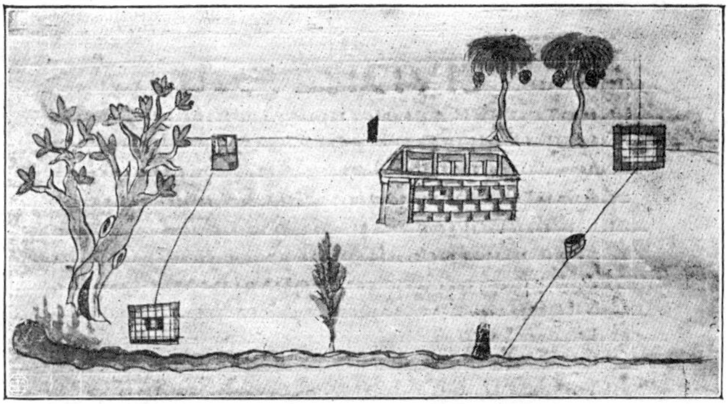

Fig. 36. A 167. p. 40,23. (La. fig. 37.)

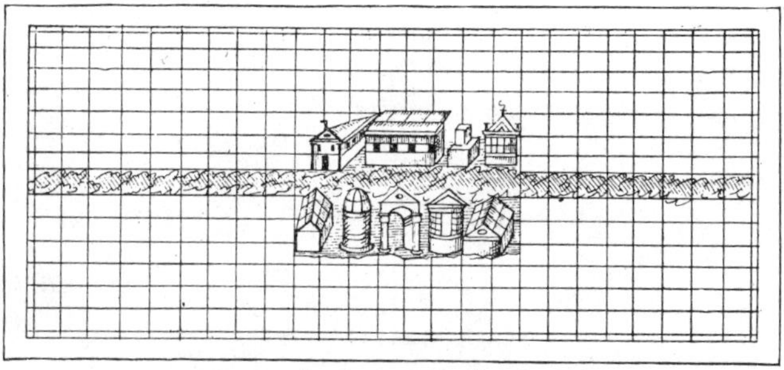

Fig. 37. A 168. p. 42,2. (La. fig. 38.)

Fig. 38. A 170. p. 44,23. (La. fig. 39.)

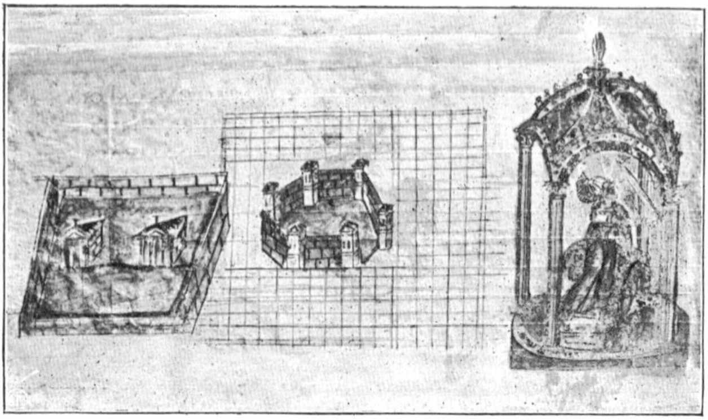

Fig. 39. A 176. p. 48,25. (La. fig. 40.)

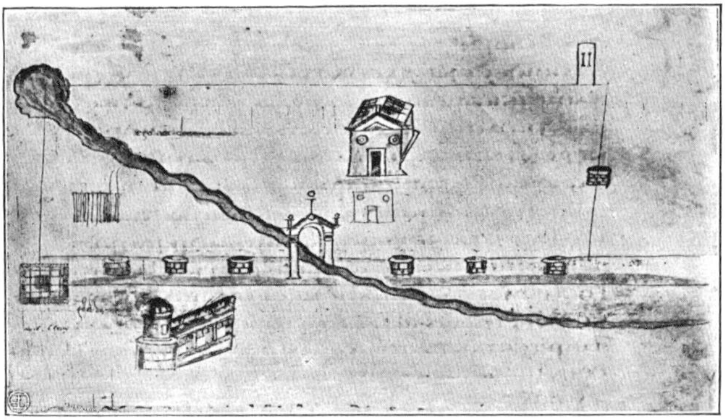

Fig. 40. A 177. p. 49,11. (La. fig. 41.)

LIBER DIAZOGRAFVS

(ad Commentum pp. 51—70 pertinens. La. figg. 42—67.)

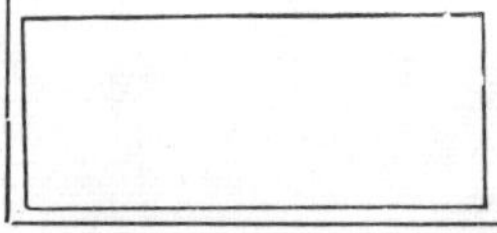

Fig. 41. G 36 (P deest).

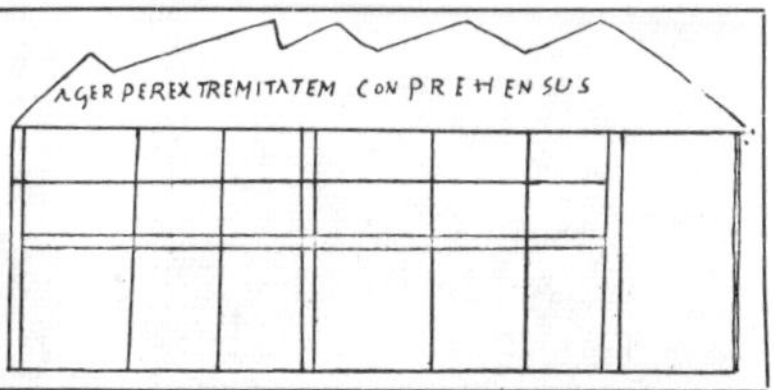

Fig. 42. G 37 (P deest).

Fig. 43. P 22 r.

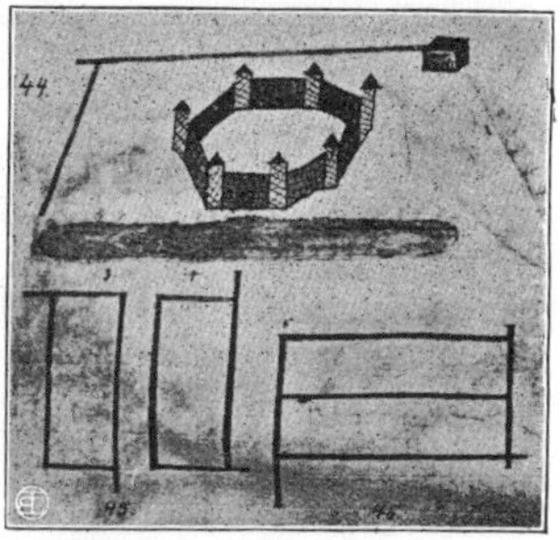

Figg. 44—46. P 22 v.

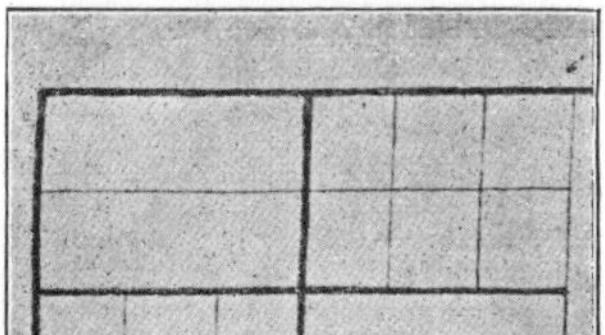

Fig. 47. P 22 v.

Fig. 48. P 24 r.

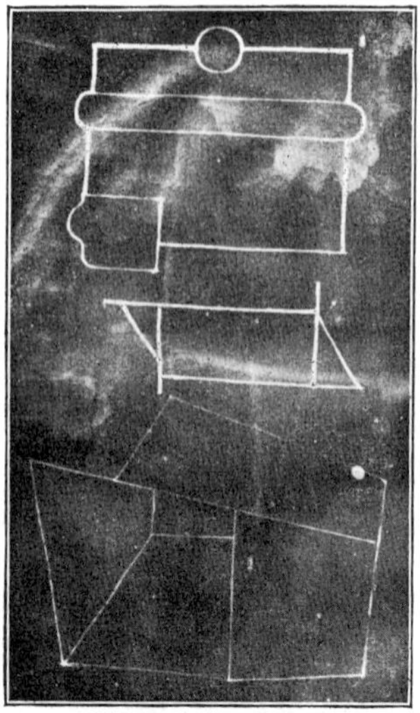

Figg. 49—51. P 24 v.

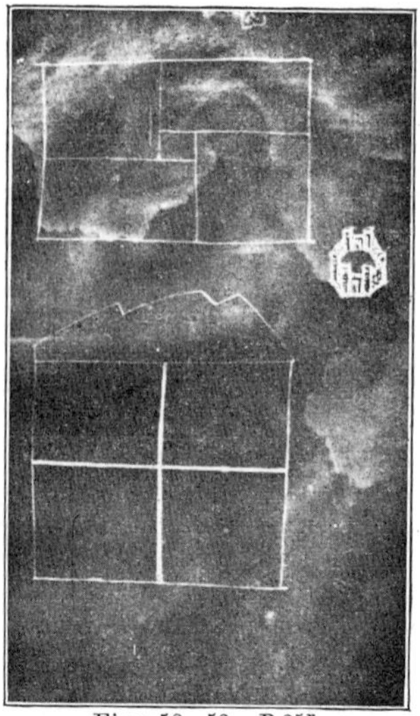

Figg. 52—53. P 25 r.

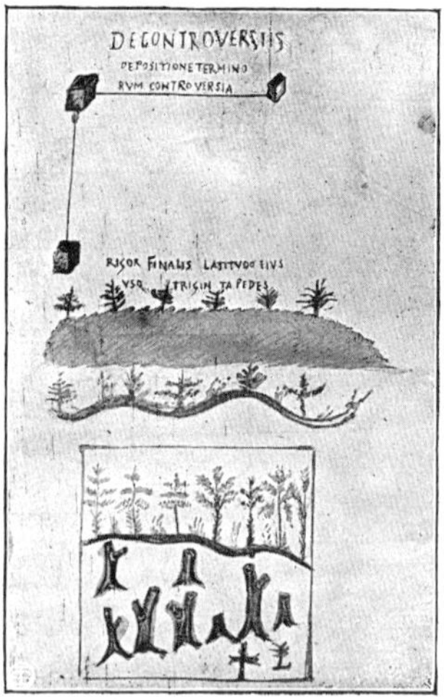

Figg. 54—56. P 25 v.

Fig. 57. P 26 r.

Fig. 58. P 26 v.

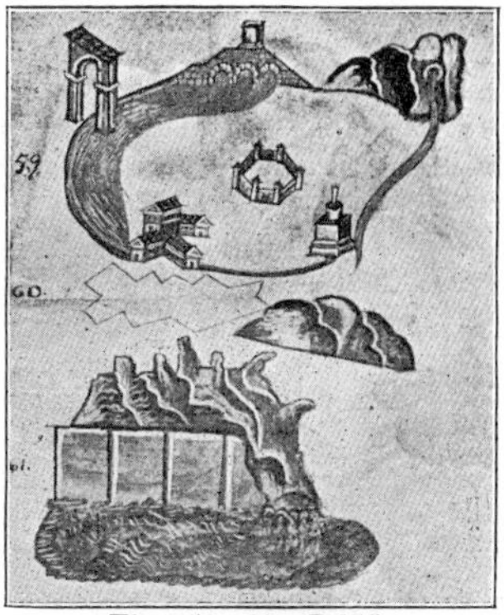

Figg. 59—61. P 27 r.

Fig. 62. P 27 v

Fig. 63. P 27 v.

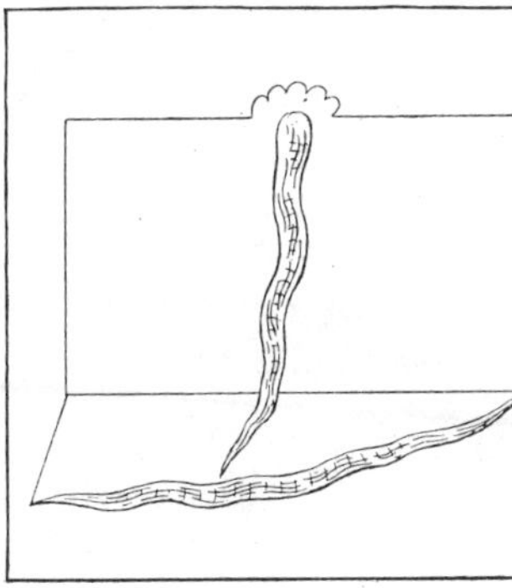

Fig. 64. P 28 r.

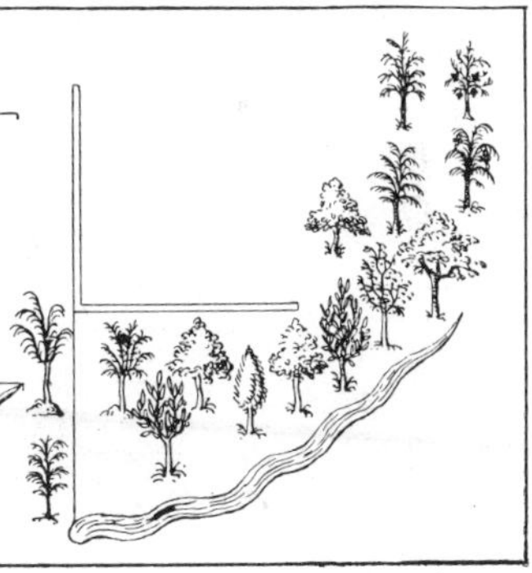

Fig. 65. P 28 v.

HYGINVS GROMATICVS.

Figg. 66—88 secundum A. (sec. P tab. 18—21.)

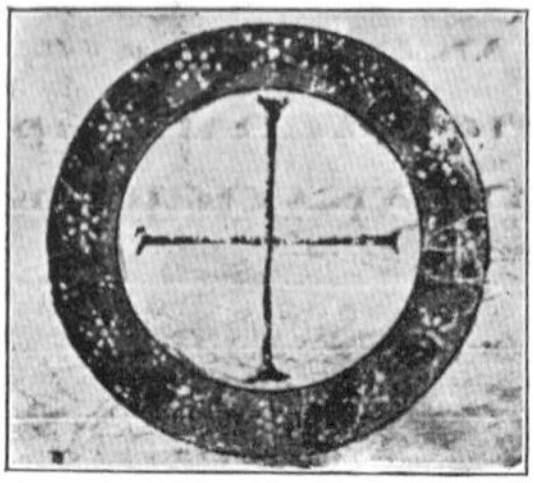

Fig. 66. A 111. p. 132,5. (La. fig. 127.)

Fig. 67. A 112. p. 132,12. (La. fig. 128.)

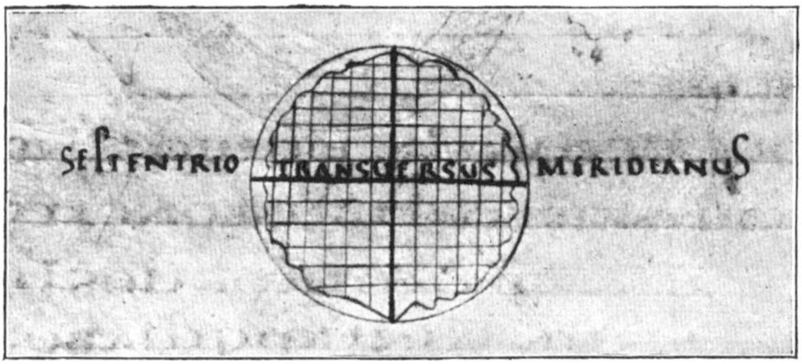

Fig. 68. A 112. p. 132,20. (La. fig. 129.)

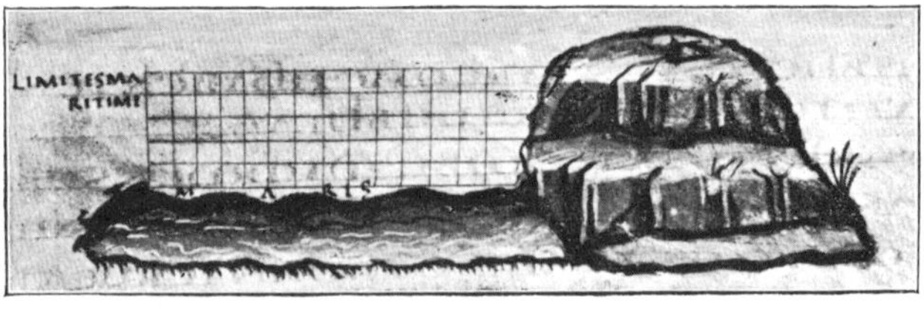

Fig. 69. A 113. p. 133,6. (La. fig. 130.)

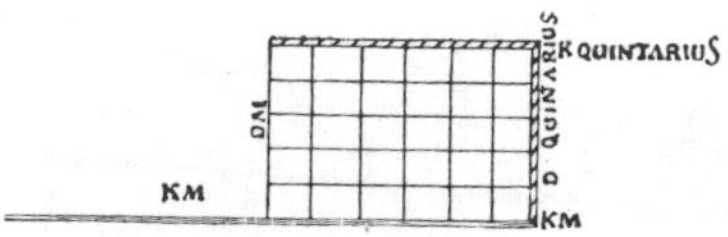

Fig. 70. A 113. p. 133,15. (La. fig. 131.)

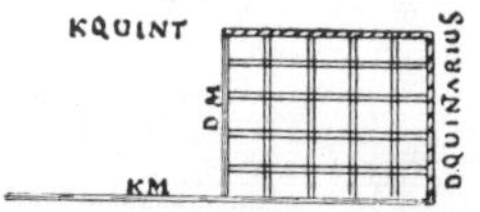

Fig. 71. A 114. p. 134,14. (La. fig. 132.)

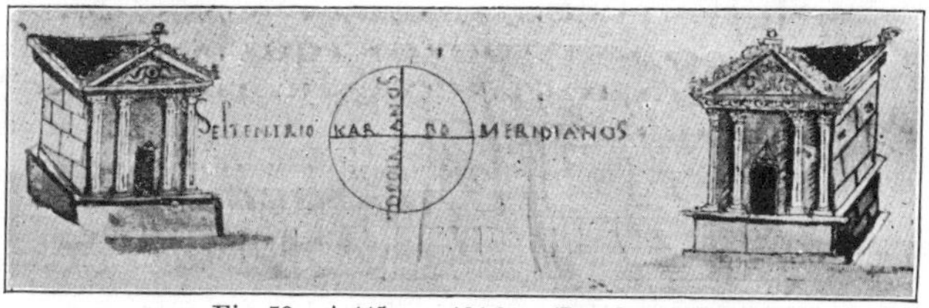

Fig. 72. A 115. p. 134,21. (La. fig. 133.)

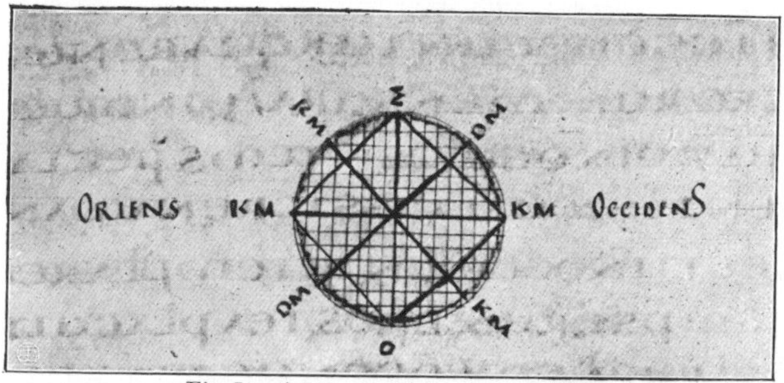

Fig. 73. A 116. p. 135,7. (La. fig. 134.)

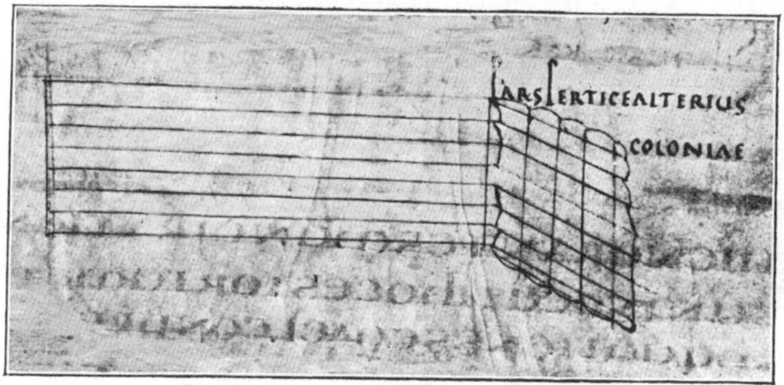

Fig. 74. A 116. p. 135,10. (La. fig. 135.)

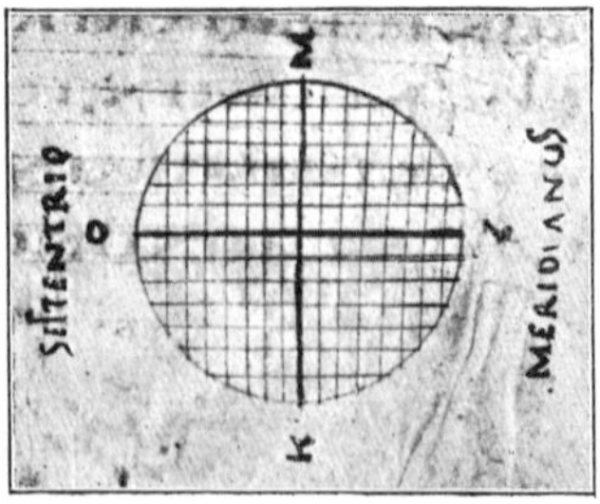

Fig. 75. A 116. p. 135,12. (La. fig. 136.)

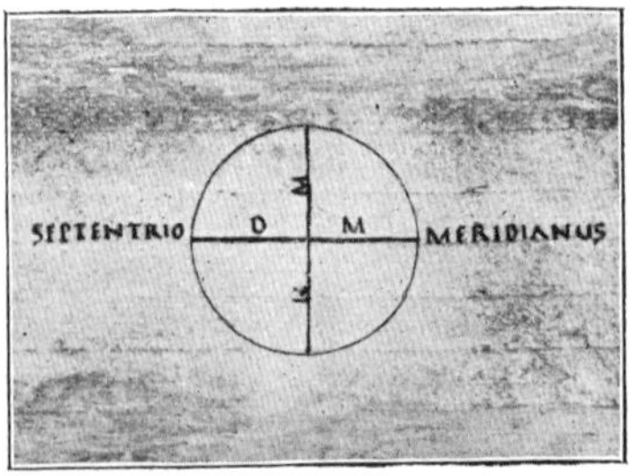

Fig. 76. A 117. p. 135,14. (La. fig. 137.)

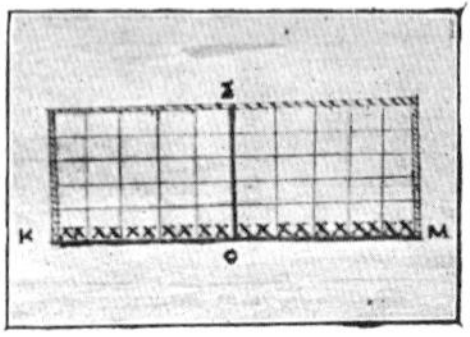

Fig. 77. A 117. p. 135,20. (La. fig. 138.)

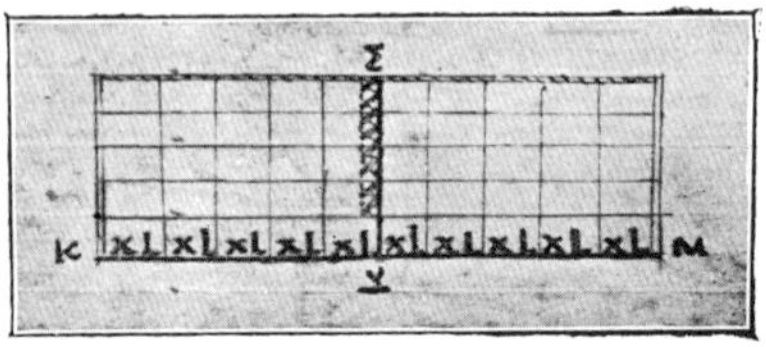

Fig. 78. A 118. p. 136,7. (La. fig. 139.)

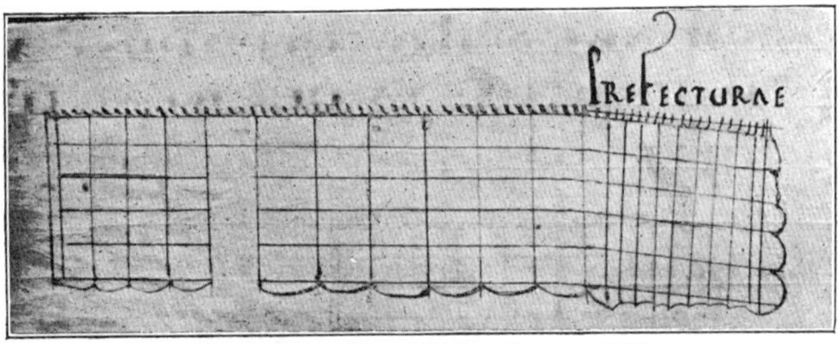

Fig. 79. A 118. p. 136,10. (La. fig. 140.)

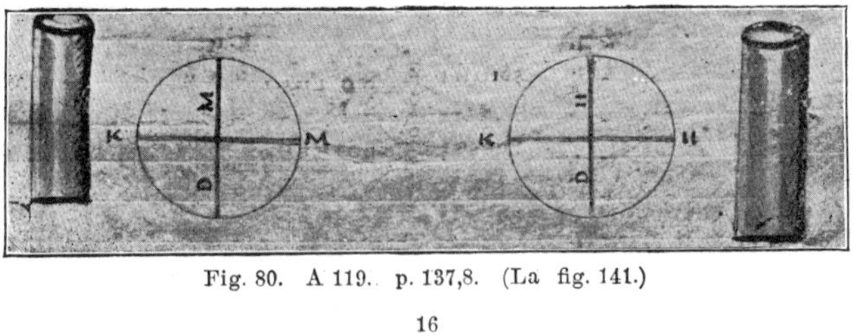

Fig. 80. A 119. p. 137,8. (La fig. 141.)

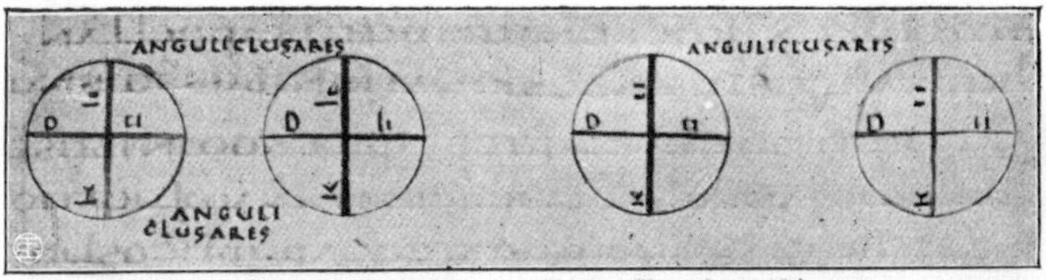

Fig. 81. A 120. p. 137,15. (La. fig. 142.)

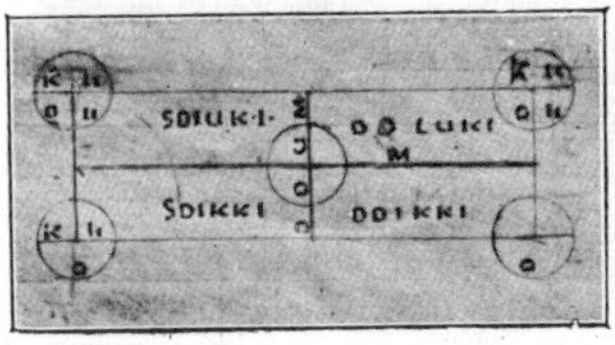

Fig. 82. A 120. p. 138,3. (La. fig. 143.)

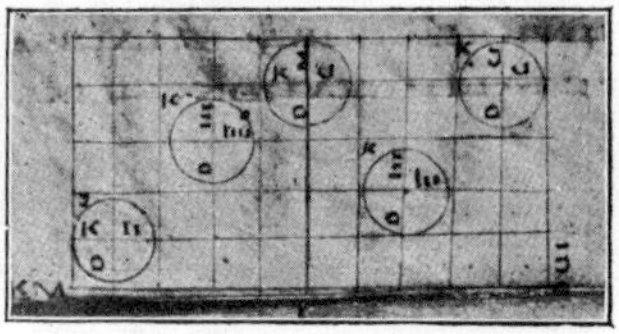

Fig. 83. A 120. p. 138,6. (La. fig. 144.)

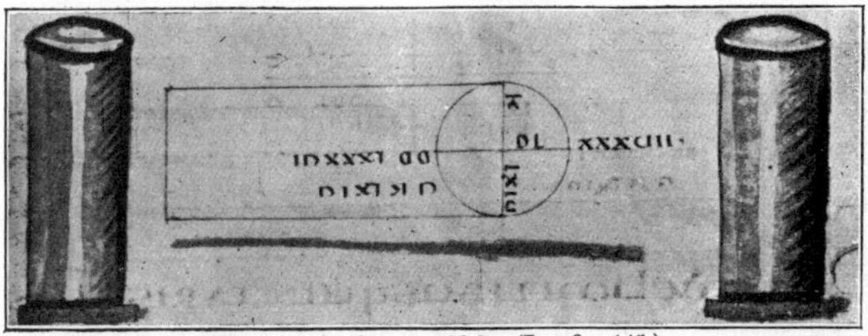

Fig. 84. A 121. p. 138,3 (La. fig. 145.)

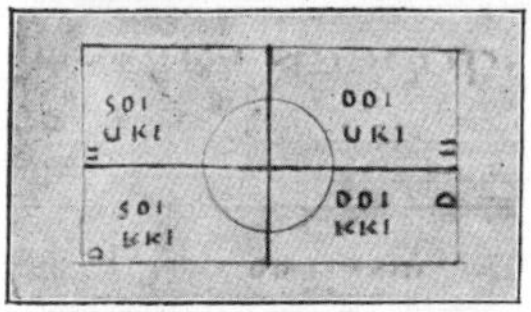

Fig. 85. A 122. p. 139,9. (La. fig. 146.)

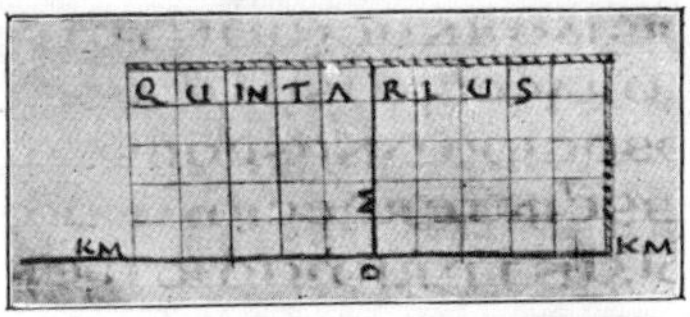

Fig. 86. A 123. p. 139,16. (La. fig. 147.)

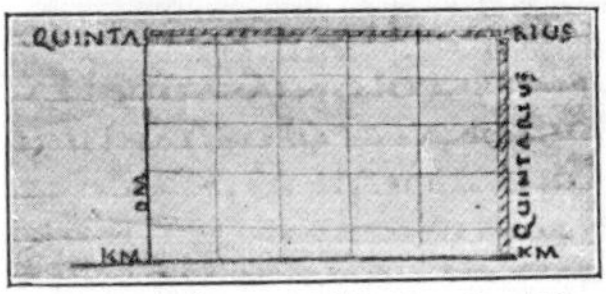

Fig. 87. A 123. p. 140,6. (La. fig. 148.)

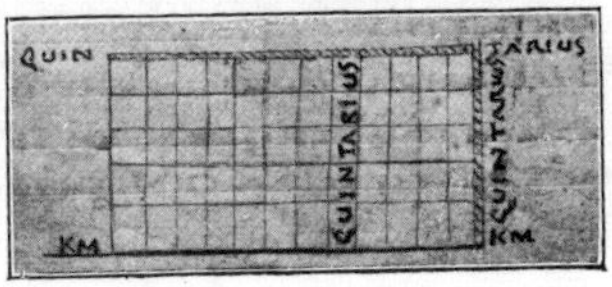

Fig. 88. A 123. p. 140,11. (La. fig. 149.)

Figg. 67—88 secundum P.

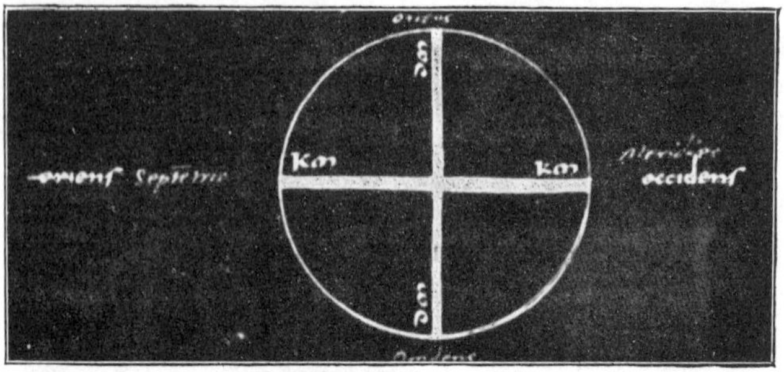

Fig. 67 a. P 82 v.

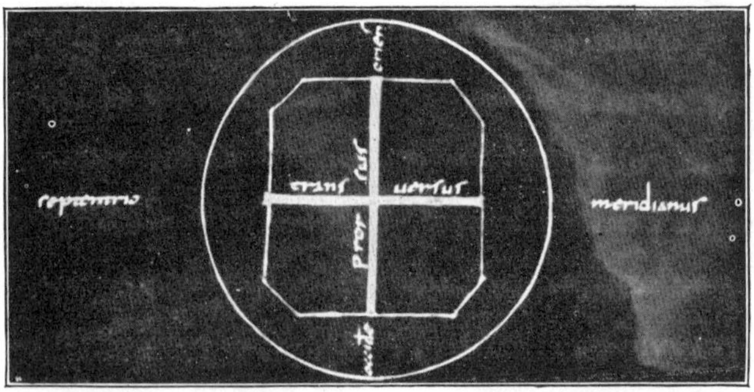

Fig. 68 a. P 83 r.

Fig. 69 a. P 83 r.

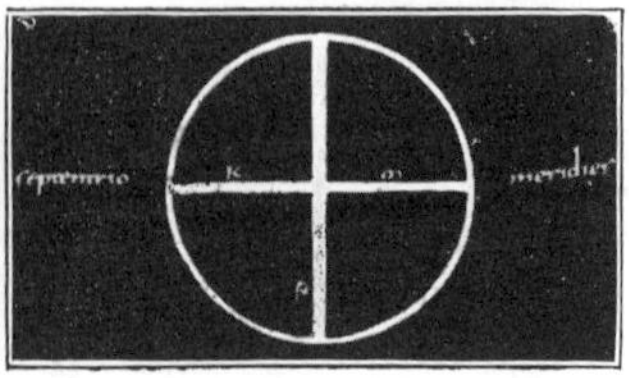

Fig. 72 a. P 84 r.

(Fig. 70 deest.)

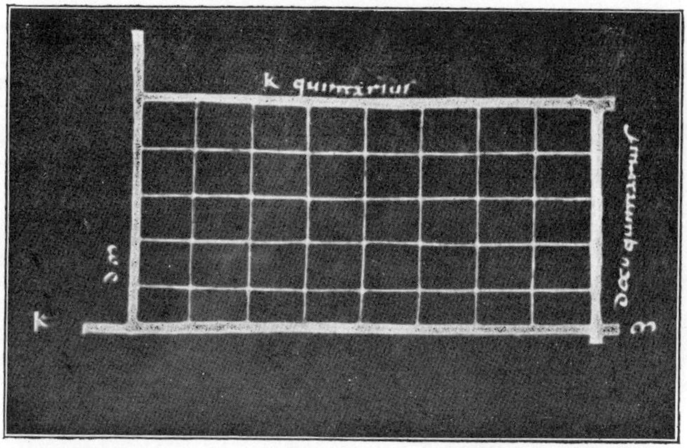

Fig. 71 a. P 83 v.

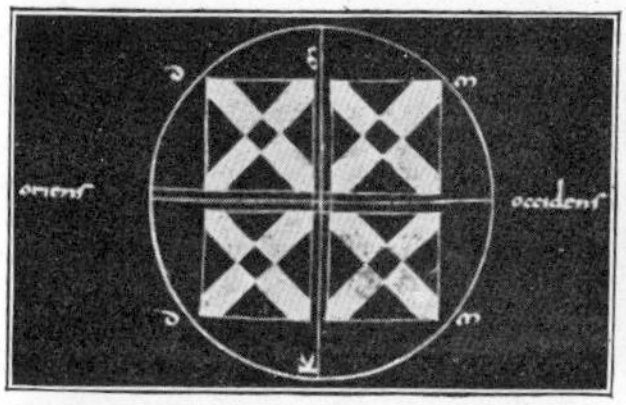

Fig 73a. P 84 r

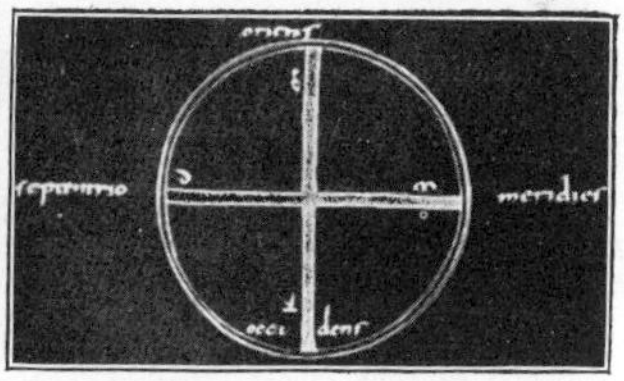

Fig. 76 a. P 84 v.

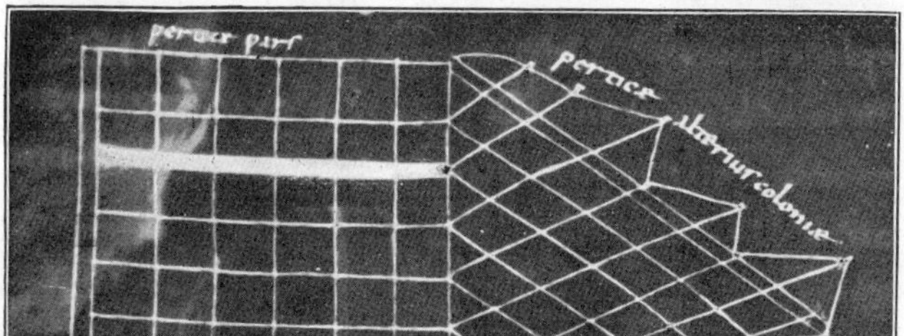

Fig. 74 a. P 84 v. (Figg. 75 et 77 desunt.)

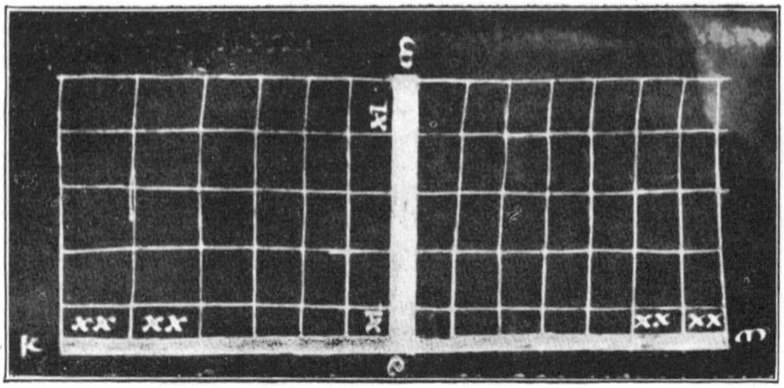

Fig. 78 a. P 85 r.

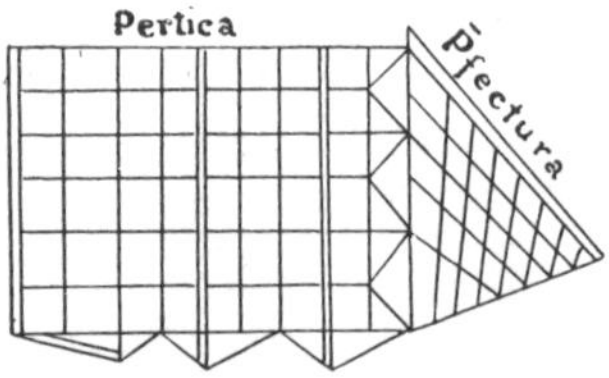

Fig. 79 a. P 85 r.

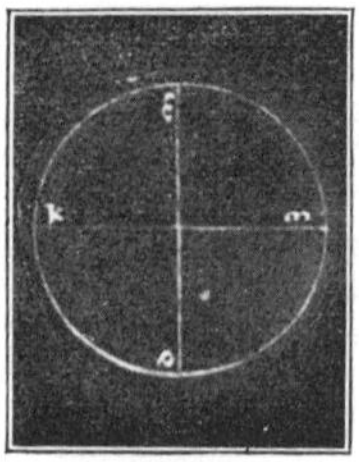

Fig. 80 a. P 85 v.[1])

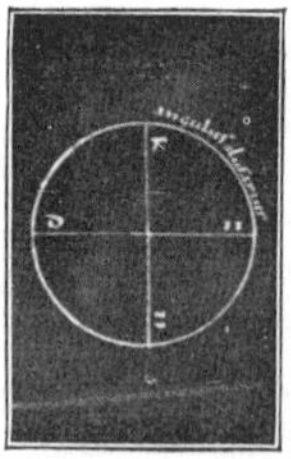

Fig. 81 a. P 85 v.[2])

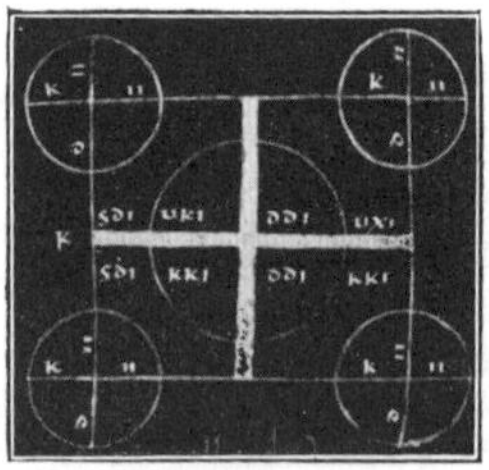

Fig. 82 a. P 86 r.

[1]) Falso locum figurae 81 occupat in P.

[2]) Post 'inscribuntur' p. 137,18 posita est in P

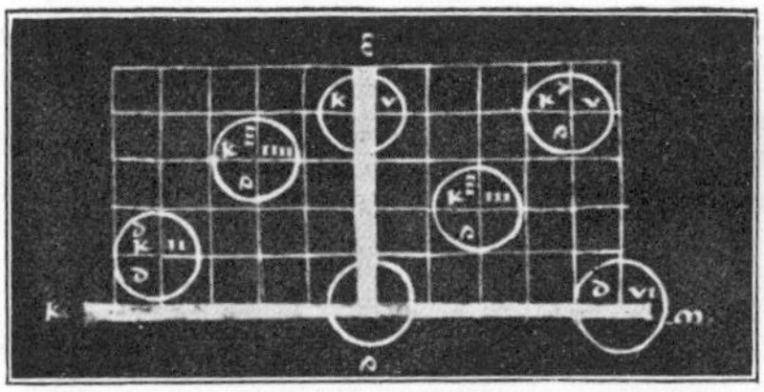

Fig. 83 a. P 86 r.

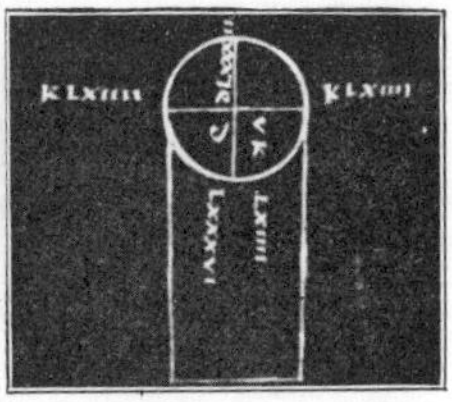

Fig. 84 a. P 86 r

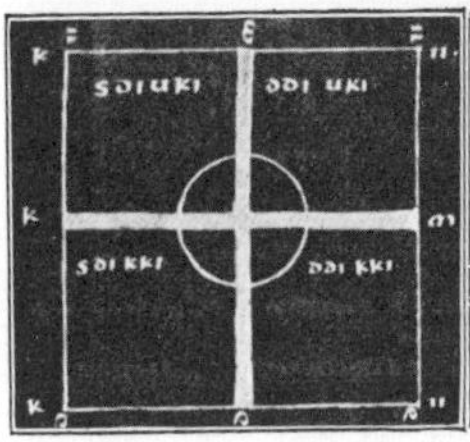

Fig 85 a. P 86 v.

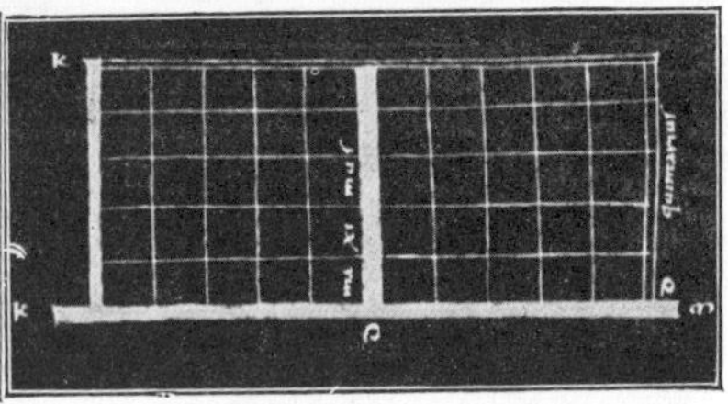

Fig. 88 a. P 87 r.

(Figg. 86—87 desunt.)

Figg. 89—96 secundum P (nunc desunt in A).

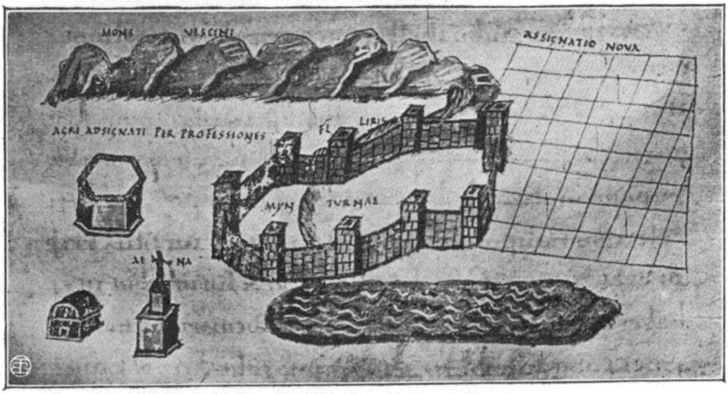

Fig. 89. P 88 r. p. 142,19. (La. fig. 150.)

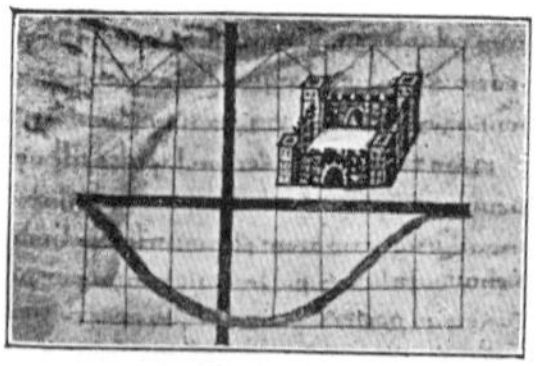

Fig. 90. P 88 v. p. 143,5. (La. fig. 151.)

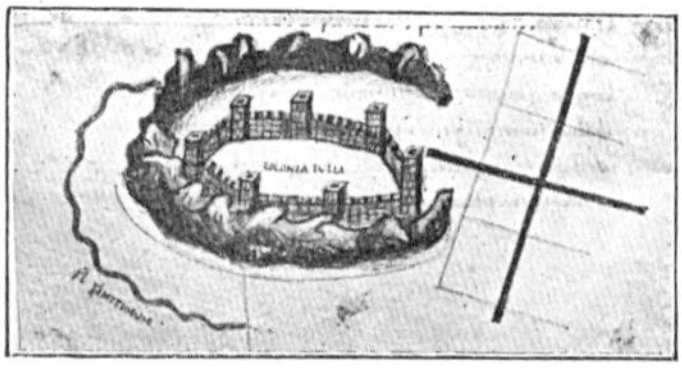

Fig. 91. P 88 v. p. 143,18. (La. fig. 152.)

Fig. 92. P 89 r. p. 144,8 (La fig. 153.)

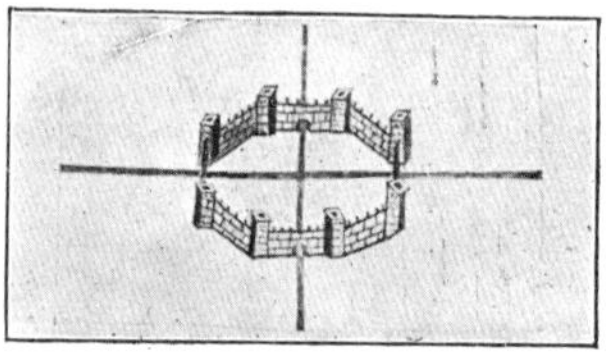

Fig. 93. P 89 v. p. 144,17. (La. fig. 154.)

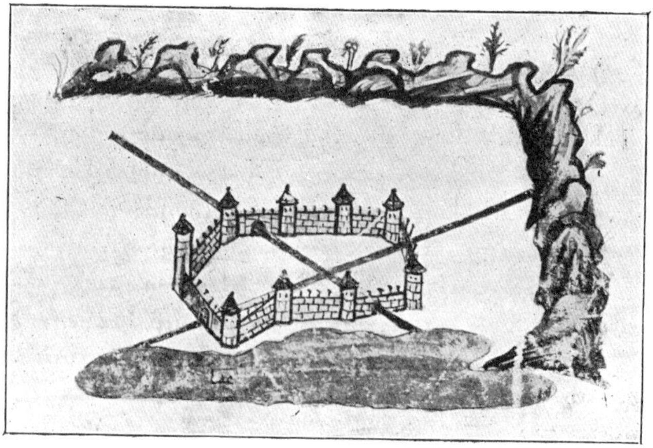

Fig. 94. P 89 v. p. 145,2. (La. fig. 155.)

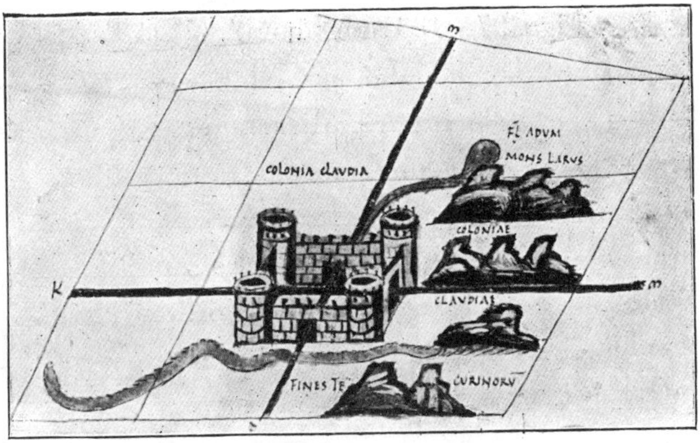

Fig. 95. P 90 r. p. 145,6. (La. fig. 156.)

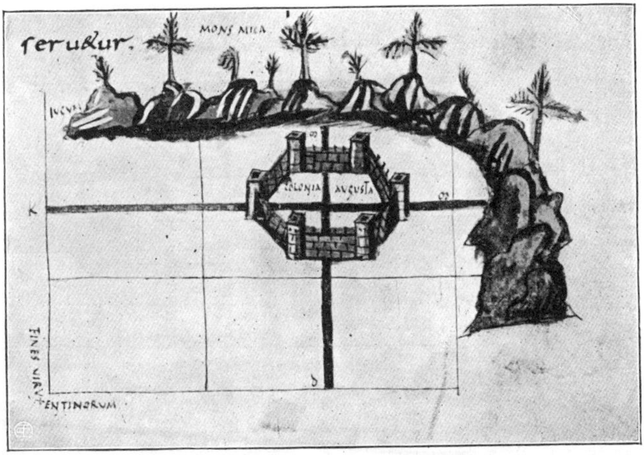

Fig. 96. P 90 r. p. 145,9. (La. fig. 157.)

Figg. 97—136 secundum A (J) et P.

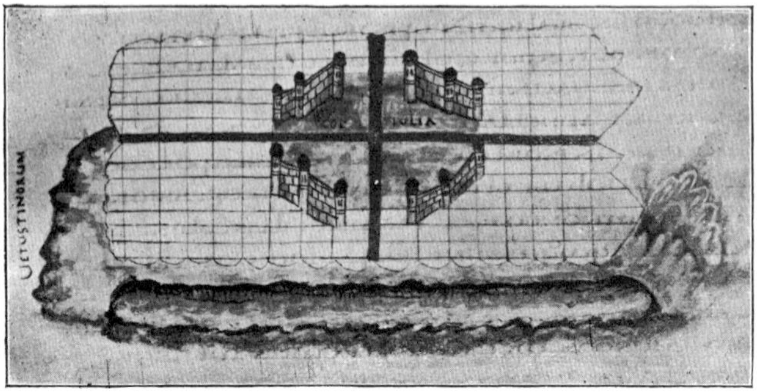

Fig. 97. A 126. p. 146,8. (La. fig. 158.)

Fig. 97a P 91 r. p. 146,8. (om. La.)

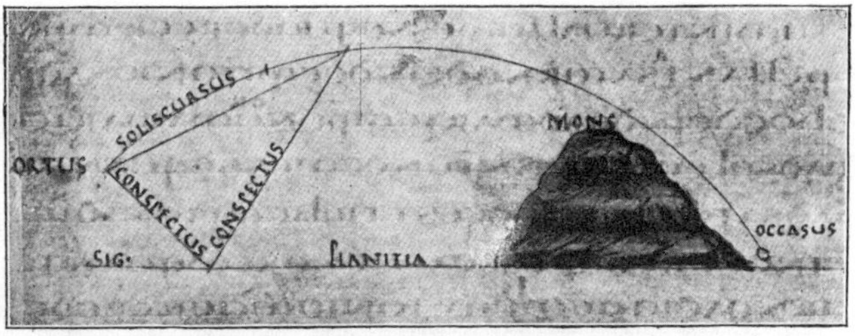

Fig. 98. A 129. p. 147,16. (La. fig. 159.)

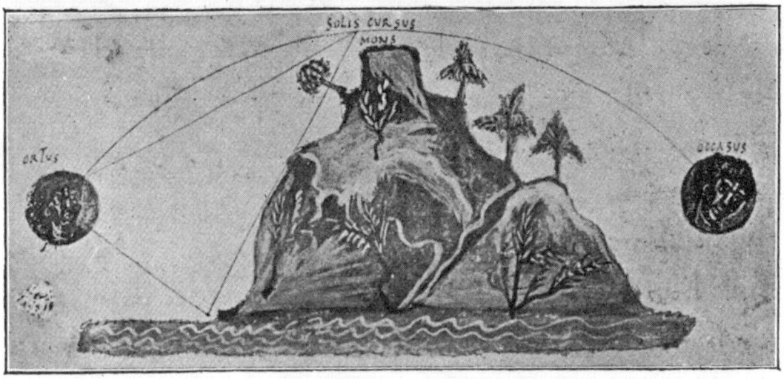

Fig. 98 a. P 92 r. p. 147,16. (om. La.)

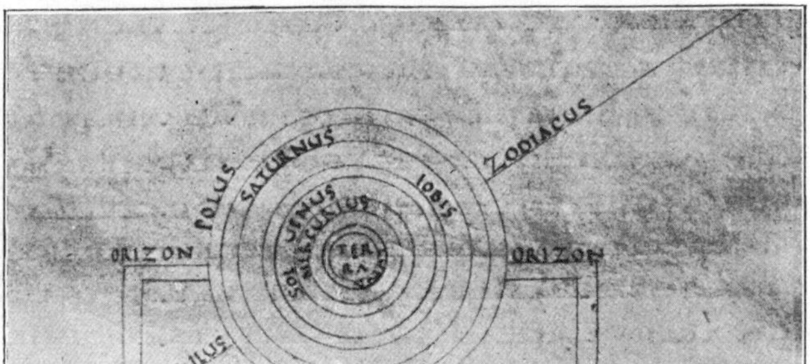

Fig. 99. A 130. p. 149,5. (La. fig. 160.)

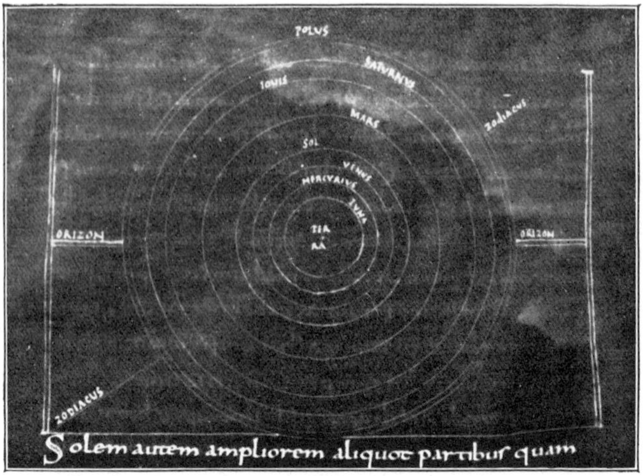

Fig. 99 a. P 93 r.

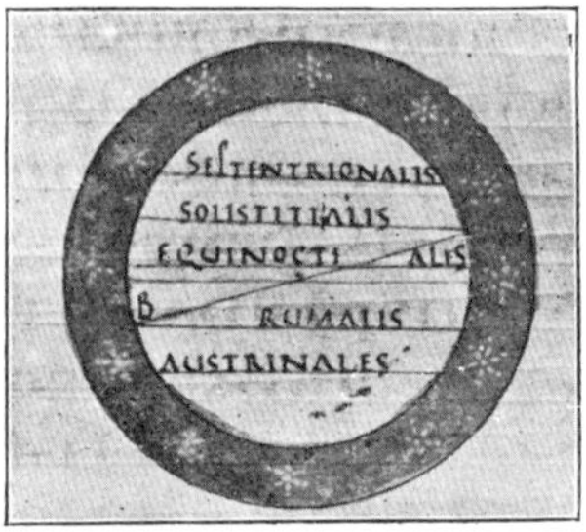

Fig. 100. A 132. p. 150,16. (La. fig. 161.)

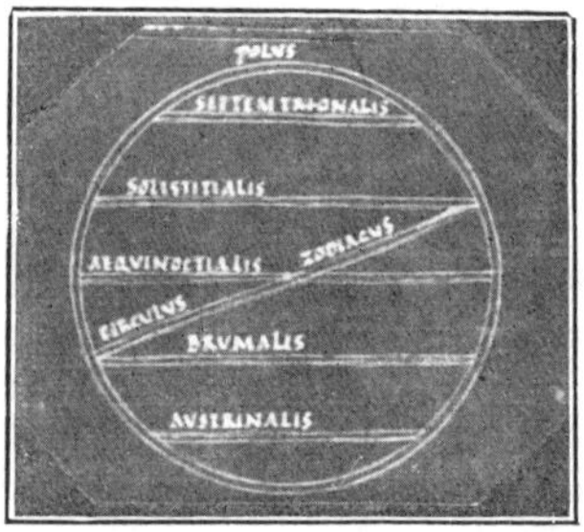

Fig. 100 a. P 93 v.

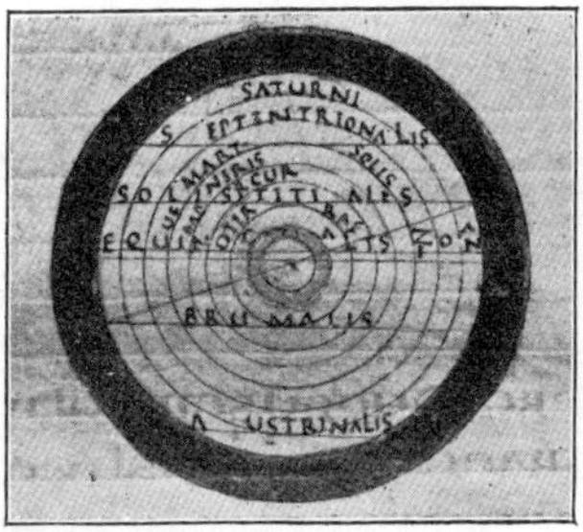

Fig. 101. A 133. p. 152,3. (La. fig. 162.)

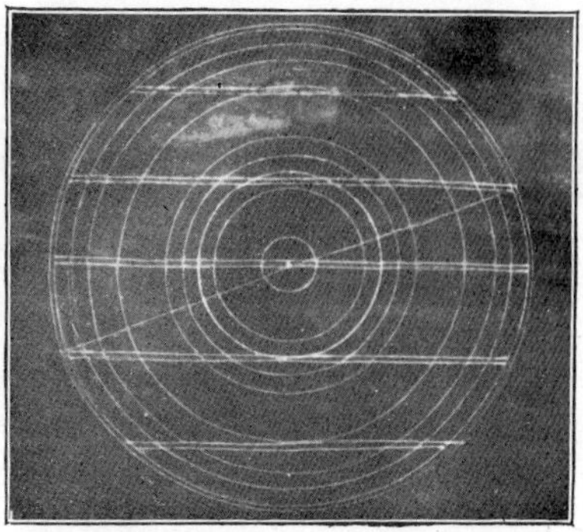

Fig. 101 a. P 94 v.

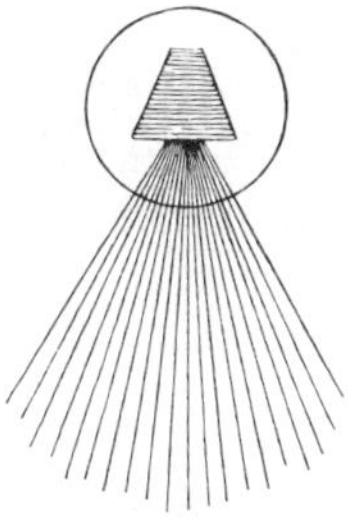

Fig. 102. A 134. p. 152,15. (La. fig. 163.)

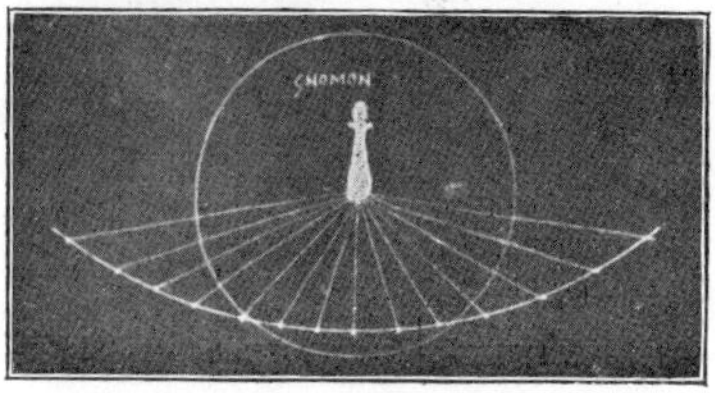

Fig. 102 a. P 94 v.

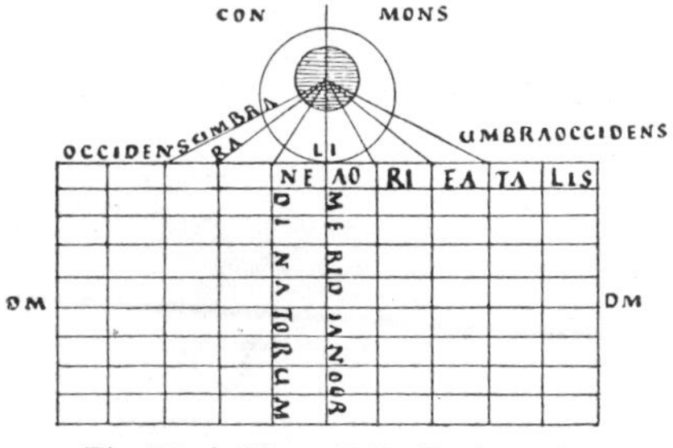

Fig. 103. A 135. p. 152,22. (La. fig. 164.)

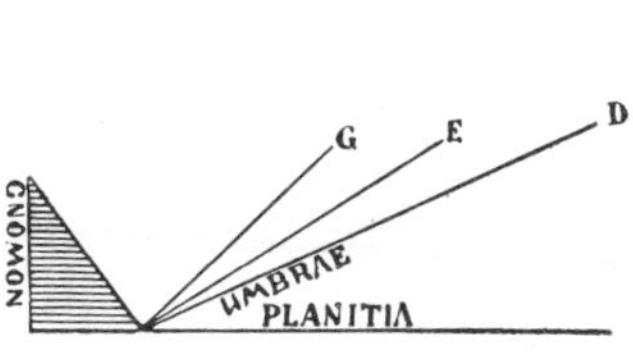

Fig. 104. A 135. p. 153,7. (La. fig. 165.)

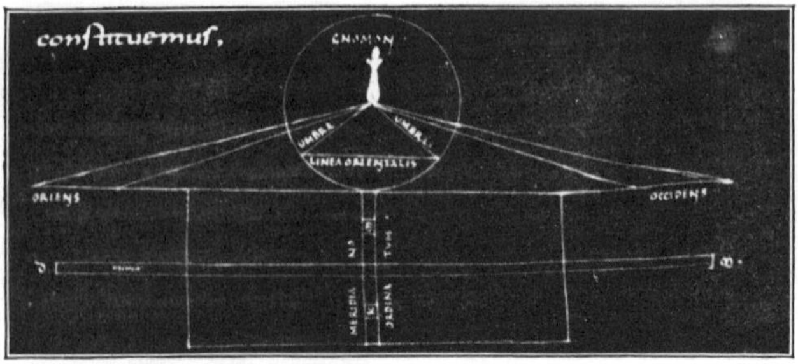

Fig. 103a. P 95 r.

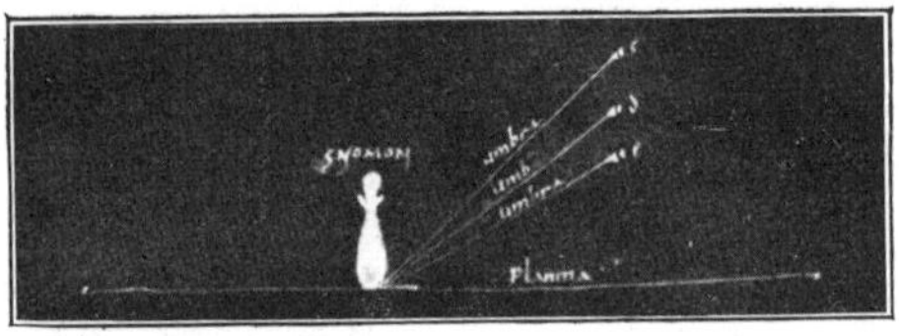

Fig. 104a. P 95 r.

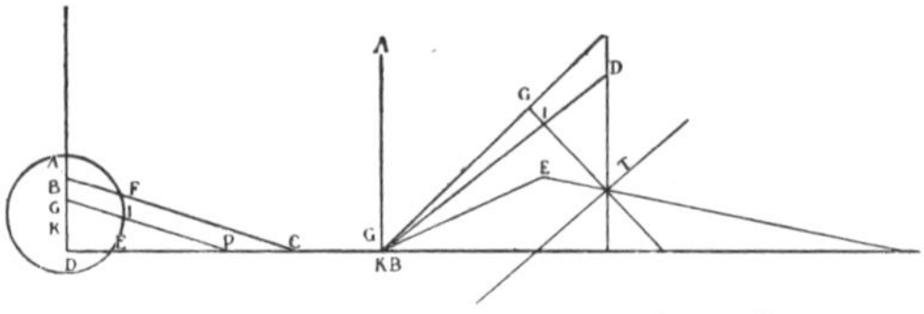

Fig. 105. A 136. p. 154,8. (La. fig. 166.)
(Fig. 105 in P deest.)

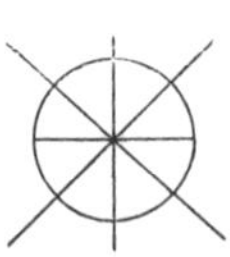

Fig. 106. A 137 (imperf.). p. 154,11.

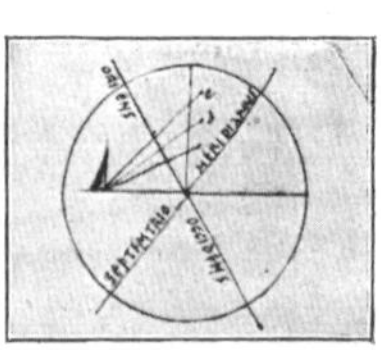

Fig. 106a. P 96 r. (La. fig. 167.)

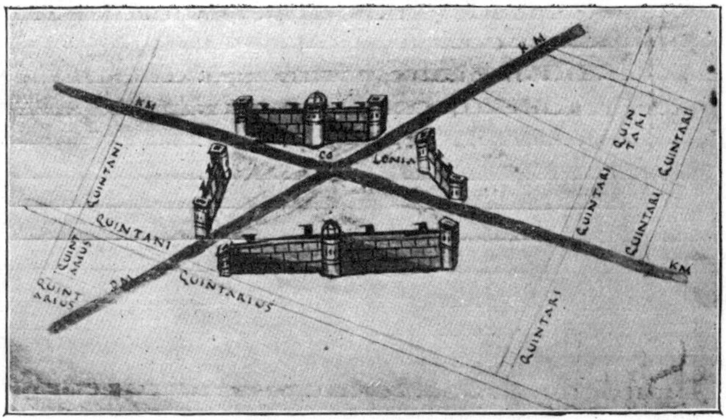

Fig. 107. A 138. p. 155,3. (La. fig. 168.)

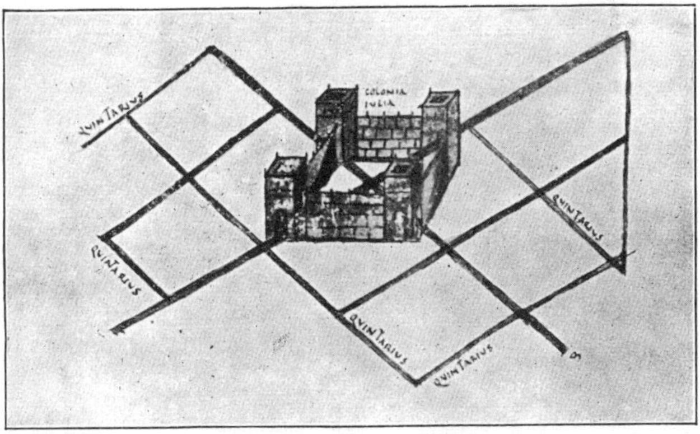

Fig. 107 a. P 96 r. (La. om.)

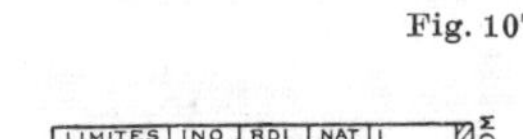

Fig.108. A137. p.155,7. (La. fig.169.)

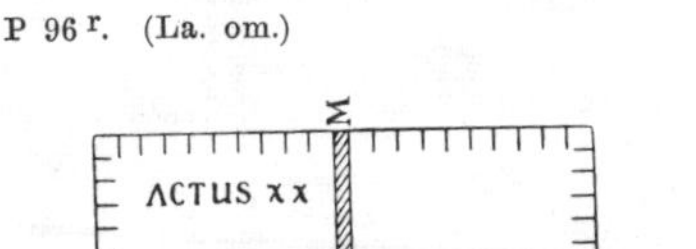

Fig. 109. A 138. p. 155,11. (La. fig. 170.

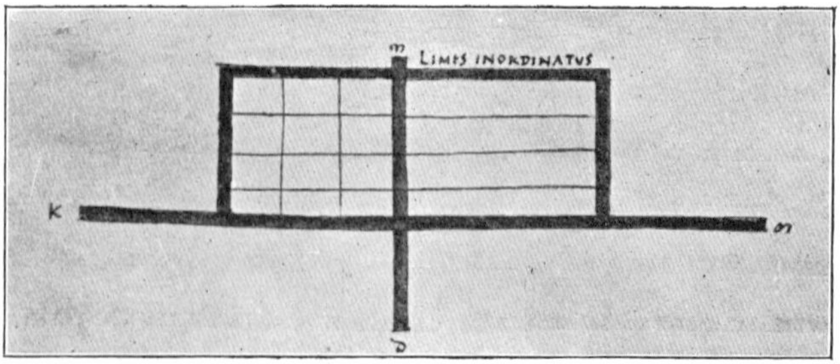

Fig. 108 a. P 96 V.

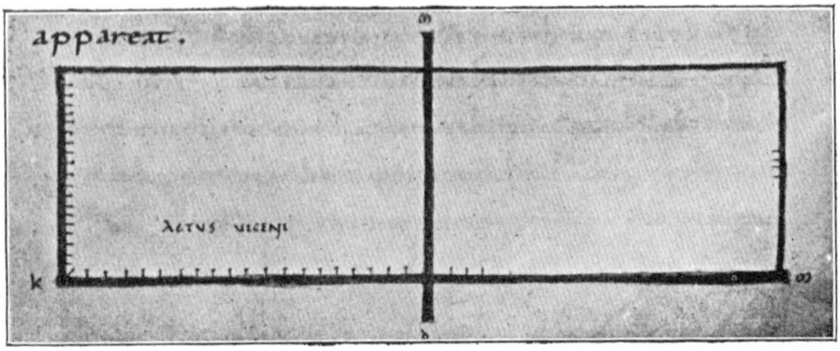

Fig 109 a. P 96 V.

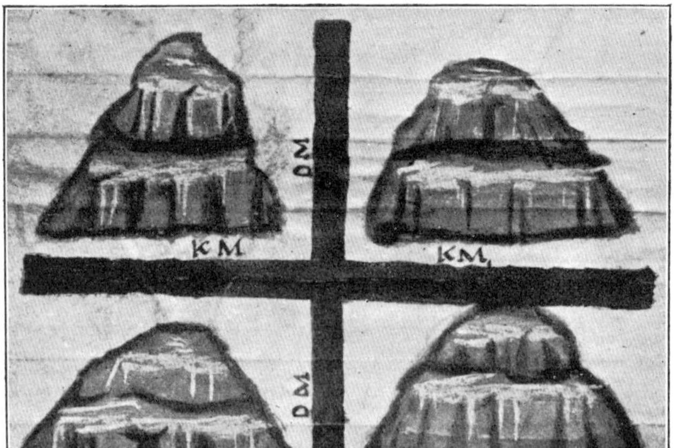

Fig. 110. A 139. p. 155,17. (La. fig. 171.)

Fig. 110 a. P 97 r.

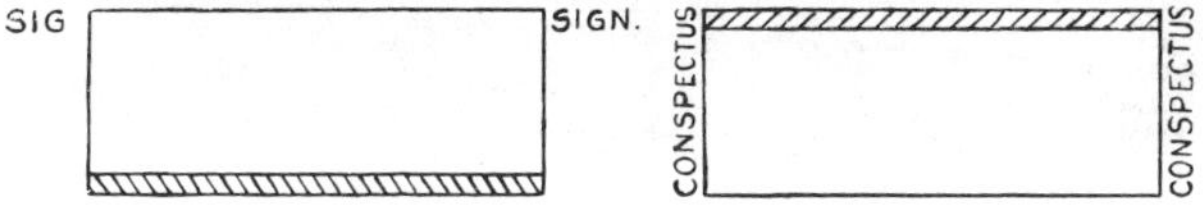

Fig. 111. A 127. p. 156,3. (La. fig. 172.)

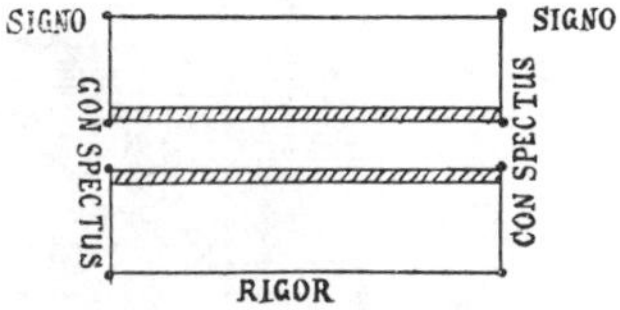

Fig. 111 a. P 91 r.

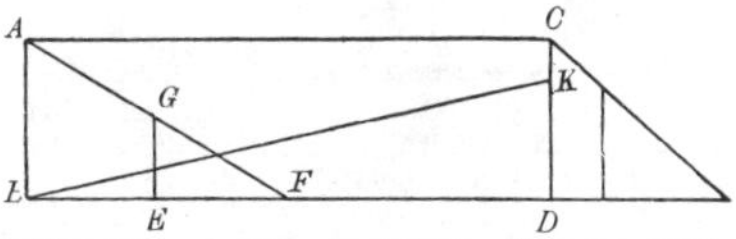

Fig. 112. A 127. p. 156,16. (La. fig. 173.)

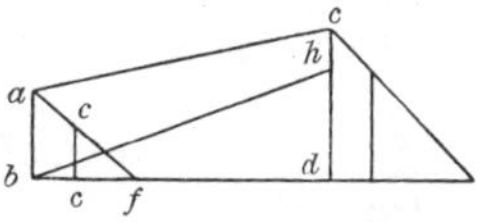

Fig. 112 a. P 91 v.

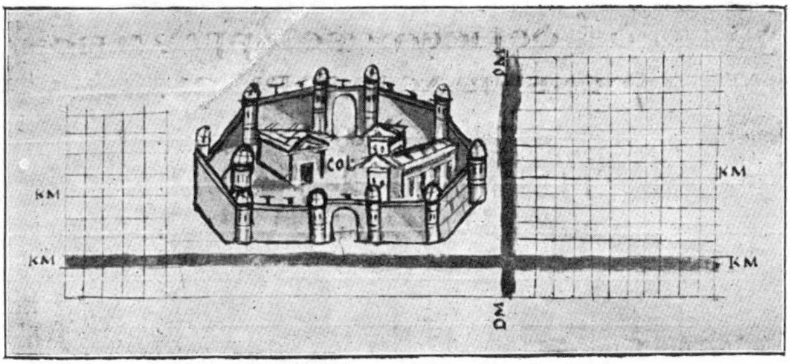

Fig. 113. A 140. p. 157,2. (La. fig. 174.)

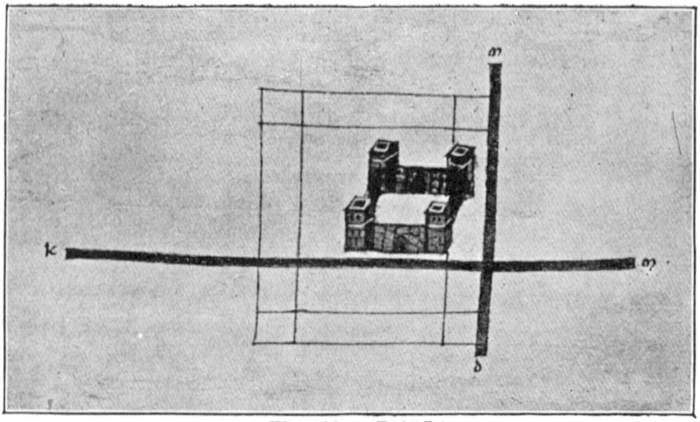

Fig. 113 a. P 97 r.

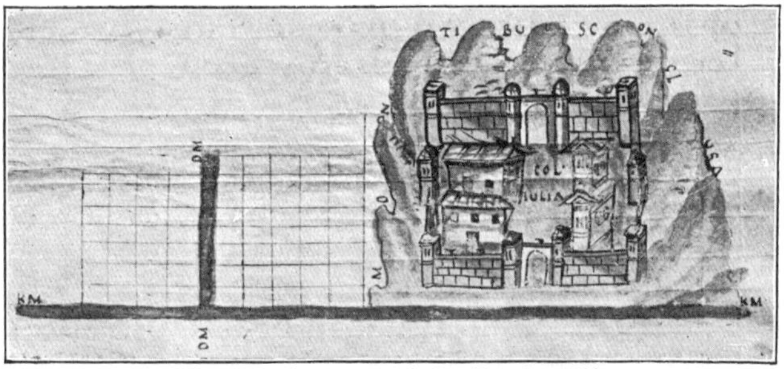

Fig. 114. A 140. p. 157,8. (La. fig. 175.)

Fig. 114 a. P 97 r.

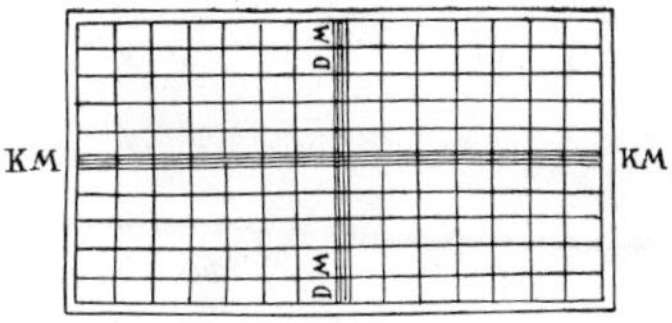

Fig. 115.
A 141. p. 157,17. (La. fig. 176.)

Fig. 115 a. P 97 v.

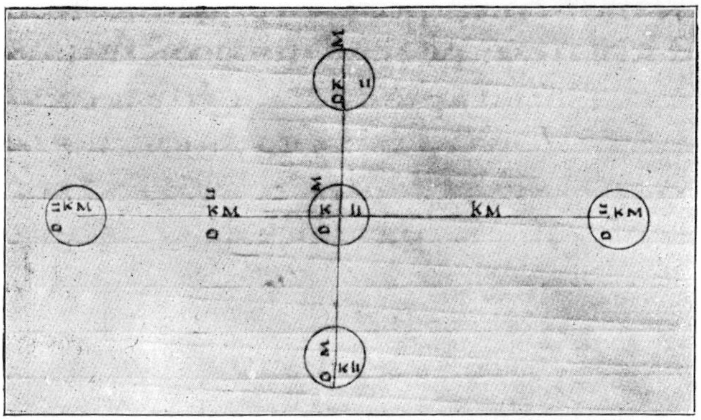

Fig. 116. A 142. p. 158,5. (La. fig. 177.)

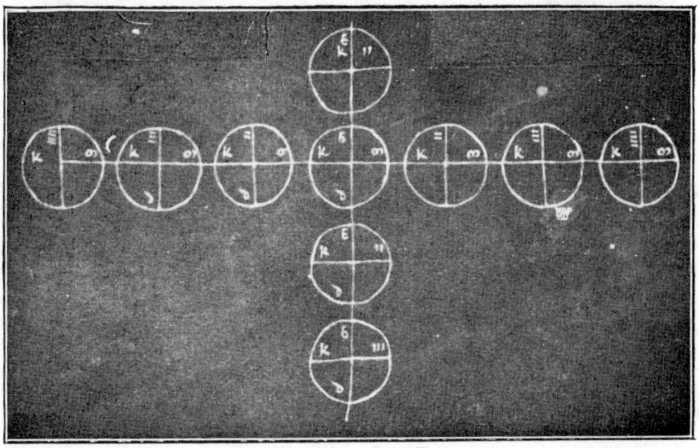

Fig. 116 a. P 97 v.

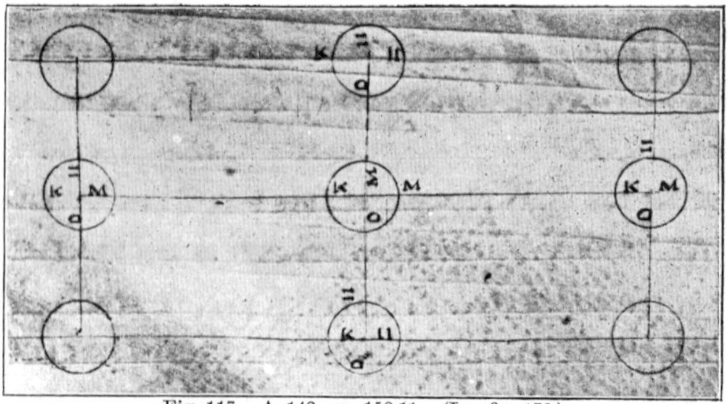

Fig 117. A 142. p. 158,11. (La. fig. 178.)

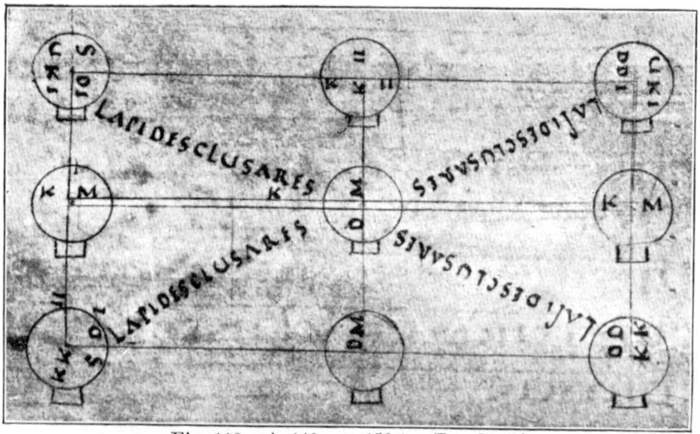

Fig. 118. A 143. p 159,1. (La. fig. 1.)

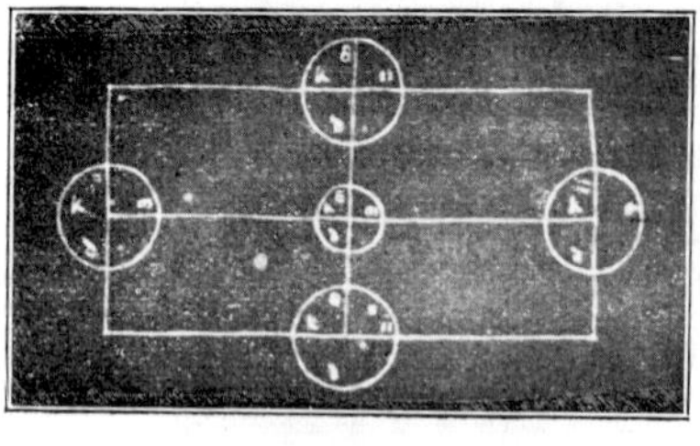

Fig. 117 a. P 98 r.

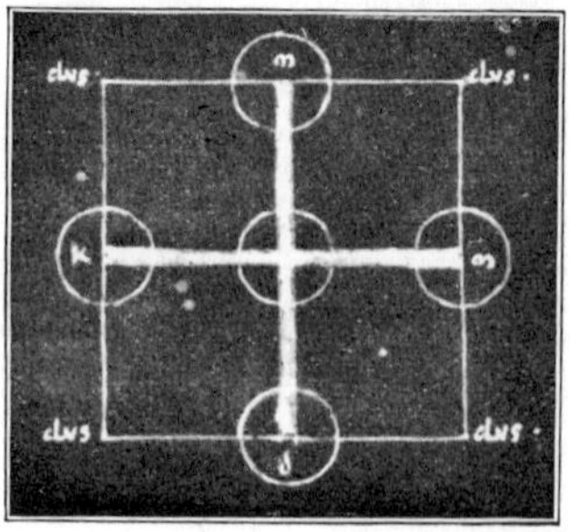

Fig. 118 a P 98 V

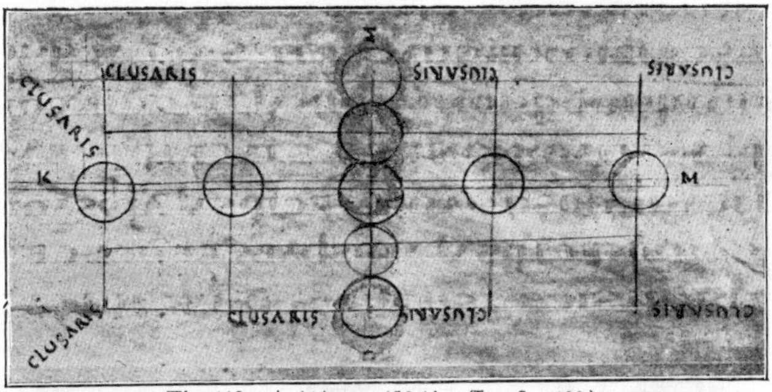

Fig. 119. A 144. p. 159,11. (La. fig. 180.)

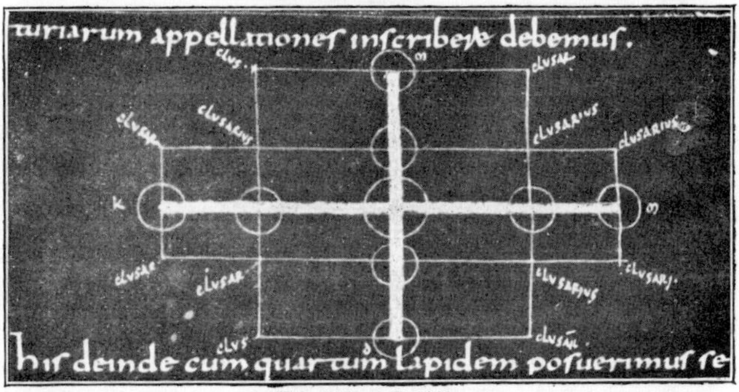

Fig. 119 a. P 98 v.

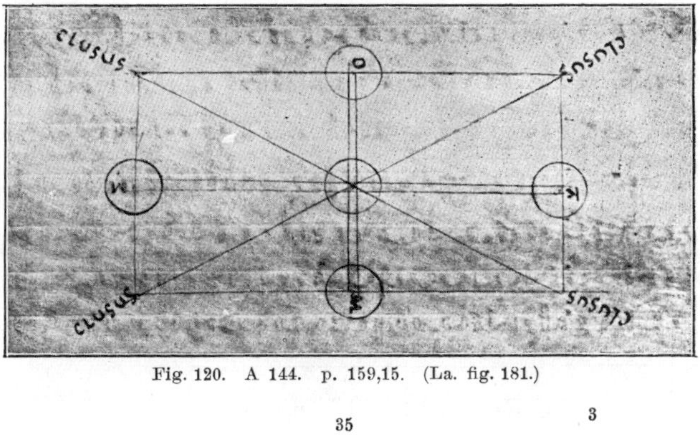

Fig. 120. A 144. p. 159,15. (La. fig. 181.)

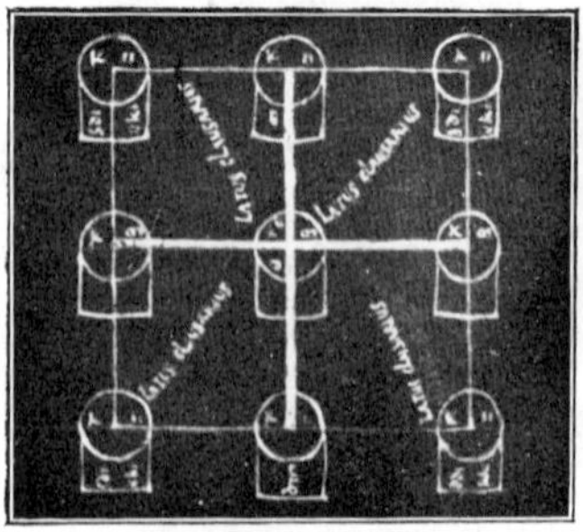

Fig. 120 a. P 98 r.

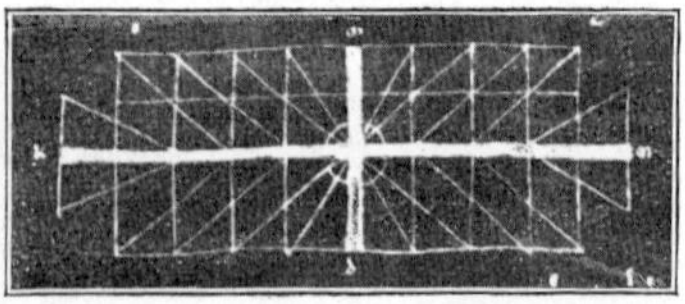

Fig. 121 a. P 99 r.

Fig. 122 a. P 99 r.

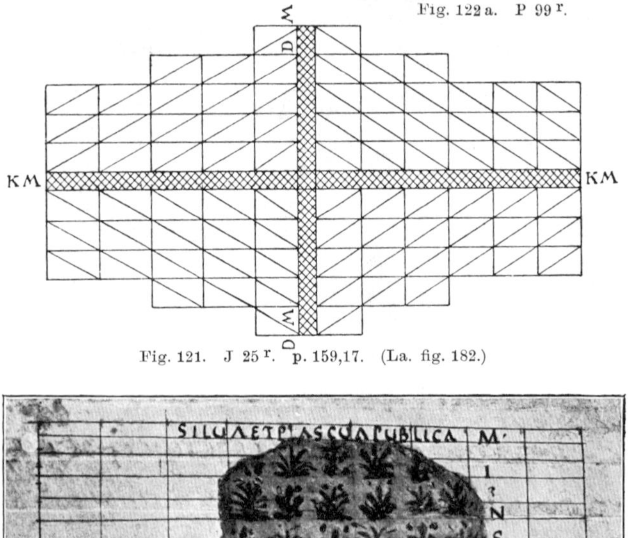

Fig. 121. J 25 r. p. 159,17. (La. fig. 182.)

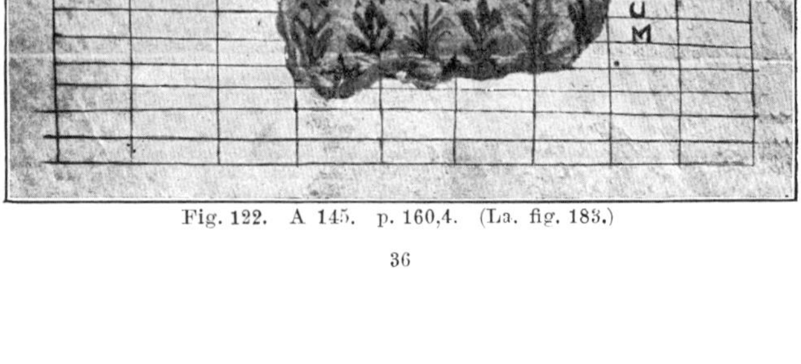

Fig. 122. A 145. p. 160,4. (La. fig. 183.)

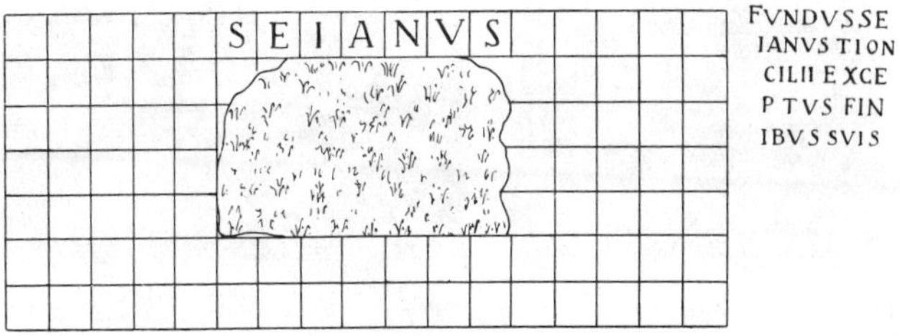

Fig. 123. J 25 v. p. 160,7. (La. fig. 184.)

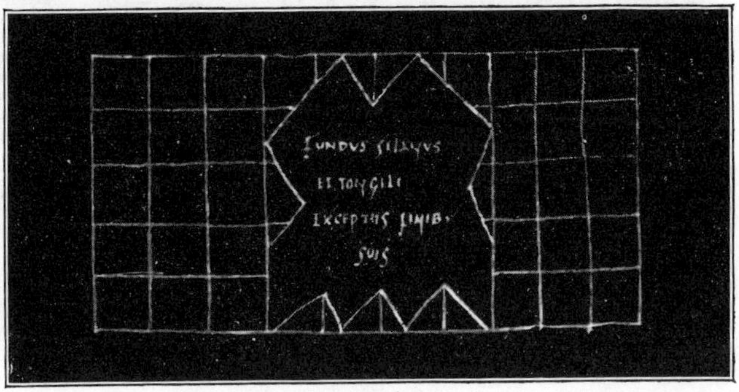

Fig. 123 a. P 99 r.

Figg. 121, 123, 124—130 nunc desunt in A.

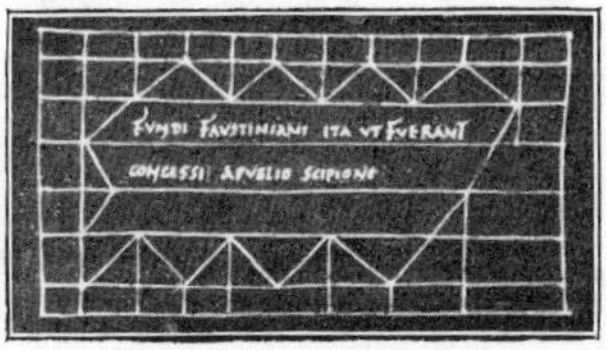

Fig. 124. P 99 v. p. 160,21. (La. fig. 185.)

Fig.125. P 99 ^{v}. p.161,3. (La. fig.186.)

Fig. 126. P 100 ^{r}. p. 161,7. (La. fig. 187.)

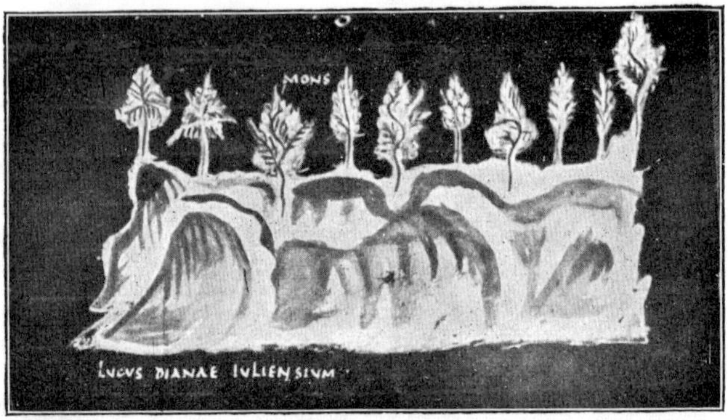

Fig. 127. P 100 ^{r}. p. 161,12. (La. fig. 188.)

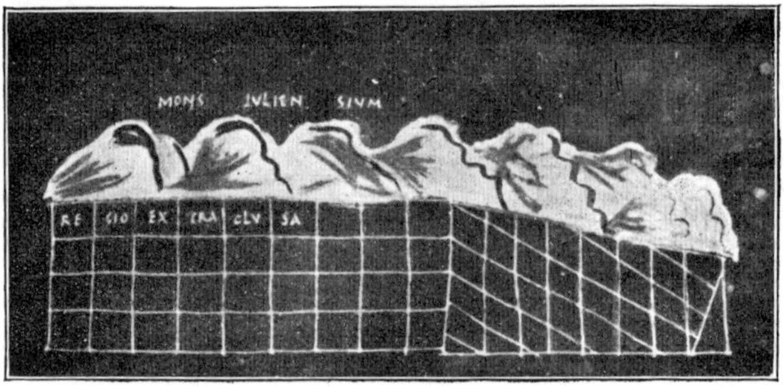

Fig. 128. P 100 ^{v}. p. 161,17. (La. fig. 189.)

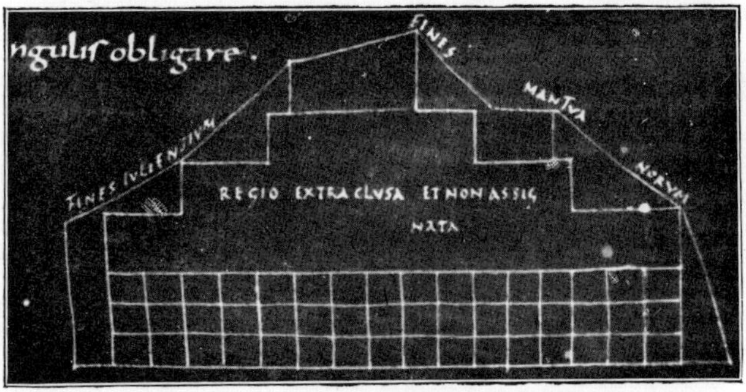

Fig. 129. P 100 V. p. 161,21. (La. fig. 190.)

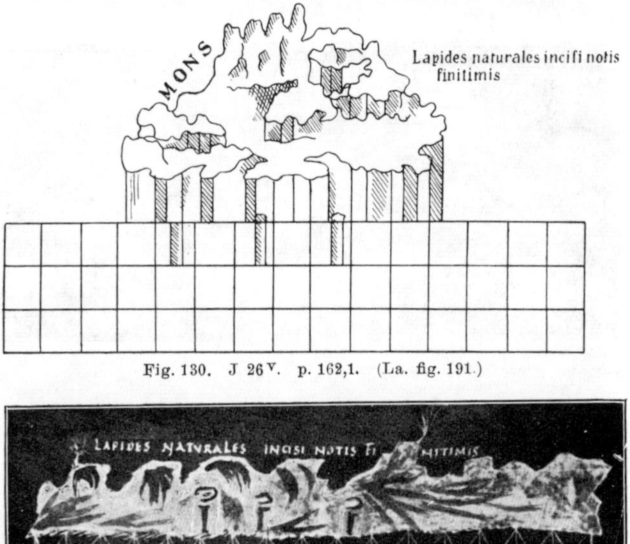

Fig. 130. J 26 V. p. 162,1. (La. fig. 191.)

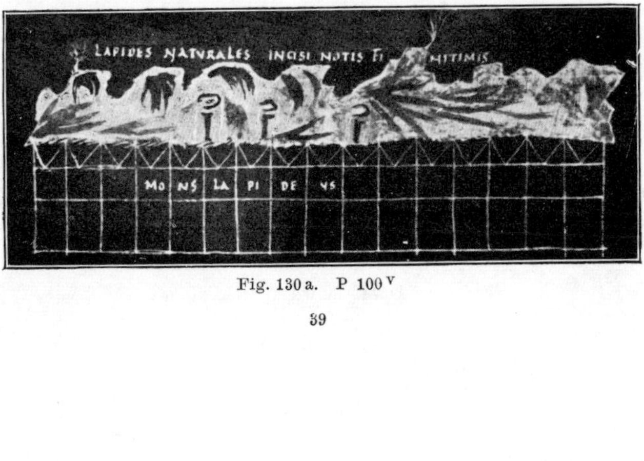

Fig. 130 a. P 100 V

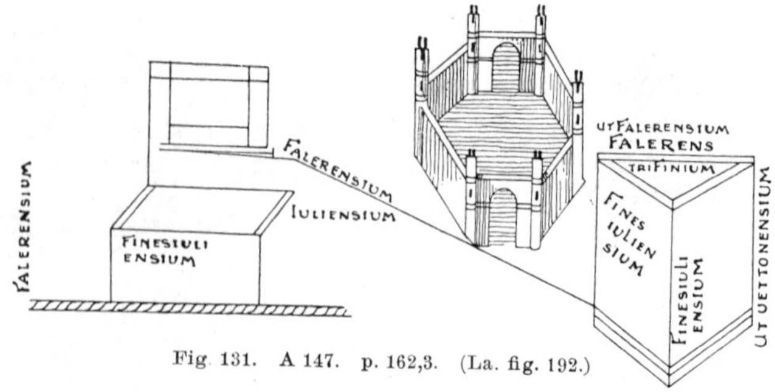

Fig. 131. A 147. p. 162,3. (La. fig. 192.)

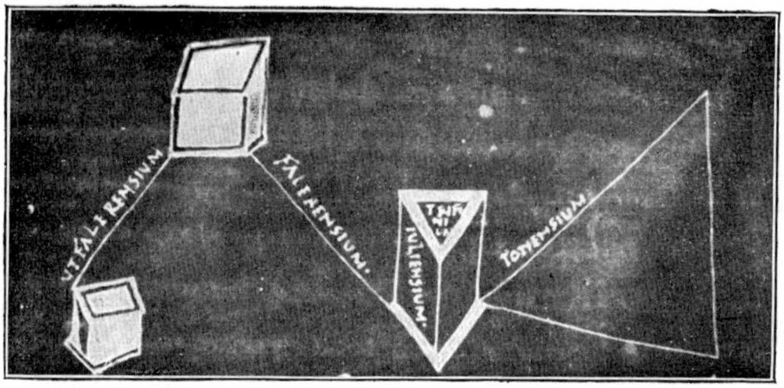

Fig. 131 a. P 101 r.

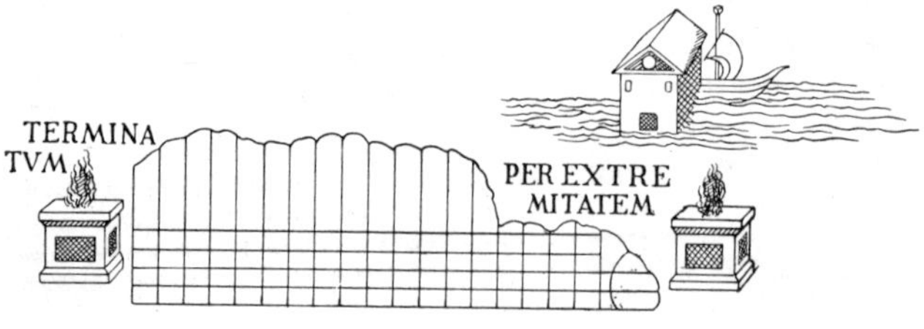

Fig. 132 J 27 r. p. 162,11. (La. fig. 193.)

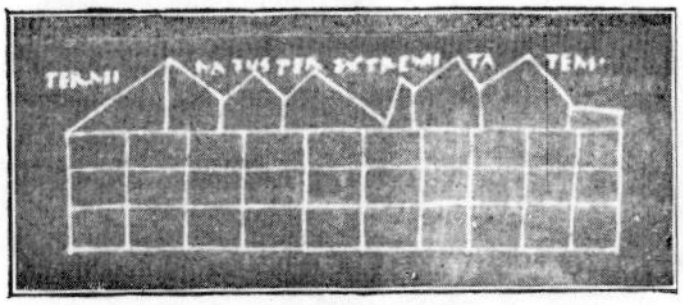

Fig 132 a. P 101 r.

Fig. 133 a. P 102 r.

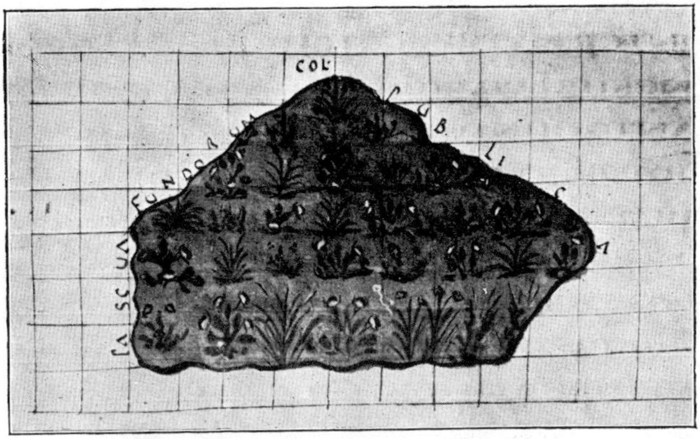

Fig. 133. A 150. p. 164,16. (La. fig. 194.)

(Figg. 132 u. 134 excisae ex A.)

Fig. 134. P 102 r. p. 165,3. (La. fig. 195.)

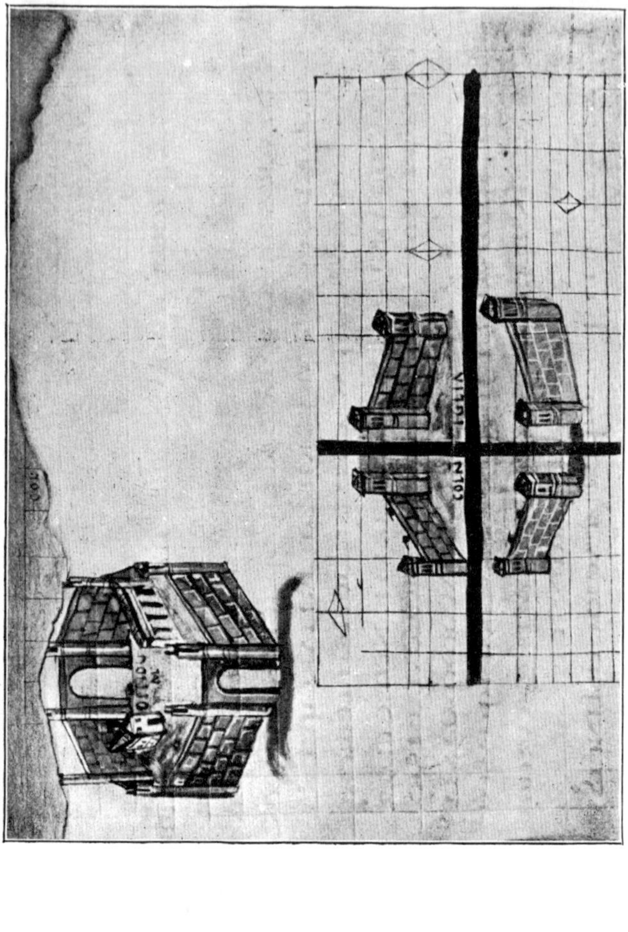

Fig. 135. A 152. p. 166,2. (La. fig. 196 et 196 a.)

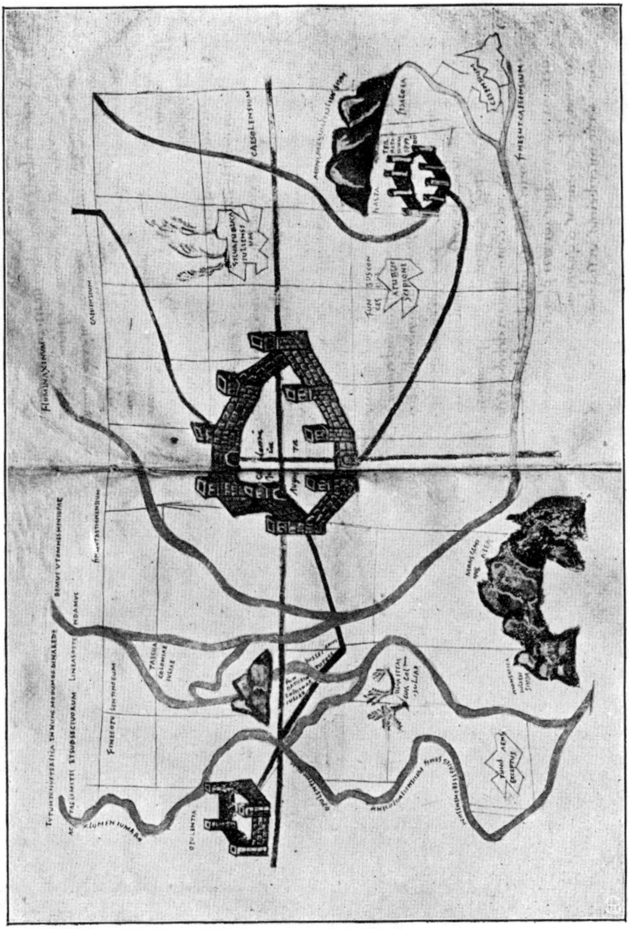

Fig. 135a. P 103 v—104 r. (La. fig. 196b.)

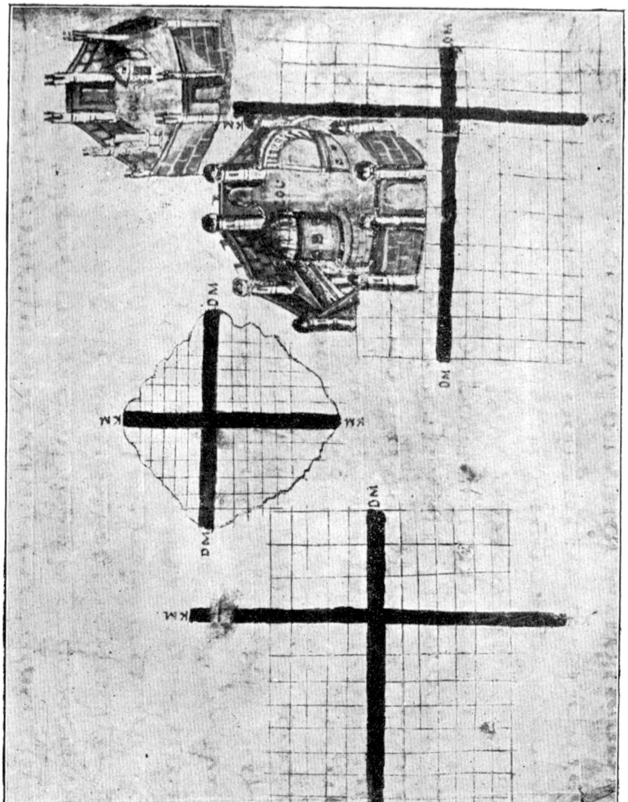

Fig. 136. A 154. p. 167,16. (La. fig. 197.)

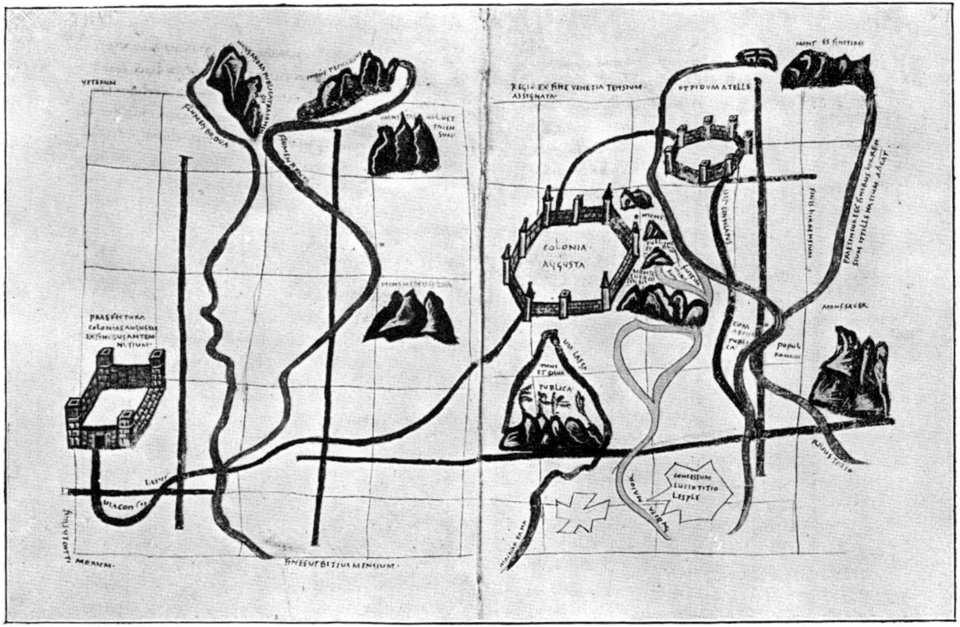

Fig. 136 a. P 105 v—106 r. (La. fig. 197 a.

Figg. 137—144 secundum A.

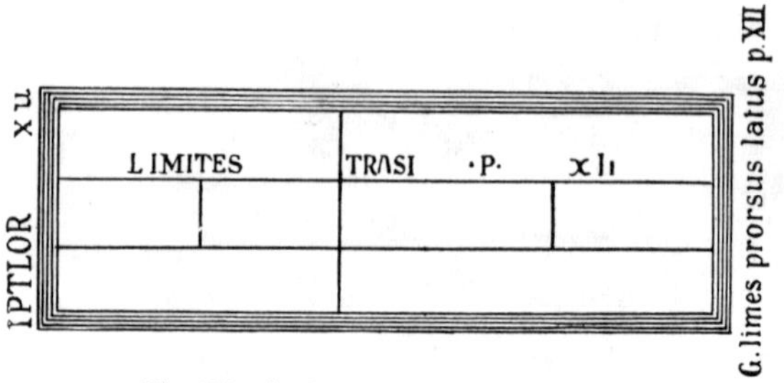

Fig. 137. A 156. p. 169,16. (La. fig. 198.)

(Fig. 138 deest in A.)

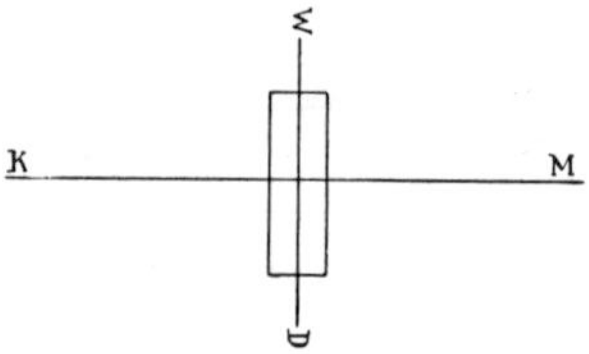

Fig. 139.
A 157. p. 170,5. (La. fig. 200.)

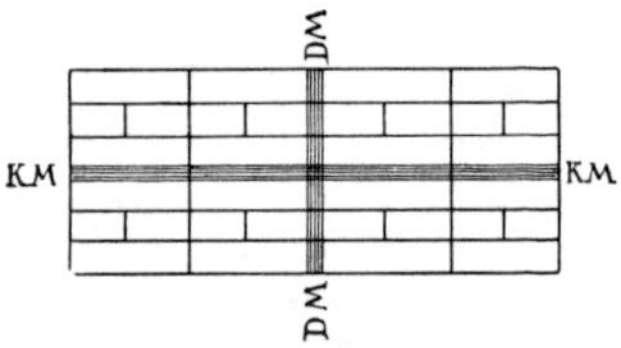

Fig. 140.
A 157. p. 170,9. (La. fig. 201.)

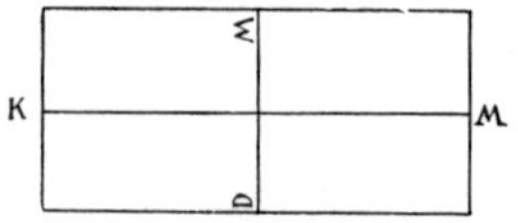

Fig. 141.
A 158. p. 170,13. (La. fig. 202.)

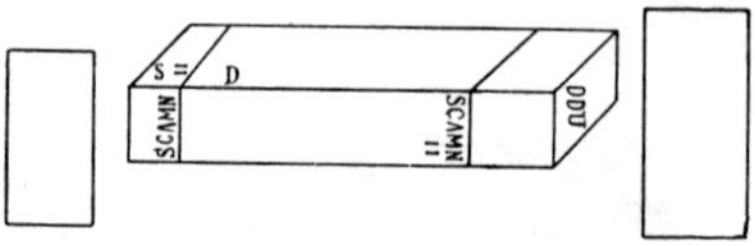

Fig. 142.
A 158. p. 170,17. (La. fig. 203.)

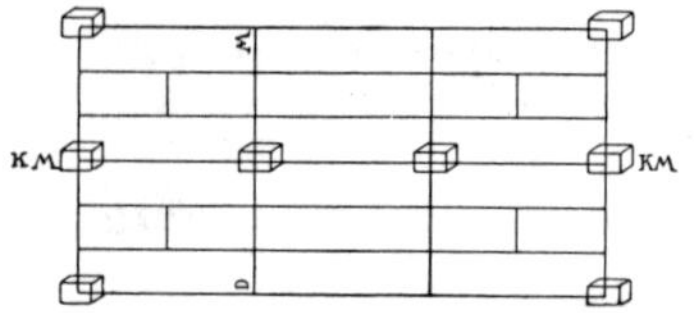

Fig. 143.
A 158. p. 171,1. (La. fig. 204.)

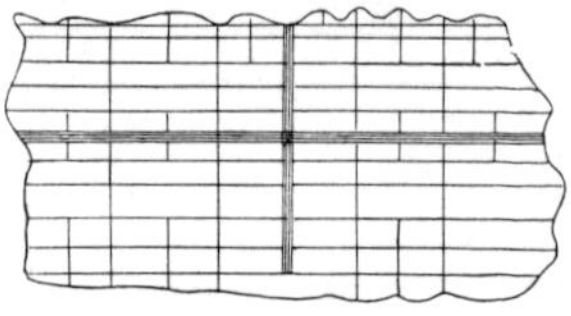

Fig. 144.
A 159. p. 171,4. (La. fig. 205.)

Figg. 137—144 secundum P.

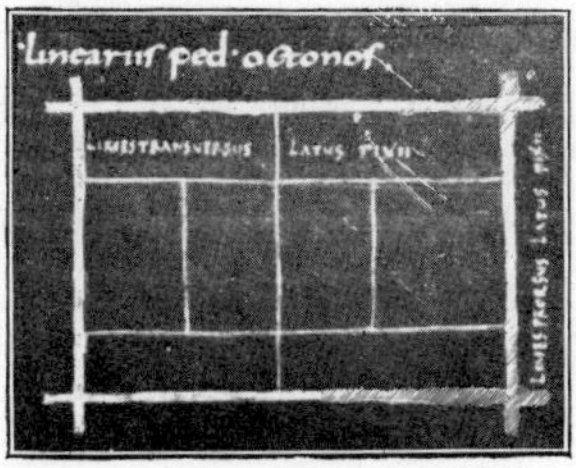

Fig. 137 a. P 107 r.

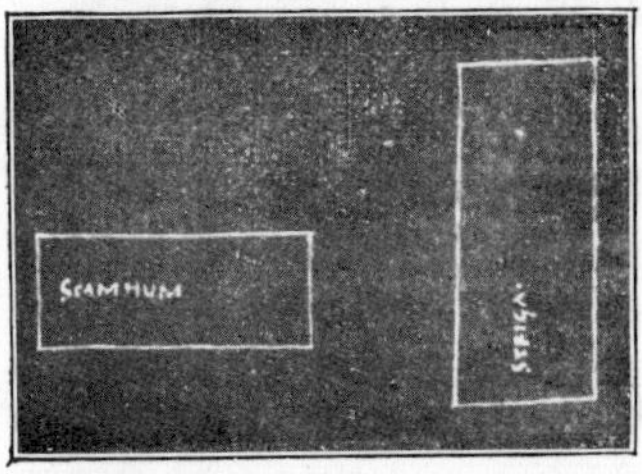

Fig. 138. P 107 r p. 170,3. (La. fig. 199.)

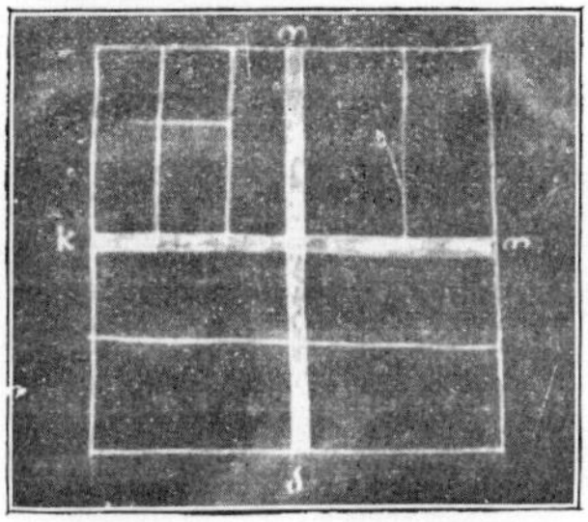

Fig. 139 a. P 107 v

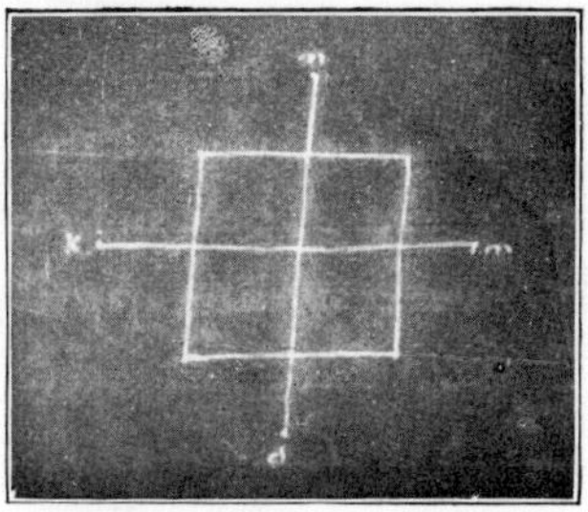

Fig. 140 a. P 107 v

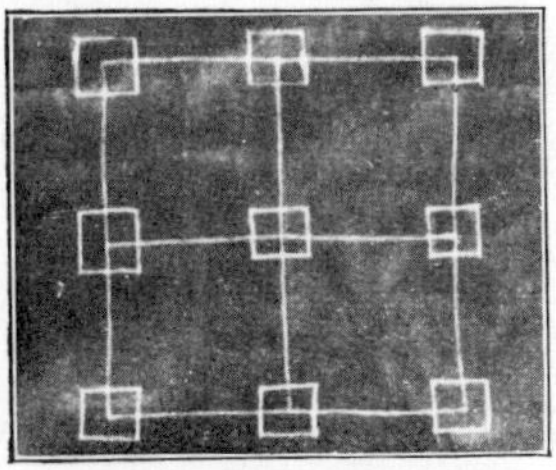

Fig. 141 a. P 108 r

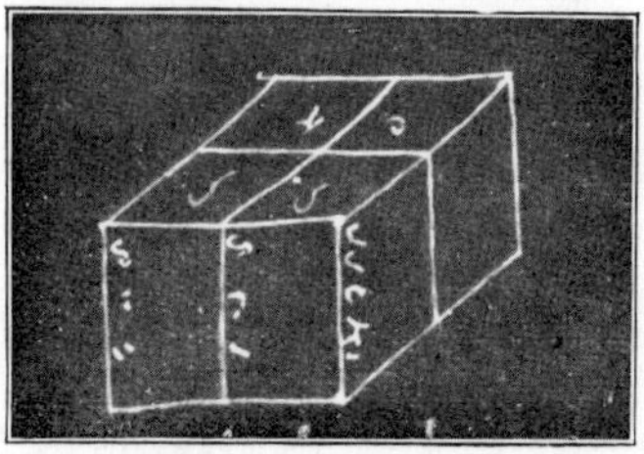

Fig. 142 a. P 108 r.

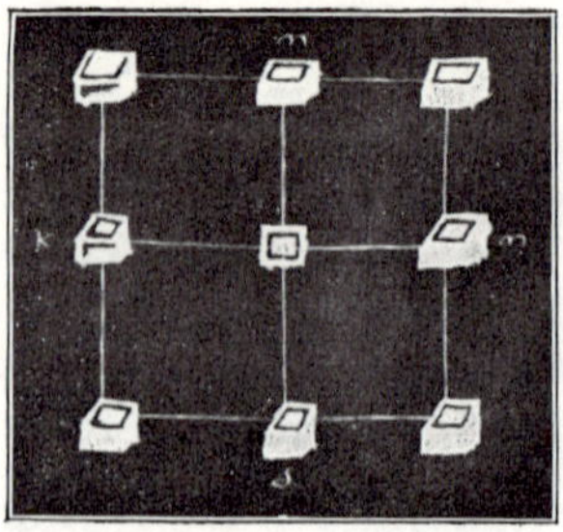

Fig. 143 a. P 108 r.

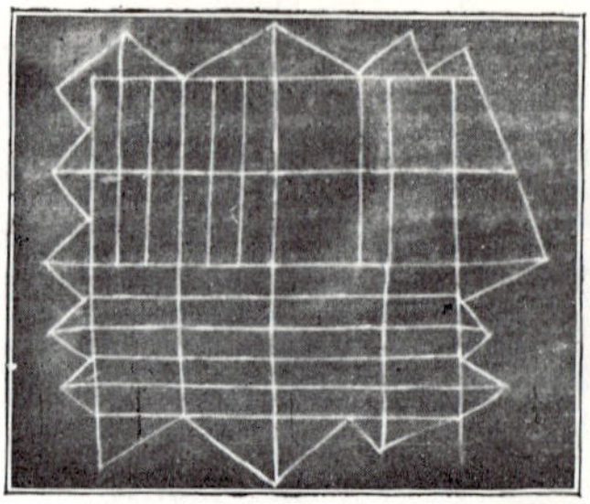

Fig. 144 a. P 108 r.